U0590529

Aesthetics Gone Wild
On the Thought of Rolston's Environmental Aesthetics

赵红梅 著

美学走向荒野

论罗尔斯顿环境美学思想

中国社会科学出版社

图书在版编目（CIP）数据

美学走向荒野：论罗尔斯顿环境美学思想／赵红梅著．北京：中国社会科学出版社，2009.8
ISBN 978-7-5004-8146-1

Ⅰ.①美… Ⅱ.①赵… Ⅲ.①罗尔斯顿，-环境科学-美学思想-研究 Ⅳ.①X1-05

中国版本图书馆 CIP 数据核字（2009）第 162842 号

策划编辑 冯春凤
责任编辑 喻 苗
责任校对 王兰馨
封面设计 王 华
技术编辑 王炳图

出版发行 中国社会科学出版社
社 址 北京鼓楼西大街甲 158 号 邮 编 100720
电 话 010—84029450（邮购）
网 址 http://www.csspw.cn
经 销 新华书店
印 刷 北京君升印刷有限公司 装 订 广增装订厂
版 次 2009 年 8 月第 1 版 印 次 2009 年 8 月第 1 次印刷
开 本 880×1230 1/32
印 张 11.5 插 页 2
字 数 290 千字
定 价 30.00 元

序

荒野——我们的母亲

“环境”这个概念虽然不是新的概念，但是，有关环境的学科却是新兴的学科。原因很简单，自工业社会以来，在片面追求高效益的指导思想下，借助于高科技的手段，人类对地球进行肆无忌惮的掠取，地球连同环绕在它周围的大气层遭到严重的破坏，而地球也反过来严重地报复人类。这种人与地球的反复较量现在仍在进行着。其结果，可想而知，那只能使地球成为一片荒漠，连同人在内的生命体从地球上消失。

当然，人类中的明智者已经高度认清这种可怕的结局，19世纪中叶就有一种名之为生态学的新的科学理论诞生，而到20世纪，这种理论更是突飞猛进地发展，一是突破生物学的范围，与人类学相结合，成为人类生态学。1922年，美国地理学家哈伦·巴洛斯首次提出“人类生态学”的概念。二是与哲学的结合，或者说，生态学向哲学的提升。1984年，德国哲学家萨克塞的《生态哲学》出版。这意味着一种新型的哲学形态产生。虽然这些学说提出比较的早，但现在仍然是空谷足音，直到20世纪末叶，与生态人类学、生态哲学相关或者就是其中一个部分的各种学说才突然蓬起，在西方学术界蔚为大观。这中间就有环境伦理学、环境美学、环境艺术学等。当然这些学科，未必具有严格的学科体系，只是因为取了新的视角而被视为一种新的学科，这种情况正说明，有关环境的科学正处于方兴未艾的态势。

笔者正是在这种背景下加入环境科学大潮之中的。1993 年在成都召开的一次美育会议上，笔者提交了一篇名之为《培植一种环境美学》的论文，会上反响并不强烈。2002 年笔者成功地申请了教育部博士点基金项目——《环境美学基本问题研究》，并应邀出席在芬兰举办的第四届环境美学国际会议，于是，也就在这年，在国内率先招收环境美学专业方向的博士生。赵红梅就是我这一届招的博士生之一。

首届环境美学博士生的教学是从翻译西方环境美学著作开始的，几个博士生每人都译一本书，这就有了《环境美学译丛》的出版①，然后每人各自选译一个问题进行研究。赵红梅译的书是《穿越岩石景观——贝尔纳·拉絮斯的景观言说方式》，是著名法国学者米歇尔·柯南的一本著作。我曾经想过，是否让赵红梅就研究拉絮斯或柯南？但红梅不懂法文，红梅这段时间看到了刘耳、叶平等人翻译的美国学者霍尔姆斯·罗尔斯顿的一些关于环境伦理学的论文，产生了浓厚兴趣。红梅硕士学位做的是文艺伦理学方面的论文，而笔者早年也曾做过审美伦理学的研究②，师生的兴趣合一了，于是，我就欣然同意他选择罗尔斯顿作为博士论文的研究对象。

罗尔斯顿在大学学的是物理专业，爱好的却是生物学，最后成就的是环境伦理学。他是国际学术刊物《环境伦理学》的创办人之一。1995 年，罗尔斯顿将他写的论文汇编成《哲学走向荒野》一书，在美国出版，由此，又写了系统性专著《环境伦理学：自然界的价值及人类对自然界的义务》。这样一个人物，怎么能不让我们动心？

---

① 这套译丛第一辑由湖南科学技术出版社 2006 年出版。

② 笔者曾出版《心灵的冲突与和谐——伦理与审美》一书，1992 年由湖北教育出版社出版，2007 年改名为《审美伦理学导论》，由武汉大学出版社出版。

罗尔斯顿自称他是做环境伦理学研究的，但是，他的著作中包含有大量的环境美学思想。由于他的生物学的背景，对生物界情有独钟，在著作中专业地又相当艺术地描绘了自然界的勃勃生机，不仅具有科学意义，而且具有强烈的审美意味，所有这些都让我与红梅迷醉。因此，写罗尔斯顿，我们一丁点儿思想顾虑也没有。

作为自然科学家背景进入哲学领域的学者，罗尔斯顿研究问题的视角比较特别，他重视价值论，显然吸取了人类主体论的哲学思想，但是，他又不认为只有人有价值，自然界也有价值，显然，又是站在生态学的立场上的。从生态学的立场来看价值，不能不认为，不仅人有价值，自然界也有自身的价值；不仅要尊重人的权利，也要尊重自然界的权利。所以，罗尔斯顿看到美国罗瓦赫公园的标牌由“请留下鲜花供人欣赏”改成“请让鲜花开放”，特别兴奋。虽然两块不同的标牌所要达到的目的是一致的，却是两种完全不同的立场。前一种立场以人的利益为本位，后一种立场则以自然的利益为本位。当然，即使以自然利益为本位，最后还是为了人的利益，罗尔斯顿对于这一点也回避，他说：“保留荒野是为人服务的，这条原则有必要再次加以强调。”① 尽管如此，任何人都能看出，这种兼顾自然利益与人的利益的态度无疑比那种只是考虑人的利益的态度高明得多。罗尔斯顿这一思想与中国古代哲学讲的尽人之性同时尽物之性异曲同工②。

罗尔斯顿对于片面发展经济是持保留看法的。他认为：“在

① ［美］霍尔姆斯·罗尔斯顿：《哲学走向荒野》上，吉林人民出版社 2005 年版，第 205 页。

② 中国儒家典籍《中庸》说：“能尽人之性则能尽物之性，能尽物之性，则可以赞天地之化育。可以赞天地之化育则可以与天地参焉。”

病态的环境中不可能有健康的经济。”[①] 他说：“记住账本底线上的数字不应是黑色，如果它不能同时也是绿色的话。”[②] 在美国的公司的账本上，黑色数字指的是盈利，红色数字指的是亏损。罗尔斯顿的意思很清楚，如果盈利以牺牲环境为代价的话，这盈利是不可取的。这使我想到早几年在某地看到的标语：“既要绿水青山，又要金山银山”，这当然是对的，不过，还得加上：如果损害了绿水青山，宁可不要这金山银山。

罗尔斯顿的思想是丰富的，当然，从哲学维度去看罗尔斯顿的思想，最吸引人的是“哲学走向荒野”这一命题。红梅在决定将罗尔斯顿作为她博士论文选题对象时，毫不犹豫地将这一命题作为她论文的主旨，无疑是正确的。

罗尔斯顿的“荒野”具有现实与象征两重意义，就现实来说，荒野是指未经人加工的自然，原生态的自然；而就其象征意义来说，指自由，类似于中国道家哲学的“自然”。这样一种结合是耐人寻味的。显然，在当今的世界，人要完全走向荒野，回复到原始状态是不可能的，罗尔斯顿不能不清醒地看到这一点，所以，他只是说“哲学走向荒野”，并未说人走向荒野。

哲学如何走向荒野？罗尔斯顿并没有做一个明确的解释，但是，他的意思还是清楚的，那就是，哲学在思考人类命运时，须得将自然的命运考虑进去。只有在与自然的共生存中，才能生存。荒野实质是生态，它是属自然，也是属人的，它需要人的呵护，需要人的珍惜。而人的呵护、珍惜荒野，实质也就是呵护、珍惜自己。因此，荒野世界实质也是一个文化世界。红梅说“荒野与文化相互纠绞”，“纠绞”这一概念我认为用得很有独

① ［美］霍尔姆斯·罗尔斯顿：《哲学走向荒野》下，吉林人民出版社2005年版，第314页。

② ［美］霍尔姆斯·罗尔斯顿：《哲学走向荒野》上，第314页。

创性。

罗尔斯顿并不是严格意义上的美学家，他的《哲学走向荒野》一书也不是美学著作，但是，罗尔斯顿是很懂得美学的，他有一个基本观点：“谈论生命之河，与其说是哲学，不如说是诗。”[①] 我非常欣赏这一观点。不仅谈论生命之河，不能没有诗的情怀，谈论自然界的非生命形态如岩石、云霞也不能没有诗的情怀。科学家诚然力求最为客观地看世界，但是，科学家也是人，看到霞光的千变万化、瑰丽无比，他怎能只是将它理解成光波的流动呢？他怎能只是将它看成各种力的方程式呢？生命世界那就更神奇，更迷人了。不要去说高等的生命形态如哺乳动物，就是最为低等的生物，如草履虫，它的生命的诞生及繁衍，也足以让人感叹不已！不是所有的人都能做诗人，但所有的人都具有诗的情怀，因为诗的情怀，就是美好的情感。一切人，哪怕是坏人，也有美好情感流露时。用美好的情感看世界，就是审美的态度啊！

鲁迅曾有诗句：“无情未必真豪杰，怜子如何不丈夫。”人皆有情，其中最为天然的情感，就是血缘之情。2004 年，我因做一个课题要去丹江口考察，红梅是丹江口人，于是也让她进入课题组，参与考察。考察完毕，红梅说要去看望她的母亲。她母亲住在丹江口水库中的一个小岛上，红梅说，湖中风景很美的，于是我们遂与她同去。途中，我们均在流连风景，红梅则有些心绪不宁，坐过一段船，上岸来到小岛，红梅的步子加快了。不必细叙母女见面的情景，值得说明的是，没有电视剧中常有的拥抱与欢呼，然而，从母亲打量女儿的眼神，从红梅回到家后那种自然、洒脱，我感觉到了母女相逢的喜悦，那是一种深沉的出自人性本能的喜悦。是平淡了点，但这平淡才是至真至性至情。这让

① ［美］霍尔姆斯·罗尔斯顿：《哲学走向荒野》上，第 95 页。

我想到《老子》中说的“道之出口，淡乎其无味”。是啊，母女之情，天然之情，天然在于自然，在于顺性。这又让我想到人与大自然的关系，自然也是我们的母亲啊，母亲呵护我们，我们呵护母亲，都是出于自然，都是顺性。我终于明白罗尔斯顿的“哲学走向荒野”的含义，他的意思是不是我们该回家了？荒野，我们的家，我们的母亲啊！人类，自其从自然界诞生后，是不是离开母亲太久了？是不是走得太远了。远游而弄得一身疲惫的我们，想家了，想母亲了。我们是要回家了！

陈望衡

2009 年 7 月 7 日晨于武汉大学天籁书屋

目　录

导 论

在中国，伦理学自诞生之日起关注的就是人与人之间的关系，调节的是人与人之间的关系，处理的是人与人之间的权利、责任与义务问题。“伦”、“理”二字早在《尚书》、《诗经》、《易经》等著作中就已出现。“伦理”二字连用最早见于秦汉之际的《礼记·乐记》：“凡音者，生于人心者也；乐者，通伦理者也。”许慎在《说文解字》中将“伦理”二字解释为：“伦，从人，辈也，明道也。”“父子有亲，君臣有义，夫妇有别，长幼有序，朋友有信。”“伦”即人与人之间的关系，指君臣、父子、夫妇、长幼、朋友等社会人际关系符合一定的道德原则和规范。“理”原意指玉石上的条纹，指依照玉本身的纹路来雕琢玉器，使得玉器成形有用。后来引申为治理、协调社会生活和人际关系。“伦理”指的是人类社会生活中应该遵循的道理和规则。研究中国文化的西方学者也认为：“从古至今，儒学优先考虑的事都集中在人际关系上。五伦的伦理关系从来没有提及动物、植物或自然。这并非偶然。在这个方面，儒家传统与世界上其他任何一种主要的宗教传统并无不同。这些传统起先都把注意力集中在人类。”①

在西方，从文化的开端时期起，人与自然的关系问题就在伦

---

① ［美］罗德尼·L. 泰勒：《民胞物与——儒家生态学的源与流》，载《岱宗学刊》2001 年第 4 期。

理学之外。伦理学，在古希腊是指一门关于风俗或道德的科学。伦理学属于实践的科学，它的职能是展示人生必须以何种方式度过，以实现它的目标或目的。因此它位于实践科学之首。费希特认为伦理学是关于我们的一般道德本性的意识的理论，是关于我们的特定职责的意识的理论。摩尔认为，伦理学是对道德语言的逻辑研究。怎样给“善的”、“恶的”下定义，这是全部伦理学中最根本的问题。

无论中西，伦理思想的表述都有数千年历史。然而，“几乎所有的伦理学，不论是亚里士多德的伦理学、康德的伦理学、穆勒的伦理学，还是经典的马克思主义伦理学，不论是西方的伦理学，还是中国的伦理学，它们讨论的道德基本上都是人际道德”。[①] 我们认为，伦理学是哲学的一个分支学科。伦理学是关于善、恶、是、非问题的学问。伦理学研究的目的在于为人们的行为提供指南。伦理学存在的最终的目的是达到人性的完满与人类的完善。但是，我们并不能因此就将伦理学关注的对象局限于人类自身。仅仅关注人类自身的伦理学具有一种忽略非人类存在物的褊狭性和独断性。放眼世界，我们就会发现，人的存在不是孤立的，它有赖于其他生命的存在。只要我们细心地观察自然，就会清楚地意识到，任何生命都是有价值的，人类和其生存的环境不可割裂。如果我们把人比喻为“蛛”的话，环境就是“网”。人是“网中蛛”，网是人类生存的环境，人类的生存不仅要关注“蛛与蛛”之间的关系，还要关注“蛛与网”之间的关系。忽视“蛛与网”的关系，忽略“蛛之网”的存在，仅仅关注“蛛”自身，结果必然是“蛛”自身陷入困境，难以生存。因此，仅仅关注“蛛”的伦理学必须扩展其关注的视野，即从人出发到从整体世界出发进行思考。

---

① 刘湘溶：《人与自然的道德话语》，湖南师范大学出版社2004年版，第1页。

现实也要求着伦理学的视阈进行拓展。20世纪，两次世界大战的爆发、经济危机的出现使得环境破坏愈演愈烈。当土壤沙化日趋加重、空气质量每况愈下、地球人口急剧膨胀、江河水源严重污染……时，人们被迫开始了对环境问题的思考。随着环境的恶化、物种的灭绝、耕地的减少和人口的增加等问题日益严重，越来越多的人意识到了与自然的灾难相伴随而来的是人类自身的灾难和危险。人类日渐认识到对自然的大规模干预以及由此而造成的生态系统的破坏，已经逐步威胁到了人类自身的生存和安全。在此背景下，“一种世界观，现代机械论世界观，正逐渐让位于另一种世界观。谁知道未来的史学家们会如何称呼它——有机世界观、生态世界观、系统世界观……”?[①] 这种新的后现代世界观首先萌发于一些生态学家即那些研究生命体与自然环境之间关系的生物学家。这些生物学家在研究中发现，生命体之间以及生命体与无机世界之间存在着一种极其复杂的相互关系，人类作为高级生命形式与自然都是生态系统的组成部分。生态学的研究，初步形成了自然是一个生态有机系统的科学观念，这种观念又启发着研究者们对人类社会的思考。1922年，美国地理学家哈伦·巴洛斯提出了“人类生态学”的概念。1962年美国海洋生物学家雷切尔·卡逊出版了《寂静的春天》，第一次从污染生态学的角度阐述了人类同大气、海洋、河流、土壤、动植物之间的关系，揭示了环境污染对生态系统的影响，从而标志着一个新的“生态学时代”——人类生态学的真正到来。20世纪70年代以来，大批人类生态学的著作问世，研究者们把人与自然相互作用的全球性问题综合定义为全球性生态问题，把研究这一问题

① 科利考特：《罗尔斯顿论内在价值：一种解构》，载《哲学译丛》1999年第2期。

的综合科学定义为人类生态学。[1] 至此，生态学与人的生存建立起真正的联系。

在人类生态学家看来，人类与生物、与自然环境是密切联系着的。事实也正是如此，自然承载着生命，人类是自然不可分割的一部分。人与自然是生活世界中共同的存在者，是彼此存在的伴侣。纵观人类文明史，虽然人类力图摆脱自然的控制，但人类又周期性地要求返回自然界。自然是人类的子宫，走向文明、征服自然的人类总是不时地向子宫退行。“每一种彻底粉碎自然奴役的尝试都只会在打破自然的过程中，更深地陷入到自然的束缚之中。”[2] 所以，我们必须重新理解自然，重新解释人和自然的关系，对控制自然的概念进行新的解读。在理性主义高扬的时代，控制自然、征服自然、命令自然、逼迫自然成为人的主体性显现的一种方式。在科学技术的胁迫下，自然成为奴役的对象。控制自然被理所当然地理解为对外在自然的控制。对外在自然的奴役与控制并没有给人类带来理想的生存环境。威廉·莱斯在《自然的控制》中提出，控制自然的观念必须以这样一种方式重新解释，即它的主旨在于伦理的或道德的发展，而不是科学和技术的革新，控制自然应当被恰当地理解为把人的欲望的非理性和破坏性的方面置于控制之下。也就是说，控制自然应理解为对内在自然的控制，即控制人无限膨胀的欲望，从而将控制由外部性转化为内在性。“从根本上改变人的性格结构，批判重占有的价值取向和发扬重生存的价值取向。”[3] 提倡和实生物，只有内在自然与外在自然和谐相

① 余谋昌：《生态哲学》，云南人民出版社1991年版，第13页。

② 霍克海默、阿多诺：《启蒙辩证法》，上海人民出版社2003年版，第10页。

③ 弗洛姆：《占有还是生存》，生活·读书·新知三联书店1988年版，第175页。

处，万物才得以欣欣向荣。其实，控制自然也包括对外在自然的控制。只不过，我们要改变控制自然的方式，由强迫性控制转变为顺应式控制，就像大禹治水一样，采取疏导而不是堵塞的方式来面对自然。当然，要做到这一点首先需要的是转变人类对待自然的态度。

人是一个小宇宙，小宇宙中的自然即内部自然与大宇宙中的自然是相关联着的。当哲学家开始思考自然与人之间的关系时，"自然"成为哲学家字典中的"关键词"。当伦理学家开始从伦理的角度思考人与自然的关系时，伦理学的关注对象无形中就扩展了。自然、环境开始进入伦理学的视阈，人与自然的关系成为伦理学思考的对象。20世纪中叶，伴随着环境保护运动的兴起，一门新兴的学科——环境伦理学诞生了（也有人称之为新伦理学)。著名的环境伦理学家罗尔斯顿认为，环境伦理学是一种新的伦理学，它基于生态科学的环境整体主义的观点，依据人与自然相互作用的整体性，要求人类行为既要有益于人类生存，又要有益于生态平衡。他说：旧伦理学仅强调一个物种的福利；新伦理学必须关注构成地球进化着的生命的几百万物种的福利。环境伦理把我们从个体主义的、自我中心的狭隘视野中解救出来，使我们关心生态系统的大美。"环境伦理学的产生扩大了人的责任范围，人的责任范围的扩大，一方面表现在它最为普遍的意义上要求人们承担起保护自然环境的责任。对于整个人类来说，自然环境是唯一的、共同的生存家园。在她面前，没有种族的界限，没有地域的隔阂，也没有时空的限制，更没有年龄、性别、身份等因素的规定，这种伦理责任是跨文化的、普遍的。另一方面表现为保护自然环境是没有尽头的永恒的义务，环境伦理要求人类在世代延续的过程中必须要把这种保护环境的义务传递下去，不管沧海桑田、世事变迁，对自然环境的道德义务将是人类永不能推卸的责任和使命。所以，环境伦理具有一种全球伦理、'人类’伦理的意义。”[①] 扩大了责任范围的环境伦理学主要有两个流派：一个是生态中心主义流派，一个是人类中心主义流派。生态中心主义流派以生态学为依据，主张将伦理学的领域从人与人的关系扩大到人与自然的关系，认为所有生物都是价值主体和道德主体，提出物种间的合作共生关系是一种权利与义务关系。人类中心主义流派认为，只有人类才是自然价值的主体，人类之所以关心自然环境，主要是由于它涉及人类生存。人类保护自然环境，归根结底是为了保护人类自己，人与自然之间谈不上直接的责任和义务。在西方，环境伦理学孕育阶段的基调是人类中心主义，而创立阶段的基调是生态中心主义。[②] 虽然有时这种生态中心主义以隐蔽的方式呈现出人类中心论的思维态势。

在创立阶段，环境伦理学的基本主题是：环境保护运动的伦理根据究竟是什么？也就是说，凭什么要求人类承担起维护生态系统的完整和稳定的义务？凭什么要保护自然中的动物和植物？中国虽然不是环境伦理学的发源地，但中国特有的天人合一观念使一些哲学家及文人们对此现代论题早已有所涉及。如清代的李渔从禽兽有知的角度提供了依据：“人谓禽兽有知，草木无知。予曰：不然。禽兽草木尽是有知之物，但禽兽之知，稍异于人，草木之知，又稍异于禽兽，渐蠢则渐愚耳……由是观之，草木之受诛锄，犹禽兽之被宰杀，其苦其痛，俱有不忍言者。人能以待紫薇者待一切草木，待一切草木者待禽兽与人，则斩伐不敢妄施，而有疼痛相关之义矣。”[③] 李渔从动物、植物皆有感知能力的角度要求对它们进行爱护。与李渔单纯通过肯定动植物的感知能力而要求对自然进行保护不同，现代的许多环境伦理学家主张

① 李培超：《环境伦理》，作家出版社 1998 年版，第 19—20 页。

② 参见傅华《生态伦理学探究》，华夏出版社 2002 年版，第 2—3 页。

③ （清）李渔：《闲情偶寄》，学苑出版社 1998 年版，第 486 页。

用“权利”这一概念来回答上述问题。在他们看来，“权利是最强硬的道德货币”，权利与“应该”、“义务”相连。把权利这一概念直接移用到动植物身上，就可以为动物保护提供强有力的道德支持。“自然的权利”的主张就是将人类道德关怀的范围扩大到自然，其目的就是让人对自然负起直接的伦理义务。由于“权利”二字的支持，这种义务不再依赖于慈悲和怜悯，而是直接来源于对方本来就是一种道德存在物。大地伦理根据相互联系、整体高于个体的生态学知识和整体论，要求将“权利”赋予大自然。[①] 利奥波德认为：大地伦理学的任务是扩展道德共同体的边界，把土地、水、植物和动物包括在其中，把道德权利扩展到动物、植物、土地、水域和其他自然界的实体，确认它们在一种自然状态中持续存在的权利。动物解放论、动物权利论以动物也具有“感受性”为由，要求把动物纳入到道德共同体之内。该理论认为人与动物是平等的，动物具有与人类同等的权利和利益，如果为了人类的利益而牺牲动物的利益，那么实际上就是犯了一种与种族歧视和性别歧视相类似的错误。这种做法就如同历史上曾经把妇女和黑人排除到共同体之外一样，是一种“物种歧视主义”。雷根主张：动物具有人类一样的“天赋价值”，动物拥有与人类同等的权利，并且动物权利运动是人权运动的一部分，人类应当把自由、平等和博爱的伟大原则推广到动物身上去。美国法学家斯通建议应该赋予森林、大海、江河和其他的所谓环境中的“自然物”以及整个自然环境法的权利。

虽然环境伦理学家们从不同角度对人类为什么要承担起对动物、植物、大海、江河或生态系统的稳定等方面的责任，给出了不同的答案，但有一点是相同的：那就是对“权利”二字的推崇。权利要求着义务，道德权利要求着道德义务，将道德权利赋

① 参见韩立新《环境价值论》，云南人民出版社 2005 年版，第 17 页。

予动物、植物、大海、江河或生态系统，动物、植物、大海、江河或生态系统必然就要求着道德义务。这些环境伦理学家们希望把人类享有的权利扩展到非人类自然物上去，试图通过赋予非人类自然物以道德地位的形式，要求人类承担起对自然的道德义务。

权利的扩展意味着义务的扩展，权利的扩展意味着视阈的扩展、意味着心胸的扩展，权利的让渡意味着一种分享，人与其他万物共享权利，在权利上人与万物达于相似的高度。这与人是万物的尺度，人为自然立法等思想相比较，体现出一种后现代的思维特色，透露出几分庄子的“天地一指也，万物一马也”、“天地与我并生，而万物与我为一”的思想韵味来。但是，随着研究的深入，人们发现，把权利概念直接引用到环境伦理学中不一定恰当。自然真的能拥有权利吗？自然能“消化”权利吗？前苏格拉底哲学家没有明确地提出自然享有权利，他们的哲学在追问世界的本原时表现出一种带有神性的自然至上的色彩。在近代理性主义哲学家看来，认为自然拥有权利的想法是极为荒谬的。因为，在他们看来，权利只能属于有理性、有意志的人类。环境伦理学家泰勒认为正是如下的几点原因使得道德权利难以沿用到非人类存在物身上。第一，“道德权利的主体被假定为道德代理人共同体的一个成员”。在这个共同体中，彼此承认对方的权利，但是，动物和植物却无法提出这样的要求。其二，“道德权利这一概念与自我尊重这一概念有着内在的联系”。所有的道德代理人都有义务尊重权利拥有者的人格。但是，动植物却不理解尊重的含义。其三，如果一个主体是道德权利的拥有者，他必须拥有在各种不同的选择之间作出抉择的能力。“这样一种能力从逻辑上就排除了动物和植物作为道德权利主体的可能性。”其四，成为道德权利主体意味着，该主体还拥有要求赔偿的权利，要求自己的基本权利得到公开支持和维护的权利。而要拥有这些权利，权利主体就必须具有发出抱怨、要求公正、使其权利得到法律保护的能力，而这些能力是动物和植物所不具备的。[①] 在环境伦理学家泰勒那里，道德权利是人类独有的，它由于与人格、自我尊重、抉择能力、权利维护等人类独有的词语相连，所以在人类与非人类存在物之间，道德权利不能简单地过渡。自然到底有没有权利？从老庄的天地并生、万物为一的角度看，自然未偿不能拥有权利。但是从人与自然的区别来看，自然不能达到享有权利所要求的尺度与标准。不过，透过人们对“自然权利”的理解和追问，我们发现西方人对自然的态度发生了根本的改变。前苏格拉底时期，人们对自然的态度是崇拜；近代，人们对自然的态度是征服；当代，人们对自然的态度是尊重。

权利的存在要求共同协商、共同厘定、共同遵守，而天空与大地是无言的。将权利直接扩展至非人类存在物身上，在一定程度上忽略了人类作为道德主体的特殊性、忽略了非人类存在物的特殊性。在中国传统文化中，权利一词早已有之。《史记·魏其武安侯列传》中载：“家累数千万，食客日数百人，陂池田园，宗族宾客，为权利，横于颍川。”在此，权利为权势之意。在西方，“权利”一词最早指的就是人权，在早期的政治学家与法学家那里，“权利”与自然物无关。将属人的权利直接照搬于自然物是后现代部分激进的环境伦理学家的主张。当然这种理论上的随意移植将导致概念的误用与理论的混乱。著名的环境伦理学家罗尔斯顿就认为，对于环境伦理学而言，权利并不是最重要的词汇，因为权利只存在于人与人之间。在罗尔斯顿看来，“权利观念是近代西方文化的产物，在柏拉图和亚里士多德的伦理学和政治哲学中，很少提到权利这一概念。通过权利这一概念，西方伦

① 转引自［美］霍尔姆斯·罗尔斯顿《环境伦理学》译者前言，中国社会科学出版社2000年版，第4—5页（以下此书均引自这个版本）。

理学家虽然发现了一种可用来保护那些天生就存在于人身上的价值的方法，但并不存在任何生物学意义上的与权利对应的指称物。权利这类东西只有在文化习俗的范围内，在主体性的和社会学的意义上才是真实存在的，它们是用来保护那些与人格不可分割地联系在一起的价值的。我们只能在类比的意义上把权利这一概念应用于自然界。权利概念在大自然中是不起作用的，因为大自然不是文化”。[①] 罗尔斯顿从文化与自然相区别的角度否认大自然享有人类社会的“权利”。我们认为，如果真的要赋予非人类存在物一种道德权利，不管这是在什么意义与层面上讲的，人们首先要做的是超越人类中心论的视野，聆听非人类存在物的言说方式，然后在人类言说与非人类存在物的言说中找到可以互通的道德语汇。

罗尔斯顿利用“价值”来代替自然权利说，他认为：“在人把权利授予荒野之前，荒野并不拥有权利。但是，价值（兴趣、愿望、满足了的需要、存亡攸关的福利）却是独立于人类而存在于荒野中的。权利是从人所信奉的法律或道德的规范中推导出来的，但它却被张冠李戴地用来标识动物和植物所固有的那些价值。”[②] 在野蛮的荒野中并不存在任何权利，但是那里存在着许多动物的利益和善。罗尔斯顿在 1975 年所写的第一篇有关环境伦理学论文《存在着一种生态伦理吗?》中认为，一种适宜的生态伦理取决于自然中“善”、“价值”的发现。因此，罗尔斯顿的主张是，在环境伦理学中，“对我们最有帮助且具有导向作用的基本词汇却是价值。我们正是从价值中推导出义务来的”。[③] 也就是说，不用把权利概念赋予自然，从自然的价值入手就可以

① ［美］霍尔姆斯·罗尔斯顿：《环境伦理学》译者前言，第 5—6 页。

② 同上书，第 69 页。

③ 同上书，第 2 页。

使非人类存在物获得道德关怀。罗尔斯顿是持此观点的重要代表人物。他的“《环境伦理学》是一部论述非人类中心主义的和非人类来源的、客观的内在价值的不朽之作”①。

霍尔姆斯·罗尔斯顿Ⅲ（1933—），美国科罗拉多州立大学杰出的哲学教授，国际伦理学会及学会会刊《环境伦理学》的创始人，著名环境哲学家、环境伦理学家。发表学术专著六部，发表学术论文七十余篇。他的《哲学走向荒野》标明了哲学的荒野转向，他的《环境伦理学》是环境伦理研究领域里程碑式的作品。

在环境伦理学界，罗尔斯顿以其开创性的研究成果成为不可忽视的人物。国内对其环境思想的研究大致可分为以下几个阶段：

其一，译介阶段。2000 年底以前国内对罗尔斯顿的研究主要集中于翻译与介绍。人们翻译了罗尔斯顿的《遵循大自然》、《环境伦理学的类型》、《自然的价值与价值的本质》、《生命的长河：过去、现在、未来》、《森林伦理和多价值森林管理》等单篇论文。罗尔斯顿最具代表性的环境伦理学著作《环境伦理学》、《哲学走向荒野》在此阶段也被译成中文。借助于对罗尔斯顿有关文章及书的翻译与介绍，国内研究者对罗尔斯顿的思想及立场进行了定位。首先，从人类中心主义与非人类中心主义的角度，将罗尔斯顿的环境伦理学归属于非人类中心论。其次，在梳理“非人类中心论”的过程中，清理出“非人类中心论”的发展脉络：动物权利/动物解放论——生物中心论——生态中心论，并把罗尔斯顿的环境伦理思想与利奥波德、奈斯的环境思想归为生态中心论。此类介绍与定位可在余谋昌的《西方生态伦理学研究动态》，叶平的《人与自然：西方生态伦理学研究概

---

① ［美］J. B. 科利考特：《罗尔斯顿论内在价值：一种解构》，载《哲学译丛》1999 年第 2 期。

述》，佘正荣的《超越自然中心论与人类中心论》，杨通进的《动物权利论与生物中心论》、《环境伦理学的基本理念》，刘湘溶的《论自然权利——关于生态伦理学的一个理论支点》、徐嵩龄的《环境伦理学研究论纲》等文章中反映出来。

其二，反思阶段。2000 年以后，国内有关罗尔斯顿环境思想的研究发生了变化，一方面是由陈述介绍走向反思，另一方面是形成了研究焦点。这二者非常鲜明地通过对罗尔斯顿环境思想的理论基础——自然价值论的研究表现出来。

在 20 世纪 90 年代末，就有人针对罗尔斯顿的价值论思想发表了《关于“自然的价值”》[①] 一文，但当时并没有掀起自然价值研究的热潮。随着研究的深入，人们渐渐拎出了西方生态中心论的三个关键词：“大地伦理”、“自然价值论”以及“深层生态论”。至此，人们开始把罗尔斯顿的研究锁定在“自然价值论”上。

事实上，罗尔斯顿正是从“价值”这一概念出发，建立了自己的自然价值论思想，将环境伦理学的研究向前推进了一大步。在罗尔斯顿那里，环境伦理学关注的是荒野价值和那些以自然资源为根基的价值的自然成分。罗尔斯顿的环境伦理学虽然不同于传统的仅仅关注人际的伦理学，但是它也与人际伦理学关联着。在他那里，虽然环境伦理学是在大自然领域而非文化领域发挥作用，但在实践中，人际伦理学与种际伦理学却是紧密地交织在一起的。在罗尔斯顿看来，那些在一个领域不讲道德、一味夺取的人，在另一个领域肯定也会予夺予取。那些与秃鹫和谐相处的人，无须敦促也会自动与他人和平共处。因此，环境伦理学不是伦理学的边缘学科，而是伦理学的前沿学科。它不是派生型的

① 载《哲学动态》1997 年第 3 期。

伦理学，而是基础性的伦理学。[①] 环境伦理学扩大了人们的道德视野，使人们超越其种族利益的局限。为此，罗尔斯顿首先详细地梳理了荒野大自然所承载的价值，使我们认识到自然价值的丰富性。其次，他立足于生态整体主义立场把价值区分为工具价值、内在价值与系统价值。罗尔斯顿认为，荒野不仅有工具价值，而且有内在价值。内在价值（intrinsic value）是指事物本身的价值，就是说它有对自己的善，这个善不依赖于外部因素。内在价值内在于生物体的基因中。与从承认非人类存在物的道德权利，从权利入手推出义务的环境伦理学家不同，罗尔斯顿认为，人对自然负有直接义务，这一义务并不是出于人的主观原因，而是出于自然物本身的原因，即客观事物本身拥有内在价值。所以，从自然的价值入手就可以使非人类存在物获得道德关怀。

为什么从自然的价值入手就可以使非人类存在物获得道德关怀呢？因为大千世界中，任何生命物种都可以通过其“生命的姿态”展示其蕴藏的价值。自然本身内在价值的存在促使着人们尊重它的存在，并承担起保护它的责任义务。罗尔斯顿将自然价值论作为自己环境伦理学的哲学基础，目的在于为人对环境应承担的道德义务寻找可靠、有力而客观的依据。在罗尔斯顿看来，“权利”一词与内在于基因中的“内在价值”相比，确实多出了几分主观随意性。“价值”比“权利”更有利于环境保护义务的激发。事实上正是如此，罗尔斯顿的自然价值论思想为荒野自然的保护提供了一种理论支持。罗尔斯顿认为，荒野自然界是一个自组织、自协调的生态系统，它无时无刻不在进行创造。荒野是一切价值之源。人类没有创造荒野，相反，荒野创造了人类。如果没有我们人类的文化，荒野仍然能够运行；但是如果没有荒野自然，人类就无法生存。人们应该保护荒野自然，一方面

① ［美］霍尔姆斯·罗尔斯顿：《环境伦理学》，第455页。

是因为荒野自然承载着众多的工具价值，另一方面是因为荒野自然具有内在价值。荒野自然具有不以人的意志为转移的价值，这一点使得人们不得不尊重它的存在。罗尔斯顿一方面通过肯定自然的价值来质疑传统伦理学中的人类中心论，捍卫了生态整体主义，从自然价值论的角度扩展了环境伦理学的研究范围；另一方面通过倡导“哲学走向荒野”、“价值走向荒野”来批驳传统哲学、伦理学中长期存在着的忽视自然荒野的现象，表达了对自然的敬畏与尊重之情。在我们看来，基于“权利”的环境伦理学提倡一种环境保护中的底线伦理，带有一种责任承担的被迫性。它是环境伦理学与环境法学的杂交。而基于内在价值之上的环境伦理学要高一个层次，它拥有对自然存在物的尊重态度。这种观念下的环境保护具有更大的自觉性。前者观念下的环境保护更多地体现出一种被动态，而后者观念下的环境保护更多地体现出一种主动态。当然，阿尔伯特·史怀泽的敬畏生命的伦理学则是更高层次的伦理学，它具有一种宗教意味，它要求人们具有一种普世情怀，像敬畏自己的生命意志一样敬畏所有的生命。阿尔伯特·史怀泽认为一切生命都是神圣的，包括那些从人的立场来看显得低级的生命也是如此。阿尔伯特·史怀泽的伦理学是一种无界限的伦理学，它要求所有的人，把生命的一部分奉献出来，做所有的德行：爱、奉献、同情、同乐和共同追求；关心一切生命的命运，在力所能及的范围内，避免伤害它们，在危难中救助它们。

罗尔斯顿的元环境伦理学（或基础伦理学）不同于人类中心论的环境伦理学，也不同于阿尔伯特·史怀泽的生命伦理学，他的伦理学倡导对自然内在价值的尊重与认同。他的哲学走向荒野、价值走向荒野的提法很明显地证实了这一点。走向荒野的哲学、走向荒野的价值论其实是走向对自然的尊重，因为，哲学的荒野转向强调动植物的价值，扩大了人类道德情感的关注范围，把动植物以及生态环境纳入到人类的情感视野中。这种伦理学与传统的以人类为中心的伦理学相比，具有更大的包容性，并且这种包容性显示了人类更宽广的心胸。与罗尔斯顿不同，不少的学者认为道德责任的承担是有限定的，不能随意涉及无生命的物体上，必须对责任承担的对象作限定。有人将动物与植物相区别，认为动物更应受到人类的保护。有人从感受快乐与痛苦的能力的方面进行区分，将责任承担的范围扩及动物。无论是前者，还是后者，面对荒野时，即使他们认为荒野有价值，那也是以人为中心、为人所用、为人所认可的价值，是依赖于人这一重要的评判者的。没有人的评判，荒野的价值无从谈起。但是，在罗尔斯顿这里，荒野的价值并不完全依赖于人的评判，荒野的价值存在是荒野自身完满追求过程中的一种自然显现。而要认同这一点，确实需要人们在价值问题上放下喜欢仰视的头颅，以平等的姿势接纳荒野的存在。

罗尔斯顿不仅提出哲学走向荒野、价值走向荒野，而且提出美学走向荒野。在罗尔斯顿这里，哲学走向荒野、价值走向荒野与美学走向荒野是统一的，都是走向对生命共同体的尊重，都是走向对荒野自然价值的认同。不过，罗尔斯顿之所以提出美学走向荒野，是因为他虽然是一位环境伦理学家，但是他的环境伦理思想具有浓郁的美学情怀。在《环境伦理学》一书中，罗尔斯顿专门探讨了大自然的审美评价问题，并且提出了“诗意地栖息于地球”的主张；在《哲学走向荒野》一书的结尾部分罗尔斯顿对荒野的环境体验进行了描述；在《从美到责任：自然的美学与环境伦理学》一文中，罗尔斯顿提出“美学走向荒野”的观点。荒野美的体验、环境美的欣赏使罗尔斯顿的环境伦理思想与众不同。在他有关环境伦理的论述中，我们可以感受到美学与伦理学的相关性，感受到情感在美、善中的根源性地位。罗尔斯顿的环境伦理思想的美学韵味深深得益于他对大自然的游历，在这一点上他与中国的大旅行家徐霞客相似。他们对荒野的审美体验使得他们能够进入“俯仰自得，游心太玄”、与自然和谐相处的境界。他们的审美体悟显示出，审美观照对改善人与自然的关系，具有更为直接的情感效应和广阔的前景。[①]

环境伦理学家罗尔斯顿之所以关注美学问题，是因为在他看来，“对于环境伦理学来说，审美体验是最常见的出发点之一。当人们被问到‘为什么要保留大峡谷或大提顿’这类问题时，通常的回答是：‘因为它们美丽，雄伟！’”“更准确地说，从‘是’走向‘应该’似乎意味着从事实——‘存在着的提顿’，走向了审美价值——‘哇，它们好美哟！’和道德责任——‘我们应该保留提顿’”。[②] 在罗尔斯顿这里，从美到责任的转换是容易的，美的欣赏会引发责任，因为美的欣赏是情感的交流，是爱意的显现。爱不仅是美的情感的流露，而且也是善的行为的表达。所以，环境审美在环境保护中扮演着重要角色。当然，将自然美的欣赏与伦理责任的担当相连并非罗尔斯顿一人的独创。美国神学家 L. K. 奥斯丁认为：美是环境伦理学的基础。他认为，“人类对自然美的知晓促成环境伦理学的建立。美的体验能创造并维持事物间的各种联系。自然美是将事物联系在一起的，支持生命、个性和美的一个方面。美使体验与伦理结合起来……”[③] 换句话也可以这样说，美的欣赏离不开体验，伦理也离不开体验。美的欣赏离不开情感，伦理的实践也离不开情感。情感将美学与伦理学联系了起来。例如“爱”。美的“爱情”与善的“仁爱”。无论在“爱情”中，还是在“仁爱”中，“爱”这种情感

① 黄坤：《〈徐霞客游记〉选评》，导言，上海古籍出版社 2003 年版。

② H. Rolston, *From beauty to duty: Aesthetics of Nature and Environmental Ethics*, *Environment and the Arts*, Ashgate, 2002.

③ L. K. 奥斯丁：《环境美是伦理学的基础》，载《自然科学哲学问题》1988 年第 1 期。

是不能少的。正是因为这样，注重情感体验的美学才会成为环境伦理学的基础。世界之美对于世界的存在是必要的，对于人来说尤其如此。在环境保护的诸种举措中，首先要爱环境，同时还要对环境有所知，不过对大地的爱才是环境保护最深远的动力。

康德认为，位我上者，天上灿烂的星空与心中的道德律。康德为什么这样说？康德没有回答。我们认为，康德将两者相连，原因有二：其一，无论是浩瀚的星河，还是心中的道德律令，都是位人上者，要求人们对之持有敬畏之心。其二，对自然美的惊赞与对道德律的敬畏有着内在的联系。审美的律令与道德的律令之间相汇通。虽然康德没有对自然美的欣赏与人类道德之间建立更多的联系，但他的天才独创的思想，流露出他对自然力的敬佩之情。在环境伦理学家泰勒和美学家桑塔耶那看来，真正热爱自然、对自然美发生浓郁的兴趣，并不是人人都能做到的，它需要“德行”的支持。事实正是这样，对自然美的欣赏要求人们对之抱非功利的思想，要“空”。只有虚静之人，才能映照万物。杜夫海纳认为，美不告诉我们善是什么，因为，作为绝对的善只能被实现，不能被设想。但是，美可以向我们暗示出：我们能够实现善，因为审美愉快所固有的无利害性就是我们道德使命的标志，审美情感表示和准备了道德情感。伦理学家 G. E. 摩尔认为，对自然中存在的美的欣赏，是一种善。为什么对自然中存在的美的欣赏是一种善呢？在我们看来，这种欣赏是一种情感关系的显现而不是一种功利性的占有，是一种人与万物同春、与天下同住的情感交往关系。而这种情感交流与爱是紧密相连的，它将人的仁爱之心彰显出来。利奥波德把大地伦理的三要素定位于：完整、稳定与美丽。而完整、稳定与美丽就是美的属性，这一切在一定程度上都说明了环境美学与环境伦理学的关联。环境美学是以环境为欣赏对象的美学，环境伦理学是以环境为思考对象的伦理学，二者都对情感具有依赖性。

罗尔斯顿提出“美学走向荒野”后，虽然没有对此命题作更进一步更系统性地阐释，但此命题对于美学的未来建设意义重大。“美学走向荒野”最为简洁地概括了美学的“荒野转向”，势必为美学的未来发展开辟新局面。

其一，研究对象上的变化。传统美学强调艺术中心，把艺术作为美学研究的核心。“美学走向荒野”强调美学的荒野走向、强调荒野的价值及其意义，势必为美学研究的对象突破艺术的樊篱奠定基础。荒野是人类的诞生之地。美学忽略自然荒野其实是对家园的舍弃，走向荒野就是还乡，还于精神的故乡。走向荒野不仅健全了人的自然本性，同时也昭示了人的价值和力量。走向荒野是人完善自我的需要，也是美学发展的需要。走向荒野意味着一种非人工的制品成为审美对象的价值与地位被承认。中国当代环境美学的开创者陈望衡先生就认为：“环境问题凸显之后，环境则成为与艺术相抗衡的另一重要研究领域。……美学的疆域则大为拓展，环境美学与艺术美学处于平等的地位。”①

其二，欣赏方式上的变化。第一，传统美学注重对艺术的欣赏，强调距离与静观之于艺术欣赏的重要性。“美学走向荒野”强调审美欣赏中的荒野转向，主张人们把创生万物的生态系统、生命的源头与根——荒野视为欣赏对象。人生活于生态系统中，面对生态系统、面对荒野，人们不可能像对待艺术那样在保持一定距离的情况下进行静观，而是身入其境、融入其中进行欣赏。为此，以艺术为中心建立起来的欣赏模式必然要进行变革，以包容并解释更多的欣赏对象。第二，传统美学中，自然美处于被忽略的状态。虽然有关于自然美的欣赏，但大都是以艺术的方式进行的。人们以艺术化的语言对自然美进行阐释，让自然说“艺术话”。艺术式的自然欣赏最为典型的表达就是对自然进行“如

① 陈望衡：《环境美学》，武汉大学出版社2007年版，第1页。

画性”的强调。为了达到以艺术的方式来欣赏自然，人们甚至通过一种特制的“克劳德玻璃”为自然欣赏提供便利。利用这种彩色玻璃，把自然风景框在一个矩形的框里，使观赏者欣赏自然时达到一如欣赏画家克劳德的绘画一样的效果。这种欣赏模式透露出的是一种以人类为中心的色彩。罗尔斯顿的“美学走向荒野”与部分环境美学家一样，反对从艺术的视角观看自然，反对把自然视为二维的风景画。他主张从创化与流变的角度欣赏自然大美，让自然作为自然呈现出来。第三，以艺术的眼光面对自然，强调的是自然的视觉效果；以生态的眼光面对自然，强调的是自然的生机与活力。“美学走向荒野”强调敬畏与尊重、聆听与沉思，使自然欣赏超越“如画性”走向深度审美。宏阔的斗争场面、丰富的生态系统、悠远的荒野历史等都会激发人们的崇高感。穿梭于时间中的生命在历史舞台的演绎中触动我们，一棵老树会因为它的苍劲震撼我们、一块顽石会因为它的久远引人叹服。“历史深度”是我们敬畏自然的原因之一，“历史深度”将成为荒野欣赏的重要尺度。

其三，超越传统自然美论。传统美学对自然美的欣赏重在其优美、可人的一面，对于其中崇高的一面往往采取拒斥的态度。如将崇高与恐怖相连便是一个例证。罗尔斯顿跳出传统自然美研究的局限，倡导美学走向荒野，并将崇高与敬畏式欣赏相连，这是罗尔斯顿在自然审美上的创见。另一方面，历史上对自然美的一些重要描述一向是跟各种自然神秘论有不解之缘的。但罗尔斯顿对荒野的审美却超越了各种自然审美中的神秘色彩。

其四，为美学与伦理学的汇通提供了新的可能。虽然罗尔斯顿没有就环境美学与环境伦理学的关系进行论述，但他在《环境伦理学》、《哲学走向荒野》等书中对环境的审美体验进行的描述将会启发后人对此关系进行挖掘。我们知道，环境美学注重环境欣赏，美的欣赏唤起人的关爱之心，关爱之心的激发使人对环境保护持拥护态度。环境美学与环境伦理学的联手，更能培养人们对环境的情感关系，如果说环境伦理学更重于为环境保护提供理性规范的话，那么，环境美学则更重于为环境保护提供感性支撑。感性与理性的联手，将为环境保护带来一片新的领空。事实上，在罗尔斯顿看来，那些欣赏大自然的人，比那些（只知）寻求对自然的统治的人活得更好。做一个善人，就应该让荒野保持原貌。另外，罗尔斯顿强调人在荒野面前的谦逊态度、强调人在自然面前的仁爱之心，敬畏式的欣赏使他的环境伦理学与环境美学之间建立起了联系。审美移情与道德同情，主体间性的道德意识与主体间性的审美活动，也将成为探讨环境伦理学与环境美学的重要内容。美学走向荒野带来的不仅是美学研究对象的扩展，而且也带来伦理学研究领域的扩展。

其五，为环境问题的解决提供了一种新思路。很多人认为解决环境问题的唯一希望是科学技术。只要我们能开发出更安全、更高效的化学农药，我们就能避免雷切尔·卡逊在《寂静的春天》里所预示的恶果。比如："解决墨西哥湾氧亏问题的特别行动小组就包括来自各方面的专家：农业经济专家、工程专家、农艺专家、动物生态专家、生物地化专家、生物专家、环境研究专家、湖沼学专家、海洋科学专家、海洋地理专家以及土壤科学专家。"[①] 如美国科学家杰勒德·奥尼尔在1977年出版的《高边界：人类在太空的殖民地》中劝慰人们不必为环境和生存问题而担忧，它提出了"宇宙岛"的设想，让地球上的一部分人们移居到那里。但是科学毕竟是有限的，环境问题的解决不能仅仅依靠科学技术。解决环境问题的根本出路在于人们价值观念的转变。建立于情感之上的审美立场将有助于生态危机的克服。当人

① ［美］戴斯·贾丁斯：《环境伦理学》，林官明等译，北京大学出版社2002年版，第6—7页。

以审美的态度来对待自然时，人既不像功用关系中紧紧地依赖自然，也不像认知关系中抛弃自己的情感，而是在人与自然关系中持一个适中的距离。既不离自然太近，也不离自然太远。美学走向荒野提倡以一种充满情感的态度面对环境，以一种审美的心态面对荒野，这势必会使人不再强制环境，与环境友好相处，从而为环境的优化提供一种新思路。

其六，重建美学与世界的联系。传统美学的艺术走向由于将人、美学置于自我封闭的状态，而在一定程度上造成了美学与世界的隔离，而“美学走向荒野”则力图使美学呈现出一种开放性，倡导美学走向荒野、走向自然，重建美学与世界的联系。观罗尔斯顿的生活历程，我们发现他不仅阅读各种文字之书，徜徉于哲学、伦理学、美学与生物学之中，而且游走于自然之间、阅读天地之书。因此，阅读罗尔斯顿的书，我们会发现他的审美活动不仅包含着艺术的内容，更多的是对自然世界的欣赏。在罗尔斯顿那里，美学欣赏的对象不仅包括人工的世界，而且也包括非人类存在物。罗尔斯顿本人非常注重对其周围世界的欣赏，《哲学走向荒野》以荒野环境的体验与欣赏结束全书，《环境伦理学》以诗意地栖息于地球结尾。一角一天地，一叶一世界。只有我们对世界的一角一叶（即使是荒野）环境持爱的态度，我们才能建立起与世界的审美关系。

第一章　“荒野”诠释

哲学家的思想就像一张网，一张捕捉问题之“鱼”的网。在这张思之“网”上，逻辑走向与基本术语是不可缺少的。逻辑走向是“线”，基本术语是“结”。没有“线”，“结”没有出路，也无法延展开去；没有“结”，“线”就会没有“起点”与“终点”，就会缺少力量，思想之“网”也会空而无当。因此，在真正的思想家那里，逻辑走向与基本术语之间如“线”与“结”之间相互扶持，基本术语可以是其思想的逻辑起点，逻辑走向可以显示基本术语间的关系。逻辑走向与基本术语间有一种张力与运动。基本术语是哲学家思想的感性表达，是“思之眼”。因此，要洞察一位哲学家的思想，我们不妨通过他的基本术语来切入。如通过“理念论”进入柏拉图的世界、通过“绝对精神”进入黑格尔的世界、通过“存在”进入海德格尔的世界、通过“异质性”进入贝尔纳·拉絮斯独特的景观创造世界……要切入罗尔斯顿的世界，首先要找到他表达其思想的关键词。如果说柏拉图将自己的思想扎根于理念，达于理念之城——理想国的营造。那么，罗尔斯顿则将自己的思想扎根于环境、扎根于自然荒野，达于文化与自然、人与环境的和谐相处。有人说，罗尔斯顿思想的关键词是“自然价值论”。其实，在一定程度上，我们还可以说，罗尔斯顿的“自然价值论”扎根于“荒野”，“荒野”是罗尔斯顿环境思想的生长点。因为，荒野是客观存在的，荒野价值的实存性是不依赖于人类意识而存在的，即使将荒野价值实践出来的可能性存在于人身上。正是基于这种认识，罗尔斯顿响亮地提出了“Philosophy Gone Wild”（哲学走向荒野）、“Aesthetics Gone Wild ”（美学走向荒野）等一系列著名的命题。在罗尔斯顿这里，“荒野”不仅是自然的价值之源，更是其思想的扎根处。要走进罗尔斯顿的世界，我们不妨从“荒野”入手。

第一节 “荒野”的语言学分析

在中文中，“荒野”是偏正词，“荒”修饰“野”。“荒”即“荒凉”、“荒芜”。“野”，据《说文》解，从里、予声，指的是郊外。邑外谓之郊，郊外谓之野。“野”还有“粗鄙”之意，如“文胜质则史，质胜文则野”，“敬而不中礼，谓之野”。[①] “荒野”二字，在中文里一般指的就是“荒凉的郊外”，“未经开化的原始之地”、“荒蛮之地”。在西方，旧约和新约都将荒野描述为贫瘠和荒凉之处。在《旧约》中，“荒野”是人类始祖的居所，它与伊甸园相对，是长出荆棘和蒺藜的地方。“当亚当和夏娃被逐出伊甸园，来到‘受诅咒’的荒野，‘那儿长满荆棘，只能吃荒野上的植物’。”在许多学者眼里，荒野都被视为人类该远离、否定的存在。因为“就像‘荒野’的字面意思一样，荒野常指‘荒凉的’或未驯化的地区。在这样的理解下，荒野对人类的生存构成威胁，是残酷的、粗暴的、危险的”。[②]

在美国早期文学中，“荒野”与“荒原”大意相同，都是指向森林。文学中的荒原意象既指向自由，又指向险恶。荒原意象的二元性在美洲殖民初期是作为真实的历史加以记载的。一方

① （清）朱骏声编著：《说文通训定声》，中华书局1984年版，第432页。

② ［美］戴斯·贾丁斯：《环境伦理学》，北京大学出版社2002年版，第177页。

面，荒原意味着难以想象的困难与威胁。威廉·布雷福德在《普利茅斯种植园记事》（*of Plymouth Plantation*，1620—1647）中这样写道：此外，他们放眼望去，只见可怕的荒原，里面全是野兽和野人——到底有多少，他们也说不清；无论朝哪个方向张望（除了仰望天空）他们找不到任何有形的东西可以使他们得到安慰或觉得高兴，因为夏天已经过去，所以眼前只是一片严冬萧瑟景象，整个土地树木林立，杂草丛生，满眼都是荒凉原始之色。[①] 另一方面，美国作家往往从荒原中汲取灵感，把荒原理想化，把它描绘成摆脱社会限制的理想王国。荒原成为“理想之地”与“希望之乡”。

到了20世纪，特别是第一次世界大战的爆发，给人们造成了难以想象的灾难与精神创伤。道德文明的堕落、精神信仰的枯竭使西方社会笼罩在一片悲观失望之中。T. S. 艾略特的《荒原》正是对此世界的一种影射。诗人笔下的“荒原”满目凄凉：土地龟裂，石块发红，树木枯萎，“荒原人”精神恍惚，死气沉沉。上帝与人、人与人之间失去了爱的联系。他们相互隔膜，难以交流思想感情，虽然不乏动物式的性爱。人们处于外部世界荒芜、内心世界空虚的荒废境地。[②] 与美国早期文学中的具有二元性的荒原意象不同，在T. S. 艾略特的长诗《荒原》中，荒野再次成为被遗弃与否定的对象。当然，这里的荒野已经发生了变化，它指的不再仅是物质上的荒凉，而且也指向人的精神上的荒芜。

其实，人精神上的日渐荒芜与自然物质的日益荒凉是相应

---

① Willian Bradford . *Of Plymouth Plantation* , 1620—1647, [M] . New York: Alfred A. Knopf, 1959: 62.

② 刘宏：《〈荒原〉和美国文学“荒原”意象的异化》，载《辽宁工程技术大学学报》2008年第3期。

的。当自然母亲、大地盖亚被人摧残之时，人其实也在无形中摧残着自身的精神栖息地。“荒野”被压缩为“荒”。第二次世界大战后，越来越多的思想家认识到，当人们凭借技术冷漠地征服自然、向自然突进，忽视对自然的审美态度，结果必然带来对自然的破坏和自然的满目疮痍。部分哲学家开始反思人类理性、科学技术给人类带来的灾难。海德格尔是其中反思能力最为强盛的哲学家之一。他的《荷尔德林诗的阐释》一书，谈到的就是世人的返乡。故乡那里有鲜花盛开的道路、有圣洁翠绿的森林、有宁静美丽的白桦与山毛榉，还有苍莽的山峦与奔腾的河流。这些美丽的自然都成为诗人描摹与欣赏的对象。

罗尔斯顿的《哲学走向荒野》、《环境伦理学》充满了对环境问题的反思，在其环境思想的表述中他强调了“荒野”这一概念，并且要求“哲学走向荒野”、“美学走向荒野”。罗尔斯顿之所以提出这样的命题，不是一时的偏激，而是有着一定的语言学考虑的。

在“哲学走向荒野”、“美学走向荒野”的关键性表述中，罗尔斯顿选择的是“Wild”一词——“Philosophy Gone Wild”、“Aesthetics Gone Wild ”。罗尔斯顿在一系列重要的命题上一再选择“Wild”而不是其他的词，这不是一种偶然，而是有着语言学上的讲究的。只要我们将与“Wild”字义相近的词进行比较就可得知。在德文中，与“Wild”相近的词是“Wildnis”。在英文中，与“Wild”相近的词有“wilderness”、“wasteland”，等等。“Wildnis”指的是荒芜之地、荒郊野地。而“wilderness”、“wasteland”，指的是荒地、荒凉之地。据《英语同义词辨析词典》[①] 解，“wilderness”与“waste”、“desert”和“badlands”为同义词，而“wild”与“furious”、“frantic”和“frenzied”为同

① 《英语同义词辨析词典》，吉林教育出版社 1992 年版。

义词。

与“wilderness”、“wasteland”、“Wildnis”等词相比，罗尔斯顿选择的“Wild”一词的含义最为丰富。据上海译文出版社1993年出版的《德汉词典》解，“Wild”有“未驯化的”、“野性的”、“野生的”、“未开发的”、“原始的”、“任性的”、“无管束的”、“狂热的”、“混乱的”等含义。“Wild”既可作形容词、副词，又可作名词。它既可指性质，又可指地域。据国防工业出版社1988年版的《英汉辞海》解，“Wild”含义众多，它包括“野生的”、“自然生长的”、“荒芜的”、“无人烟的”、“不受约束的或管理的”、“原始的”、“野蛮的”、“没有使文化适应先进文明的”，等等。

“Wild”与“wasteland”更有着本质的不同，前者丰富，后者贫瘠。“Wild”既包括湿地沼泽，又包括森林高山；既包括荒凉、冷酷的荒地，又包括水丰草盛的美丽草原；既指向荒郊野地，又指向未驯化的、野性的生命力。“wasteland”更多地指向令人望而生畏的荒地。在追求个性、自由的精神斗士眼中，“Wild”是神圣、美好而富有多样性的福地，但是在褊狭的功用主义者眼里，“Wild”曾经就是“wasteland”、“the waste land”（T. S. 艾略特的《荒原》的译法一种）“根据威廉·布拉德福的描述，当‘五月花号’在1620年抵达普利茅斯时，这些殖民者面对着的是‘危险而荒芜的荒野’。两年之后，迈克尔·卫格尔斯·沃斯还这样写道，‘废弃而凄凉的荒野，空无一人，除了魔鬼和野蛮人，邪恶在此猖獗。’”面对“Wild”，急于攫取者心中充满了不满与愤怒，在他们看来，“Wild”是一块被诅咒的荒蛮之地。但是对于生于斯、长于斯、逝于斯的土著人而言，“Wild”却有着非同寻常的价值。卢瑟·斯坦丁·拜尔酋长是个奥格拉拉的苏人，在其1933年撰写的书上这样表述他的观点，“我们并不认为大平原、美丽的群山以及长满水草蜿蜒的小溪是‘荒芜’的。只有白人才认为自然是荒芜的，

‘野蛮’的动物在那里‘出没’，‘野蛮’人才居住在那里。对我们来说，它是温驯的……直到后来东方的毛人来到这里，他们野蛮而狂暴地将不公平强加给我们和我们所爱的家园，它才变得‘荒芜’起来”。[①] 功用主义者的抱怨与土著人的欣赏见证着“Wild”一词的丰富性。

通过语言学分析，我们发现：罗尔斯顿使用“Wild”一词来表示荒野而没有用其他的同义词，是因为“Wild”一词本身意蕴丰富。“Wild”既指向无人烟的荒地，又指向未驯化的、不受规范的、充满野性的属性。“Wild”既指向荒野“荒”的一面，又揭示出荒野自在自为的一面。“一方面，荒野是个令人恐惧而应尽量避免去的所在，是上帝放弃而魔鬼占据之所。……另一方面，荒野代表着脱离了压迫，并且若不算福地的话，也至少是可建立福地的临时天堂。”[②] 一方面荒野因其荒芜、荒凉和残酷令人恐惧，另一方面又因其蕴含着巨大的潜能而指向一种美好的生活。在浪漫主义者眼里，荒野是未开发和未被破坏的最后一片乐土，它象征着清白和纯洁。荒野因其远离尘嚣而被视为天堂、伊甸园。

也就是说，荒野的存在不是单面的，它既有有限性，也蕴含着无限性；既有物质性的一面，又具有精神性象征；既有自然性的一面，又有自由性的一面。有学者认为：“荒野不是任何一个特殊的物种或栖息地，而是一种高级生命形态：它完全独立于人类而产生，因此具有高贵性。”[③] 甚至有学者认为，荒野的本质就在于它的野性，这种野性就在于为获取个性化生存而展开的自

① 转引自［美］戴斯·贾丁斯《环境伦理学》，第 178 页。

② ［美］戴斯·贾丁斯：《环境伦理学》，第 178—179 页。

③ ［美］戴维·埃伦费尔德：《人道主义的僭妄》，国际文化出版公司 1988 年版，第 215 页。

由性追求中。在我们看来，正是因为“Wild”所蕴含意义的丰富性，使得罗尔斯顿在哲学的走向、价值的走向、美学的走向中给予“荒野”一语特殊的位置。

第二节 罗尔斯顿对“荒野”的把握

罗尔斯顿提倡哲学走向荒野、价值走向荒野和美学走向荒野，除了语言学上的考虑之外，还有一个原因，那就是荒野之于他的意义非同寻常。在罗尔斯顿那里，荒野既意味着野性的自然，同时也意味着人与自然交错的历史；荒野既与人相疏离，同时也是人类实现其完整性的场所。

一 荒野与自然

从荒野与自然、荒野与人工的角度，罗尔斯顿对荒野作出了肯定与否定两个层面的把握。从肯定的意义上看，罗尔斯顿认为，荒野是自然的，只不过是本原的自然；从否定的意义上看，罗尔斯顿认为，荒野也是自然的，只不过是非人工的自然。

从地域分布来看，自然的范围更广，自然包容荒野，荒野就在自然之中。世界自然保护联盟认为，荒野是受法律保护、有足够面积保护原始自然成分的永久性自然地区。[①] 从演化历程来看，荒野是原初状态的自然，是自然的自然、自然的典范、自然的本真状态。作为荒野一部分的原始森林是自然形成的，森林里的土壤、树木、鸟兽、河流、鱼类等是一个自足的循环系统。荒野可被当作原始自然的一个活生生的象征、标本或博物馆。荒野与自然的交融关系使得罗尔斯顿在使用时往往不把二者相割裂。在《哲学走向荒野》、《环境伦理学》等著作中，罗尔斯顿一方

① Stankey G H. *Wilderness around the world*. J. For., 1993, 2: 33—36.

面把“荒野”与“自然”联用，如“荒野自然可不懂我的参照系，对我最深层的文化规范也不会有任何关心”。[①] 另一方面将“荒野”与“自然”互换使用，如罗尔斯顿就曾说过：“每一个荒野地区都是一处独特的大自然。”[②] “尽管人们需要自然所给予的一切，但他们对环境的利用并非易如反掌。他们常常不是使自己去适应荒野自然；相反，他们要在大自然之上劳作，并根据其文化需要来重建自然。”[③] “当哲学实现这一荒野转向时，是否在某种意义上我们应该遵循自然呢？”[④] 这种种不同的说法透露出同样的信息，那就是：在罗尔斯顿这里，荒野与自然的关系不仅是十分密切的，而且常常是纠绞在一起的。有人可能会问，既然荒野与自然的关系在罗尔斯顿那里如此密切，那么为什么罗尔斯顿提出哲学走向荒野、价值走向荒野与美学走向荒野，而没有提出哲学走向自然、价值走向自然与美学走向自然呢？这其中缘由虽然罗尔斯顿没有明说，但是我们透过其思想也能感觉到罗尔斯顿如此提法的寓意所在。

其一，自然内容庞杂而用法颇广。自然既指向人工自然，又指向非人工自然。罗尔斯顿用“荒野”而不用“自然”一词，表明他的重点旨在纯然的自然而不是人工的自然。哲学走向荒野就是哲学走向纯粹的、未被人类侵犯的自然。其二，哲学走向自然，一般人都能理解，但走向荒野则需要更大的勇气与更深的反思力。其三，荒野是更为本原的自然，是尚未异化的自然，是自然的本真内核。罗尔斯顿自己就认为，荒野是世界的基础的一个原型。罗尔斯顿提出哲学走向荒野、价值走向荒野与美学走向荒

① ［美］霍尔姆斯·罗尔斯顿：《哲学走向荒野》，吉林人民出版社 2000 年版，第 241 页。（以下此书均引自这个版本）

② ［美］霍尔姆斯·罗尔斯顿：《环境伦理学》，第 28 页。

③ 同上书，第 6 页。

④ ［美］霍尔姆斯·罗尔斯顿：《哲学走向荒野》，第 4 页。

野而不是走向自然，也许他的目的就是要使哲学、伦理学与美学回溯到自然的深处、进入到自然的本真状态，以实现哲学、伦理学与美学研究上的荒野转向，并最终达于人工世界与荒野自然的和解。

其实，纵观人类发展史，我们既能发现荒野与自然之间二而一的关系，又能发现荒野与自然之间一而二的关系。原始社会时期，自然就是荒野，人是自然的，也是荒野的。人的世界、自然的世界与荒野的世界是一体的。原始人或荒野人生于荒野、居于荒野、食于荒野、老于荒野。人完全被自然荒野所接纳、消融。正如卢克莱修在《天道赋》中所言："当此之时，民犹未知夫用火。虽获兽而不衣其皮，故形无蔽而仍裸。惟林莽之是栖，或岩穴之是息。迅风烈雨，忽焉来袭。乃庇秽体，于彼榛棘。"① 荒野与原始人（荒野人）同属于一个充满"野性"的世界。然而，伴随着文明化的进程，自然与荒野的整一性断开了。自然世界分化为人工的世界、半自然的世界及荒野世界。被人类完全征服的自然世界成为人工的世界，如城市；处于半征服状态的自然世界成为与人相邻的周边世界，如乡村；尚未被人"侵犯"的自然世界沦为荒野。这种分裂使荒野从神圣的"女神"、"母亲"沦为"奴仆"。荒野成为被忽视、被冷落、被遗弃的世界，即使有人想到荒野，也是在被鄙视的意义上使用的。

特别是大机械生产不仅使充满生命力、具有整一性的自然荒野处于被割裂、被强迫的状态，而且也造成荒野之灵——自然人性的异化。对于后者，小说家劳伦斯曾在《查太莱夫人的情人》一书中进行过描述。伴随着现代化生产的是具有丰富性的人日益成为框架式生存的牺牲品。人类不仅与外在自然相隔膜，而且与

① 转引自［美］路易斯·亨利·摩尔根《古代社会》上，商务印书馆1997年版，第26页，注1。

内在自然相隔膜。罗尔斯顿倡导哲学走向荒野、价值走向荒野与美学走向荒野，其实在某种意义上是倡导人们重新拾起与自然世界的情感联系，通过真、善、美的荒野回溯，重建人与世界的完整性。

在荒野与自然关系问题上，罗尔斯顿认为，一方面荒野与自然关系密切，荒野就是本真的自然；另一方面荒野又是远离人工的自然世界。

罗尔斯顿在《从美到责任：自然美学与环境伦理学》一文的注中提出，“荒野”的意思就是“远离人工”（“Wild” means “apart from the hand（or mind） of humans”）。在《环境伦理学》一书中，罗尔斯顿指出：“人们有时需要荒野环境作为人造环境的一个可供选择的替代者。与为了挣钱而从事的劳动适成鲜明对比的闲暇、与为了养家糊口而从事的劳动截然不同的消遣性劳动（爬山，搭帐篷）、与千篇一律令人厌恶的工作不可同日而语的饶有趣味的优美环境、与城市的安逸形成反差的简朴——所有这些都能够给人们提供其他活动或事物所不能提供的满足。这里，人们之看重那些毫无经济价值的荒野和公园，是由于它们那未被人工雕琢的特点。”① 荒野指原始自然的天然遗迹，未开发的自然，是远离人类文明、无人居住，也不适合于居住的地方。② “科罗拉多荒野区不允许任何旅行者在湖泊、溪流和被宿营过地地点100英尺范围内宿营。”③ 美国1964年通过的《荒野区保护法》也宣称，在荒野区，人们不得干扰大地及其生物共同体，人只是参观者，不得在上面居住。人之于荒野只是一个客人，不

---

① ［美］霍尔姆斯·罗尔斯顿：《环境伦理学》，第11页。

② H. Rolston, *From Beauty to Duty: Aesthetics of Nature and Environmental Ethics*, *Environmenta and the Arts*, Ashgate, 2002.

③ ［美］霍尔姆斯·罗尔斯顿：《强制实施环境伦理：论民法和自然之价值》，载张岂之等编《环境哲学前沿》第一辑，陕西人民出版社2004年版，第395页。

能长久地待在那里。从距离上来看，荒野是远离人类的自然世界。“荒野之地是一片未被人统治的地区。荒野是‘一片其地貌和其中的生物共同体尚未被改变的区域，一片只供人们去那里观光却不允许人们在那里定居的区域’。”① 荒野与人的世界相疏离，保持对荒野的疏远状态是对它存在的一种尊重；荒野与人的世界相联系，保护荒野，使我们从精神上亲近它具有可能。

荒野是天然的世界，这个世界远离人工世界，人们应对之持尊重与保护的态度。把荒野确立为远离人工的自然世界表明罗尔斯顿从与人工相比较的角度强调荒野的自然性。不过，这种比较虽然在一定程度上使我们看到了荒野的非人工性，但是在一定程度上也使我们忽略了天然与人工之间联系的可能性。这也许是其思想的庞杂所造成的。读罗尔斯顿的书犹如走进“思想的荒野”。要理清头绪，走出这片“荒野”并不容易。

为了清楚地了解荒野与人工的联系，我们应该分而论之。我们生活的世界有自然，如公园，但那里人工占据主导地位。美国迪斯尼乐园如此，中国古典的豫园亦如此；我们生活的乡村有自然，但那里的自然处于半控制状态。在现代化的农场，这种控制状态更为明显。只有荒野，作为远离人工的自然，具有一种纯粹性。

荒野的存在是自然形成的，它不是上帝的作品，也不是人的作品。那种视荒野为上帝不完善作品的说法透露出的是人类的无知与自大。荒野世界的形成是非人工的，也非人为的。“荒野是地球陆地生态的摇篮，是没有产生人类之前地球陆地生态系统的重要表现方式。荒野在漫长的地球生物进化过程中逐渐形成的植物（生产者）、动物（消费者）和微生物（分解者）与无机环

① 《荒野法》（1964）第2节公共法第88—577条，例8条，州法第891条。转引自罗尔斯顿《环境伦理学》，第309页。

境相互依存和相互作用的协同结构和进化功能……是大自然几十亿年在地球环境中积累起来的生态成就。”[①] 荒野世界与人工世界不同，人工世界充满了人为的色彩，而荒野是一个自然的、自在的世界，自然性是其特有的属性。

在人工的世界里，时间是由人来掌握的，特别是机械化大生产中，每分每秒都处于人工控制状态。在荒野中，时间以自然的形式演绎着。自然时间在荒野中得到淋漓尽致的表现，春夏秋冬按照自己的步履在荒野中游走。“森林这个古董总在发生着变化。一个又一个季节过去了；冰雪融化了，桦树花穗长长了，鸟鸣声归来了，白昼的时间长了，捕鱼的潜鸟开始鸣叫了……时间在持续地流逝。”[②] 在荒野中，空间是由自然控制的。自然空间在荒野中得到尽情地显示。在荒野，一切都在自由竞争的法则下自然地生长与扩张，不像人工自然一样处于被规划、被管制的状态。荒野的生长、运动及物与物之间的关系都处于自然竞争的状态，并且形成食物链金字塔。辽阔的非洲草原上，角马大军随着季节的变化不断进行着大迁移，它们与狮子、鳄鱼、鬣狗进行生与死的较量。年复一年，迁徙不止、生死不绝，生命的故事绵延不断。角马与对手之间自然地磨合着，弱小的被淘汰、不够机警的被杀戮，成群的角马经自然之手不断地筛选，并最终以群体的力量与更强悍的动物保持着一种张力关系。在这里，一切时而混乱时而有序地进行着。荒野是一片靠自然法则进行自我管理的世界。在美国的埃斯库迪拉山，熊管理着由鹿、鹿蝇、洋槐、火鸡、野鸭、松鼠等形成的世界。当人们强行进入并杀死熊后，自然的秩序被干扰，埃斯库迪拉山的管理被打乱……今天，荒野本

---

① 叶平：《生态哲学视野下的荒野》，载《哲学研究》2004年第10期。

② H. Rolston, Aesthetic Experience in Forests, Journal of Aesthetics and Art Criticism 56 (no. 2, spring 1998).

身的“自然性”与用来维持和保护其自然性的方式之间存在冲突，这种冲突引发了人们的讨论。有人认为，面对森林大火，最好的态度是任其自然，人们不需要对自发的森林大火负责，让它烧吧，这是对自然性的一种尊重。也有人认为，即使是自发的森林大火，人类也应进行干预，只有这样，才能使自然更好地得以保护。不论讨论的结果如何，人类首先面对的都是荒野的非人工性。

在荒野与自然关系问题上，罗尔斯顿无论是肯定意义上还是否定意义上的把握都揭示了荒野自在生存的一面。荒野的自在生存构成了环境美学理论的深层根据，使其与立足于艺术的艺术本质论美学区别开来；荒野具有独立于人工世界而存在的一面，罗尔斯顿对自然自在性的强调为其自然价值论的客观基础的阐释埋下了伏笔。同时，对自然自在性的强调使得罗尔斯顿的审美理论具有独特的理论视角，荒野审美不再是一种形式化的快感，而是对存在于天地间生命大美的敬畏、尊重与欣赏。

二　荒野与自由

断定荒野与自由相关，远比断定荒野与自然相关要难。因为按照习惯思维，自由属于享有理性的人所独有，荒野怎么可能牵扯上自由呢？然而，在罗尔斯顿看来，荒野和自由的确是关联着的。

罗尔斯顿认为，虽说我们在很大程度上能统治自然，但在很大程度上如果不说自然也能统治我们，至少荒野是按自己的方式运行着，并不就在我们的掌握之中，自然自身有着一种自主性。因此，罗尔斯顿指出：“‘荒野’一词中有着某种东西，是与‘自由’一词相契合的。”① “荒野对宗教自由很重要，也能促进

① ［美］霍尔姆斯·罗尔斯顿：《哲学走向荒野》，第67页。

宗教自由。”[①] 他还指出：“野性虽说是在人类关心范围之外的一种活动，但它代表的并非一种无价值的事物，而是代表一种与我们相异的自由，代表着一种天然的自主性与自然维持的能力。”[②]“虽说自由的火炬是在人类这里才被全部点燃，但这在其他一些物种那里已经开始闪亮。说一头母狮‘生而自由’是诗的浪漫，而非科学的严谨，但这并不意味着她的自由就不是真实的了。因为这样的诗实际上也能帮助我们弄清楚真实的情况。事实上，随着科学家对像狮子这样的动物作更好的观察并找出它们与我们的亲缘关系，我们会越来越觉得，把人类自由的价值看得那么高而把其他动物的自由看得那么低，是很难站得住脚的。”[③]“真正的荒野在每一个点上都有其独特的个性，不能用科学对之加以确定。”[④]

罗尔斯顿将荒野与自由相连，在一定程度上肯定了荒野自由性的存在，并且在对荒野的描述中诠释着荒野的自由性。

其一，罗尔斯顿肯定了荒野自由性的存在。在近现代哲学家看来，自由是属于人的世界，只有理性精神才能与自由相连。但是在罗尔斯顿这里，我们不能因为荒野不同于人类就否定荒野自由的存在。罗尔斯顿认为，荒野有一种自主性。这种自主性与自由相契合。也就是说荒野具有一定的自由性。这种自由性首先说的是荒野是其领域的主人，它按自己的方式运行，远离人的掌控。正如美国林业工作者协会在1991年发布的声明中所指出的那样：荒野是不受人为控制、各种条件不受限制、且保持其主要特征和影响的地方。

---

① ［美］霍尔姆斯·罗尔斯顿：《哲学走向荒野》，第339页。

② 同上书，第222页。

③ 同上书，第246页。

④ 同上书，第145页。

其二，荒野的自由异于人类的自由，荒野的自由不等于人类世界的自由。人类的自由更多的是指向一种理性的自由，是意志的自由，精神上的自由。荒野的自由是显现自身的自由，即一种“云自无心水自闲”的自在层面上的自由。老庄的“泽雉十步一啄，百步一饮，不蕲畜乎樊中”、清人沈朝初在《忆江南·春游名胜词》中所说的“山水自清灵”、清人汪撰在《雨中泛石湖》中所写的“沙鸟自回还”指的就是这个层面的自由。有学者认为，物的自由是一种任意，而人的自由是自由的任意，它包含对自由的意识。虽然在自由的阶梯上，自在的自由低于有意识的自为的自由，但不能因为这种等级就抹杀了荒野自由性的存在。

其三，荒野自由的表达是独特性。在罗尔斯顿看来，荒野的自由即意味着异质性、多样性，不受规范、未被驯化。前面的语言学分析已为我们指明，荒野的野性、未驯服性就蕴含着一种自由的基质。在那里，万物千姿百态、丰富多彩、各得其所、自由自在，“万物并育而不相害”。一般认为，“原始森林、湿地、草原和野生动物是荒野的主要存在方式”。[1] 但所有这些荒野形态都有其内在的个性化生存的一面。荒野的“野”不断制造出差异与个性，反抗着一种概念式的整一性。荒野正是以这种个性化和非整一性显示出生命的丰富性和自由性。自由的生命就在于差异，生命的自由就在于个性。荒野以其多样性和个性化向我们表明，它是自由的。荒野是个性展示之处，也是理想之地。向往自由浪漫的人喜欢走向荒野。

今天，自然荒野的价值之所以受到人们的关注，正是因为荒野世界的异质性有助于对抗工业世界的同质性，人们之所以在闲暇之余渴望走向荒野，正是因为荒野世界能够使人们被束缚的心灵得到自由释放。在历史上，普罗丁、黑格尔等人按照人的理性

---

① 叶平：《生态哲学视野下的荒野》，载《哲学研究》2004 年第 10 期。

能力、心智标准来解读自然荒野，当然不能体会荒野的自由性。理性的世界与荒野的世界是不同的两个世界。前者追求整一，后者追求差异。面对这两种世界，席勒认为：“理性虽然要求统一，但是自然却要求多样性，因此人需要这两种立法。”“如果道德的性格只能通过牺牲自然的性格才能保持，那么就证明人还缺乏教养。如果国家的宪法只有通过排除多样性才能达到统一，那么就说明它还很不完善。”[①] 荒野的个性化生存也是我们社会人所需要的。试想一下，如果一个社会完全由一种单一的、毫无个性特征的人种组成，我们会觉得这种社会是贫乏与空洞的。“而且，如果你试想一下众多的人在个性和生活上完全相同，相互间的差别仅在于附加他们的号码，你就会觉得，对这样一种现象的思考是可怕的。”[②] 在传统哲学中，只有理性的人或人的理性才能享有自由。其实，荒野世界也有一种自由，那是由多样性、异质性、个性的张扬而呈现出的一种自由，这种自由与人的精神世界相对应。在现代社会，机械化大生产造成了大量同质的产品，大量连锁的消费在一定程度上造成了人们生活方式的单一，人的精神世界的丰富性受到删减的威胁。荒野作为一种异质性的存在，可以给予走进它的人以启示，同时丰富现代工业社会背景下的人们对自由的理解。

荒野是自由的，不仅因为它具有异质性与多样性。在罗尔斯顿看来，荒野与自由相关，还因为荒野不是被规划的、被决定的，而是自我规定的世界。荒野是充满野性的、未被驯服之地，荒野是桀骜不驯、拒绝规定的自由世界。“荒野就是世界的本来面貌，就是自然的纯粹状态和‘本底’状态，因为没有受到人

① ［德］席勒：《美育书简》，中国文联出版公司1984年版，第43页。

② ［德］弗里德里希·包尔生：《伦理学体系》，中国社会科学出版社1988年版，第21页。

类这一特殊的、有意识、有目的的物种的干扰和改造，荒野是一种充满多样性、原生性、开放性、和谐性、偶然性、异质性、自愈性、趣味性的野趣横生的系统，荒野上的各种野生物种不受人类的管制和约束。”① 自我发展、自我完善、自我保护，是茫茫荒野的规律。在荒野中，一切是自在的，一切也是自足的。动物是自由的，如果它不被关在笼子里或者公园内。河流是自由的，如果它既没有被大坝、水库规定，也没有被水车、磨坊所限制。在荒野中，万物自由地伸展着。当乔治·卡特林旅行穿越荒野时，他看见的是一片自由天地。紫色的葡萄藤以优雅的姿态悬挂在大树上，不知名的野花自由地开放，野鹿快乐地奔跑，百合花亭亭玉立，榆树自由地向四周伸展着粗大的枝杈。这是一个物成为物的世界。“在这样的自然的世界里，大树就是大树，它作为其自身是其自身。……它不来源于什么，也不为了什么，它自身就是自身的缘由和目的。”② 这就是海德格尔所说的：“大地之为大地，仅仅是作为天空的大地，而天空之为天空，只是由于天空高屋建瓴地对大地产生作用。”③

荒野不仅与自由相关，而且荒野的自由与人的自由相应。荒野凭借本能创造伸展自由，人类凭借理性演绎自由，二者的自由追求又统一于生命意志中。走向荒野，人类可以感受到它的自由性生存的一面。历史上，荒野往往是自由主义者心神向往之地，自由主义者往往很容易在荒野那里找到慰藉。

在罗尔斯顿看来，荒野的自由与人类的自由是紧密相连的，如果仅仅从经济利用的角度消费荒野自然，就会摧毁我们的自

---

① 王惠：《论荒野的审美价值》，《江苏大学学报》（社会科学版）2006 年第 4 期。

② 彭富春：《什么是物的意义?》，载《哲学研究》2002 年第 3 期。

③ ［德］海德格尔：《荷尔德林诗的阐释》，商务印书馆 2000 年版，第 197 页。

由。“如果一个土地所有者一方面坚持他自己的自由，一方面又要成为其400英亩土地的独裁者，而且，从来不去想一想在他的土地上生存的野生动植物是否也有它们自己的自由，那么，他的这种态度肯定是有些前后矛盾的。如果生活在这片土地上的人都认为，他们脚下的土地是贡献给公民的自由的，是供他们全面征服大自然的，他们的唯一要务是把植物和动物最大限度地转化为（经济）资源，那么，这样的人在道德上肯定是不成熟的。至少，在那些有象征意义的地方——在荒野和野生动物保护区、在供鸟飞行的天空、在供动物奔跑的大地、在供动物在夜间潜行并觅食的地方——大自然应当是自由的。自由对双方都适用：那些只知争取自由却从不把自由给予他人（它物）的人，不可能理解自由；事实上，这些人自己甚至也没有获得完整意义上的自由。”① 做一个自由人，就应该让荒野保持自由状态。人类不仅在物质上依赖自然性的荒野，而且在精神上也对自由性的荒野具有依赖性。自然是人的一面镜子。自然显现出工具性的价值，是因为人以功利的眼光面对自然；自然显现出审美的价值，是因为人以审美的眼光面对自然；自然显现出满目疮痍的形象，是因为人仅以控制者的面貌出现。自然是人肉体的延伸，自然是人精神的栖息地。有人说，天上有多少颗星星，地上就有多少个人。星星与人相应，每个人都有属于自己的星星。换句话说，自然中的每种现象都和某种心灵状态相对应，自然与人的精神之间存在着某种同构，而这种心灵状态只有把自然现象当成自己的画像时才能被描述。“蒹葭苍苍，白露为霜”的清秋萧瑟之景与人的空虚惆怅之情相应；“霰雪纷其无垠兮，云霏霏而承宇”的幽晦天气与诗人屈原的忧愤之心相应。自然存在的意义必须从它和人的精神的联系上去理解。花开花落与兴盛衰败相连，空谷幽兰与孤寂

① ［美］霍尔姆斯·罗尔斯顿：《环境伦理学》，第394页。

高洁相关，每一个自然事实都是某种精神事实的象征。若无这些事物，就不能理解人；若无人，也无法理解这些事物。康德认为，一个能够到自然中去发现美的人，是一个“具有优美灵魂”的人，令人“尊敬”。当我们与自然发生审美关系、欣赏自然的美景的时候，我们消除了一切个人的考虑，一切忧虑，一切虚伪，我们以最真实的个性面对自然，从而我们的个性在自然中得到了最为放任、最为自由的肯定。正因为这样，不管我们是什么样的一个人，在欣赏自然美的时候，会不知不觉地显现出来。马克思在《神圣的家族》中，赞美玛丽花对于自然美的欣赏，说玛丽花之所以热爱太阳和小花，是因为她自己的个性像太阳与小花一样的单纯和天真。同样，要理解荒野的自由性，我们必须关注人的自由；要追求人的自由，我们必须关注荒野的自由性。只有使自己周围的一切都获得自由时，这个人才是自由的。任何以主人的姿态面对自然的人最终必然被自然所奴役。

伴随着人类“武力”的扩张，自由之地——荒野萎缩了，萎缩的荒野印证出人类精神的萎缩。人类要保持精神的自由，必须为自由的精神预留一块自由之地。精神上的自由需要空间上的支撑点。《寻归荒野的诗人加里·斯奈德》一文的作者陈小红认为，对于美国人来说，这个地理上的支撑点即是荒野。荒野是完全自由的未经驯服的王国，自由即是荒野。在罗尔斯顿看来，荒野是人实现其完整性的地方。荒野的自由与人的自由相扶持。“我们之所以为荒野走向消失而哀婉，原因之一就是我们不想将这铸就了我们民族精神的荒野完全驯服。”[1] 在一定程度上，我们可以说，美国人的自由精神与荒野之间有一种相互支撑的关系，美国人的自由精神与美国人立足于荒野求生存、扎根于荒野求发展的历史紧密相连，与荒野打交道，自然的自由自在性无形

① ［美］霍尔姆斯·罗尔斯顿：《哲学走向荒野》，第147页。

中浸染着环境中的人，使之更本真地、更自由地去生活。同时荒野给拓荒者以压力、挑战与训练，这种挑战与训练成就了美国人的竞争意识。因此，有学者认为，自然是人肉身的延伸，对奴役自然的消除是人自身解放的条件。为一种自由社会而进行的革命，其途径之一就在于对于自然的解放。

人类出现以前，荒野中的自由是寂静无声的。当人以荒野人的身份现身于荒野时，荒野中的自由是含混内敛的。只有当人以自由作为其本质时，荒野的自由性才通过人类以有声的方式传达出来并凝结于这一万物的灵长身上。正是通过人，荒野的自由性由无声走向有声。人的自由追求是荒野自由性的有声表达，荒野的自由性通过自由的人才能得以更好地保护与彰显。向往自由的人比乐于框架式生存的人更向往荒野，或者说，向往荒野的人必然对自由有着独特的体悟。

荒野的自由性与人的自由紧相关联，恰如陶渊明的悠然心情与“南山”的自由状态相呼应。人精神的自由与自由的山水相融在中国的山水画中得到了淋漓尽致的表现，并且这种相融性被大文豪苏东坡所描述：“与可画竹时，见竹不见人。岂独不见人，嗒然遗其身。其身与竹化，无穷出清新。”[①] 徐复观先生从另一角度说出了人与自然之间自由的相关性。他认为：“中国的山水画，则是在长期专制政治的压迫，及一般士大夫的利欲熏心的现实之下，想超越向自然中去，以获得精神的自由，保持精神的纯洁。”[②] 浪漫主义者卢梭总是要返回自然界，以摆脱理性的统治，达于心灵自由的愉悦。列夫·托尔斯泰也对自然情有独钟。在他们那里，自然是神圣的，也是令人愉快的，它给病态的和分裂的人带来宁静。在荒野中，人能够体味到原始的自由。荒

① 《苏东坡集》前集卷十六：《书晁补之所藏与可画竹三首》。

② 徐复观：《中国艺术精神》，“自叙”，春风文艺出版社 1987 年版。

野的自由性与人的自由、荒野与文明之间保持着一种连续性。约翰·缪尔认为，荒野是生命的泉水，是医治现代文明人的一种必需品。罗尔斯顿也强调，荒野地区能够减轻城市生活的某种负面作用，并且能够提供解除深层心理压力所需求的佳境。正是由于荒野对于人精神上的慰藉作用使得有些人认为，荒野犹如一座大教堂，能够提升人的精神。荒野是人们体验宗教感受的地方，荒野是朝圣最好的去处。在他们看来，离荒野越近，就是离上帝越近。荒野是自然的最高显示，是向着天国的窗户。这些学者之所以如此理解荒野，是因为荒野具有一种神秘性，容易使人产生崇高感。

三 荒野与文化

如果说荒野的自然性喻示了人的自然性，荒野的自由性喻示了人的自由性，那么，荒野的自然性与自由性就构成了人性的两个维度。而一旦我们把荒野与人性联系在一起的时候，那么，荒野与文化也就深深地关联着了。解读荒野，人们可以发现其文化内涵，诠释文化，人们同样可以以荒野为文本。因为，荒野储存了人类的重要信息。

从词源学上看，荒野与文化是两个不同的世界，前者远离人工，而后者是人工的世界。最早在《易传·贲·彖辞》中有“观乎‘天文’，以察时变；关乎‘人文’，以化成天下”。“文”字本义多指色彩交错的纹理，后又引申为文字符号、人的审美、道德修养和装饰等意。如《尚书·序》说：“古者伏羲氏之王天下也，始画八卦，造书契，以代结绳之政，由是文籍生焉。”《论语·雍也》称：“质胜文则野，文胜质则史，文质彬彬，然后君子。”此处文则取人的修养之意。“化”字本义是改变、生成、造化等。《庄子·逍遥游》：“北冥有鱼，其名为鲲。鲲之大，不知其几千里。化而为鸟，其名为鹏。”《易·系辞下》载：

“天地絪缊，万物化醇。男女构精，万物化生。”西汉后，“文”与“化”合成了“文化”一词。《说苑·指武》载：“圣人之治天下也，先文德而后武力。凡武之兴为不服也，文化不改，然后加诛。”《文选·补亡诗》载有“文化内辑，武功外悠”的说法。这里所说“文化”，均是以文教化之意。后来“文化”的词义又有与“自然”、“野蛮”相对的含义，是“人化”、“文明”的意思。在西方，文化一词来自拉丁文 Cultura，本义指耕种、加工、照料、栽培。后逐渐引申为培养、教育、训练等意思。“文化”在德文为 Kultur，在英文和法文均为 Culture。从词源学上看，“文化”有人类借助工具对自然改造、加工、区别于自然并控制自然之意。

罗尔斯顿也认为，“荒野自然可不懂我的参照系，对我最深层的文化规范也不会有任何关心”。[①]“在某种意义上，城市是我们的生境；我们属于城市，没有城市我们就不会得到完美的人性。文化的人类生活在未经改造的荒野中是不可能的。”[②] 但是荒野与文化并不是两个相互隔绝的世界，而是两个相互支撑的世界。在一般人的眼里，荒野与文化是相对立的存在物，但在罗尔斯顿那里，特有的中间路线使他对文化世界的强调并不必然导致对荒野的贬低。在他眼中，文化人生存于一定的文化环境中，文化人也生存于一定的生态环境中。文化过程虽说是自然的生命过程的最高峰，但仍是自然荒野的一部分。

罗尔斯顿认为，自然是人类心智活动最基本的背景和基础。自然对心智的激发是永不停息的。“几千年来人类心智的演化过程实际上是与自然相连的；而且我们总是通过与自然的互动，来

---

① ［美］霍尔姆斯·罗尔斯顿：《哲学走向荒野》，第 241 页。

② 同上书，第 59 页。

发现和创造我们用以理解世界的符号。”[①] 象形文字是对自然现象的抽象，岩石壁画是对自然万物的模仿。“在许多重要的事情上，我们是模仿禽兽，作禽兽的小学生的。从蜘蛛我们学会了织布和缝补；从燕子学会了造房子，从天鹅和黄莺等歌唱的鸟学会了唱歌。”[②] 荒野自然是我们的生存之根，是孕育和生养我们的生命之网，文化的世界一刻也离不开它。“荒野是我们在现象世界中能经验到的生命最原初的基础，也是生命最原初的动力。”[③] 荒野自然给文化提供生命支撑系统。“生态保护运动已使我们认识到，文化受制于生态系统，人们在重建的环境中的自由选择（不管其范围有多大）并未跳出大自然的‘如来佛手掌’。人依赖于空气、水流、阳光、光合作用、固氮、腐败菌、真菌、臭氧层、食物链、传粉昆虫、土壤、蚯蚓、气候、海洋及其他遗传物质。生态系统是文化的‘底基’，自然的给予物支撑着其他的一切。即使是那些最先进的文化，也需要某些最适宜于它生长的环境。不管他们的选择是什么，也不管他们如何重建了其生存环境，人仍然是生态系统中的栖息者。”[④] 文化生存于一定的环境中，文化世界的存在离不开生态大系统的支撑，文化世界的发展离不开生态系统的完善。在漫长的历史长河里，人类在自然生态系统上创造了上万种文化。

荒野自然充满了多样性并且这种多样性与文化世界休戚相关。罗尔斯顿认为：“规律是有价值的，但荒野的野性也是有价值的。正是这个表面上使大自然陷于混乱的荒野，增添了创新的可能性。通过把每一环境变得各不相同，荒野创造了一种令人愉

① ［美］霍尔姆斯·罗尔斯顿：《哲学走向荒野》，第149页。
② 转引自阎国忠《古希腊罗马美学》，北京大学出版社1983年版，第54页。
③ ［美］霍尔姆斯·罗尔斯顿：《哲学走向荒野》，第242页。
④ ［美］霍尔姆斯·罗尔斯顿：《环境伦理学》，第4页。

悦的差异。它使得每一个生态系统都具有历史价值，也更加优美，因为任何一个生态系统都是独一无二的。”[①] 荒野自然是最丰富多样性的产地，丰富多彩的自然生态系统是丰富多彩的文化的物质基础。利奥波德亦认为：“荒野从来不是一种具有同样来源和构造的原材料。它是极其多样的，因而，由它而产生的最后成品也是多种多样的。这些最后产品的不同被理解为文化。世界文化的丰富多样性反映出了产生它们的荒野的相应多样性。”[②] 荒野自然以不同的方式作用于人的精神与肉体，以不同的方式发展人的精神才能与天资，使其成为独具特色的这一个。北方的高山大河铸就了北方人伟岸的身躯与豪迈的性格，南方的涓涓细流与杂花生树造就了南方人俊秀的模样与细腻的情感。

正是由于荒野生态系统与文化世界的关系，罗尔斯顿认为：“文化的命运与自然的命运密不可分，恰如心灵与身体密不可分。”[③] 自然如同人的肉身，文化如同人的精神，自然与文化一同构成了人的整体。因此，无论是何种文明的人，都需要自然作为生命不可缺少的一部分支撑。“英国人与酸沼地、德国人与黑森林、俄国人与干旷的草原、希腊人与海洋都密不可分。所有的文化都生存于某种环境中。”[④] 正是因为自然与文化的关系，人们总是易于用自然之物来象征某种文化。“秃鹰象征着美国人的自我形象和向往（自由、力量、美丽），恰如加拿大盘羊是科罗拉多州的‘州立动物。’多花狗木（flowering dogwood）和红花半边莲表征着弗吉尼亚的特征。白头翁是南达科他州的州花，短吻鳄是佛罗里达州的象征，而驼鹿、枫树叶、延龄草、野草莓树

① ［美］霍尔姆斯·罗尔斯顿：《环境伦理学》，第 28 页。

② ［美］奥尔多·利奥波德：《沙乡年鉴》，吉林人民出版社 1997 年版，第 178 页。

③ ［美］霍尔姆斯·罗尔斯顿：《环境伦理学》，第 1 页。

④ 同上书，第 17 页。

则分别是缅因州、加拿大和加拿大的安大略省和新斯科舍省的象征。狮子是英国的象征，熊是俄国的象征……叮咚泉、狐狸洞、白杨城、鸡冠山，文化总是与风景地和野生生物融合在一起。”①才情者，人心之山水，山水者，天地之才情。名山大川可以扩其文思，雄其史笔。因此，不管有多少原始荒野被驯服，人们仍需要保留某些荒野自然，因为它可以衬托出附丽在其上的文化的价值。正是基于此，塞尔日·莫斯科维奇认为，对自然的任何破坏都伴随着对文化的破坏，任何生态灭绝从某种角度看就是一种文化灭绝。

文化与自然共命运，在不健康的环境中不可能有健康的人。虽然人类不宜居住于荒野区，但荒野仍然是人与自然的交会之所(place of encounter)，人类宜居的环境仍然少不了自然的支持。荒野虽然不适合于“居住”，但却是人类精神“沉思”与“游戏”的地方。荒野的自然性、自由性、异质性与多样性是实现完整性的人类所必需的。通过沉思，罗尔斯顿发现，后现代的人们之所以看重那些毫无经济价值的荒野，是由于人们意识到荒野那未被人工雕琢的特点是文化世界所缺乏、所需要的。荒野之地是一片未被人统治的地区，荒野的词根意为在这样的地方不受人的管制。罗尔斯顿在“哲学走向荒野”、“美学走向荒野”的论述中，都是用“wild”来表示“荒野”的。这表明“荒野”之于罗尔斯顿不仅是一个地方，还具有丰富的精神意蕴。荒野代表了一种不确定性，暗示了世界的丰富性与神秘性。荒野是充满确定性的文化世界的一种不可缺少的补充。

虽然罗尔斯顿认为荒野不同于文化，但他的思维方式上的中间路线色彩使他不仅认为荒野为文化世界提供生命支撑，而且认为荒野是文化人应予以保护的对象。文化人的生存离不开荒野大

① ［美］霍尔姆斯·罗尔斯顿：《环境伦理学》，第19—20页。

自然及其启示，同时荒野大自然的存在也离不开文化人的参与。荒野的保护离不开文化人，离不开来自文化世界的关怀与爱。荒野的保护与物种的保护相联系，而物种的保护又与文化人的生存相联系。荒野与文化相互纠绞，荒野自然不仅为文化的存在提供生命支撑，而且荒野自然还承载着文化价值。罗尔斯顿认为：“荒野以文化的和自然的两种方式提供历史价值。”[①] 一方面，荒野是一个活的博物馆，展示着我们的生命之根。“荒野是自然历史的遗产，反映着过去时光的99.9%，也是铸就了我们人类的大熔炉。”[②] 另一方面，荒野也保留着曾有的文化信息。“荒野之地为我们提供了一个最重要的历史博物馆，那上面保存着这个世界在过去的岁月尘埃中所留下的几乎全部历史遗迹”、“荒野是我们的第一份遗产，是我们伟大的祖先，它给我们提供了接触终极存在的体验，而这种体验在城市中是无法获得的”[③]。保护残存荒野地就是保护自然进化过程中的活生生的博物馆，保护荒野就是保护我们的生命之根。因此，我们应该用连续性的眼光来看待自然与文化，应该敏锐地感知到自然的历史和文化的历史相互交织和依赖的情况。

曾经流行的观点是：荒野是荒芜的、堕落的。但是在罗尔斯顿看来：“我珍视文化给我提供的通过受教育认识世界的机会，但这还不够；我也珍视荒野，因为在历史上是荒野产生了我，而且现在荒野代表的生态过程也还在造就着我。”[④] 荒野的世界与文化的世界相互支撑，荒野的任何一种损失都可能是一种悲剧，“荒野并不仅仅是压迫人的黑夜，同时也跟我一起点燃了照亮黑

---

① ［美］霍尔姆斯·罗尔斯顿：《环境伦理学》，第17页。

② ［美］霍尔姆斯·罗尔斯顿：《哲学走向荒野》，第208页。

③ ［美］霍尔姆斯·罗尔斯顿：《环境伦理学》，第18、17页。

④ ［美］霍尔姆斯·罗尔斯顿：《哲学走向荒野》，第213页。

夜的火焰。"[①] 荒野是文化世界的生命支撑者，荒野给予追求自由的人以生命启示，荒野以其自在性昭示出个性化生存的特质。因此，一个最理想的居住世界，不是一个完全人工的世界，而是一个自然与人工交融，城市、乡村和荒野都各有一席之地的世界。

① [美] 霍尔姆斯·罗尔斯顿：《哲学走向荒野》，第75页。

第二章　人与荒野关系的历史演进

人是多么对称：
身体比例处处匀称，左右肢体两两相对，
人又处处与他身边的世界对称：
有头有脚才能平衡，
有日月潮汐才能生存。①

——乔治·赫伯特

在某种意义上，可以说，人类的发展历史就是人类与自然关系的演进史。人类曾与其他的野兽一样降生于荒野，曾经像树木一样在荒野中生长、衰老和枯萎。此阶段的人与荒野相融，被称之为荒野人。人猿揖别后，人类逐渐走出荒野，走向文明。随着科学技术的进步，人与荒野逐渐对立起来，可以说，文明之城就建立在对荒野之地的逐步征服之上，文明之城日渐宏阔，荒野之地日渐萎缩。昔日的大片荒野之地被入侵，曾给人以敬畏的荒野渐渐消隐，成为被遗忘的角落。荒野变成现代居室，荒野沦为荒地。虽然凭借科学技术的力量，现代人可以越来越近地触及荒野，但现代人却远远地站在了荒野的内在生命之外。荒野在变成

---

① 转引自［英］凯蒂·索伯《人道主义与反人道主义》，华夏出版社 1999 年版，第 161 页。

人类的资源库的同时褪去了过去的神秘，人在丧失与自然一致的生命节奏感的同时陷入了无家可归的境地。人变成荒原人。20世纪五六十年代以后，人们开始对人与自然的关系进行反思，对人与自然的对立关系进行批判，开始倡导人类与自然和谐相处的新人道主义。从混沌、揖别、抗争到反思、寻根，人与荒野的关系史经过了“天人相混”、“天人相抗”到“天人共生”这样的历程。在这一历程中，人由荒野人变成荒原人，最后成为审美的人。面对荒野，一味地崇拜与迷信，那是荒野在单向言说；面对荒野，一味地控制与征服，那是人类在单向言说。真正的言说是不能缺少聆听的，在某种程度上，我们甚至可以说，是聆听使言说成为可能。仅有荒野言说，那是荒野至上；仅有人类言说，那是人类中心。二者都是罗尔斯顿所反对的。在《哲学走向荒野》、《环境伦理学》等书中，罗尔斯顿一方面基于荒野的自然性，反对人类中心论，另一方面又基于荒野的自由性，反对人类回归原始时代。在人与荒野关系中，他主张通过言说与聆听，使荒野与文明互相走近、相互走进。

第一节　崇拜与模仿

人类社会初期，荒野与人类之间处于混沌的、原始的状态。此阶段的人被称之为荒野人（原始人）。荒野人生于荒野、居于荒野、食于荒野、老于荒野。荒野与荒野人同属于一个充满“野性”的世界。房龙在《宽容》一书中写道：“野蛮人实际上正是我们自己在恶劣环境中的自我体现，他们只是没有被上帝感化而已。”房龙虽然看到了荒野人与现代人之间的关联，但是他却忽略了现代人面对环境时在精神、思想等方面与荒野人的区别。在人类社会初期，对于荒野人而言，世界是模糊的、混乱的。无序的荒野之于人类是变幻莫测的、森严可怖的，人类对荒蛮的世界充满了神秘感和恐惧感。在人们心中，整个世界到处潜藏着恶意的精灵或鬼神，人们对自然充满了敬畏与崇拜。正如有人所说："那时的自然不是人类的平静、和谐的伙伴，而是庞大的、严厉的、危险的对立面；它不是人类的朋友，它是狂暴的，是人的敌人。"① 那时的自然环境之于人来说是不能不要的恶劣环境。《孟子·滕文公上》写道："当尧之时，天下犹未平，洪水横流，泛滥于天下。……五谷不登，禽兽逼人，兽蹄鸟迹之道，交于中国。"《孟子·滕文公下》写道："当尧之时，水逆行，泛滥于中国，蛇龙居之，民无所定，下者为巢，上者为营窟。"自然环境的恶劣使人产生对环境的陌生感而不是亲切感。在原始部落，人们常常借助各种"面具"来显示自然神灵的存在。"面具"成为一种象征，感性地显示出人与自然环境的疏离状态，原始的"面具""是一种常人没有的面孔，它要引起的是陌生感而不是亲切感，因为面具所代表的不是人的表情，而是神秘世界中某种神灵所可能有的表情。正因为它要引起陌生感甚至恐惧感，因此它是不受人脸五官比例的支配的。"②

处于恶劣环境中的荒野人是处于人类幼年时期的生物，就像未长大的孩子缺乏应有的主体性、独立性。缺乏主体性的人类"经常不会意识到他比动物优越，而相信动物有语言，在丛林中也有它们自己的村庄，因此，原始人不会想到只有自己才有文化。事实上，原始人经常看出动物的优越性"③。他们把荒野视为威力无穷的主宰，视为某种神秘的超自然力量的化身。他们匍匐在荒野的脚下，不判断、不思考，而是通过各种原始宗教仪式对其表示顺从、敬畏，以此来祈求自然的恩赐和庇护。正如马克

① ［德］汉斯·萨克塞：《生态哲学》，东方出版社1991年版，第2页。

② 朱狄：《原始文化研究》，三联书店1988年版，第500页。

③ ［德］M. 兰德曼：《哲学人类学》，贵州人民出版社1990年版，第12页。

思所说："自然界起初是作为一种完全异己的、有无限威力的和不可制服的力量与人们对立的，人们对它的关系完全像动物同它的关系一样，人们就像牲畜一样服从它的权力，因而，这是对自然界的一种纯粹动物式的意识（自然宗教）。"① 在充满神秘力量的自然面前，人们受制于荒野，满怀不安与恐惧匍匐于自然面前，战战兢兢地把自然视为偶像来崇拜。于是"自然崇拜"产生了。不仅东方文化中有自然崇拜，而且西方文化中也有自然崇拜。"自然崇拜"是一个有关人类的事件。有学者发现，世界上虽然各个民族的文化不同，但是各个民族的哲学都出现过自然神的观念，存在过自然崇拜，都出现过将自然神化的现象，如"天帝"、"天神"等概念。在"自然崇拜"时期，人们把荒野中的许多对象，如日、月、星辰和周围的山、河、岩石加以神化，把它们视为自己命运的仲裁者而加以崇拜。在他们眼中，一块石头、一棵树、一只鸟都比自己高明得多。正如霍尔巴赫所说："自然与各种元素，如我们所指出，乃是人类最初的一些神明。人最初总是先崇拜一些物质的东西。正如我们曾经说过的并且也正如我们在野蛮民族中可能见到的那样，每个人都以物质的东西给自己造一个特殊的神，设想它就是同他有着利害关系的那些变故的原因。"② 环境美学家陈望衡先生将此阶段称之为神灵中心主义时代，认为此阶段由于人类的生产力发展水平较低，人类的自我意识处于低级阶段，尚不能很好地将自然与人区分开来，总是将这一切都归之于神灵。③

崇拜是人类与荒野关系的初始形态。此阶段人们对自然世界

---

① 《马克思恩格斯选集》第1卷，人民出版社1979年版，第35页。

② 霍尔巴赫：《自然的体系》下，商务印书馆1977年版，第26页。

③ 陈望衡：《生态中心主义视角下的自然审美观》，载《郑州大学学报》（哲学社会科学版）2004年第4期。

的认识是朦胧的，自然世界之于他们是一个未知数。对于周围的荒野世界，他们毫无知识，毫无经验，他们的“精神还处于幼稚时期，还没有形成我们今日所看到的那些经验和进步，……散居的野蛮人，对于自然规律只是一知半解，或根本一无所知……整个自然对他们就是一个谜”。[①] 此阶段，人类被他们的环境所规定，他们的生活受制于有限的环境。他们居于树丛、洞穴和森林中，并依靠大地的天然果实来维持自身的生存。荒野为他们提供了天然的屏障，荒野是他们的家。在此阶段，人类凭着肉身生存，为了占据一块栖息之地而与野兽肉搏。此时，人类不仅肉体上受制于荒野，而且精神上也受制于荒野。正如房龙所说：“原始人不仅是现实的奴隶，也是过去和未来的奴隶；一句话，他们是凄凉悲惨的生灵，在恐惧中求生，在战栗中死去。”[②] 可以说，在以自然崇拜为中心的人类社会初期，自然在人类生活中既是物质生活资料的来源，又是精神崇拜的对象。人们双重地受制于他所生存的荒野环境，荒野以绝对的力量主宰着人类的生活。这一点我们可以通过《山海经》得以说明。

《山海经》为中国古代的地理著作，是一本以神话的形式出现的“自然经”，我们甚至可以说，《山海经》是早期人类以神话的方式对人与荒野环境关系的一次把握。在《山海经》中，自然充满了神秘与怪异。荒野中有怪木、怪树、怪鱼、怪兽、怪蛇、怪猫等，它们或华光照耀四方（树），或自行生殖（猫），或形状像羊、长有九条尾巴、四只耳朵、眼睛生在背上，或长着鸟的头和毒蛇样的尖锐的尾巴的黑红色鸟龟，或长着红色尾巴、老虎的斑纹、鸣叫起来像人唱歌的鹿蜀等。山神的形状更是奇特：或鸟身龙脑、马身人面、猪身人脑、人身龙脑，或人形虎

① 霍尔巴赫：《自然的体系》下，第 9 页。

② 房龙：《宽容》，三联书店 1985 年版，第 14 页。

尾、人脑鸟身、人身羊角虎爪等。

《山海经》中，自然之于人显示出怪诞的一面。怪诞四溢的自然不仅与人类的肉身有着密切的联系，而且也是人类精神崇拜的对象。如草，有食之令人心痛的，有食之令人不惑的，更多的是食之令人病愈的；如鸟，有食之可以不怕雷的，有食之可以治病的，也有见之则天下大乱的；如蛇，见之则大旱；康兽，见之则大丰收；鸾鸟，见之则天下安宁；鱼，有食之可以中毒的，也有食之可以忘忧的。佩戴发光树可以不迷失道路，佩戴名之育沛的动物就可以不闹肚子痛，吃了猩猩可以走得快，佩戴鸟龟可以使耳朵不聋，佩戴鹿蜀的皮毛可以使子孙繁衍，吃了怪狐狸可以避妖邪之气，吃了怪猫兽可以不嫉妒，佩戴了灌灌鸟可以使人不迷惑。无论是个人的疾病，还是社会的安宁与大乱，都可以从自然中得到预示。当五彩羽毛的鸣鸟仰头时，此地便有了各种各样乐曲歌舞的风气，当凤凰出现时，它的身上显示出德、顺、义和仁的纹样，天下就会太平。

如果说，人类社会初期，人们更多的是把自然荒野视为迷信与崇拜的对象，那么，进入农业社会，人类更多的是把自然荒野视为模仿或仿效的对象。人们依从自然的节奏，不断积累与自然相处的经验。如“春耕，夏耘，秋收，冬藏，四时不失时，故五谷不绝，而百姓有余食也”。[①] 自然有春夏秋冬，人类的生活就有春耕夏耘秋收冬藏；自然有白天与黑夜，人们就有日出而作、日落而息。自然的四季不断变换，人生的节奏不断更替，人与自然之间深刻地关联着。汉斯·萨克塞认为：“自然在耕田人的眼里几乎可以说是仿效的榜样，是阐述人生的模式。他们认为人的一生就像一年四季的变换，春天大地复苏唤起了人对死而复生的希望。不再同自然争斗了。因为他们同自然的关系密切了，

① 《荀子·王制》。

才得到了维持生活必不可少的食物，以及大地的许多物产。”[①]农业生产中，自然不再是令人恐惧的对象，而是与人的生存密切相关的存在，是人模仿学习的对象。自然以“导师”的身份进入人们的视野。“尽管在某种意义上，农业劳动对自然进行了一些改造，使得农业环境与原生态的自然存在着某种分离，但是我们应该看到，农业劳动这样一种‘以自然为师’的生产方式，使得其与自然仍然具有某种天然的亲和性。‘以自然为师’意味着农村这一准人工环境既遵循着自然之规律，维系着自然的基本品格，同时也彰显出人在向自然学习过程中，所留下的人类文明之烙印。”[②] 面对自然，人类由崇拜走向模仿，人们学习自然、体会自然的规律，通过对自然的仿效达于与自然的沟通。

仿效与模仿阶段，虽然人们不再匍匐于自然面前、战战兢兢地面对自然，但人们对自然仍然保持着由于模仿而带来的对对象的尊重。为了合理利用自然，人们必须认识与尊重自然的律令，自觉维持自然生态平衡，在林木的生长期，“斧斤不入山林，不灭其长”。[③] 人在自然面前仍然是被动的、消极的。人们仿效自然并依自然规律而行动。在中国，长期的农业社会发展出宜时、宜地的思维形态。有学者认为宜思维最初是在农耕活动的田野上萌芽的。宜时指的是对气象、节气的尊重。宜地指的是对地形、地貌的尊重。如西汉氾胜之在长期观察和研究中，发现农作物都有相应的时间配伍。如“小豆忌卯，稻、麻忌辰，禾忌丙，黍忌丑，秫忌寅未，小麦忌戌，大麦忌子，大豆忌申、卯”。[④] 如此，凡九谷各有忌日，这就需要宜时而种。这种宜时而种的思维

① ［德］汉斯·萨克塞：《生态哲学》，东方出版社 1991 年版，第 6 页。

② 陈望衡：《环境美学》，武汉大学出版社 2007 年版，第 27 页。

③ 《荀子·王制》。

④ 《氾胜之书》。

其实透露出的是对自然的尊崇与顺应。[①] 随着生产力的发展，人们的主观能动性的增强，渐渐地，人们不再满足于仅仅被动地去模仿自然，慢慢地，面对自然，人们由仰视变为平视，希望自己能引领自然。人们开始开发森林和垦种田野，并且人学会了引导自然。人使自然做出了没有人的作用而不可能作出的贡献，当然这些贡献同自然本身的生长没有多大区别。

在模仿阶段后期，虽然人类开始部分地引领自然，使自然按照自己的意愿来结"果"，如通过驯养畜类来满足自己的物质需要，通过塑造农神来满足自己的精神需要。但在这里，自然本身的生命节奏依然保持重要的位置。人们要获得物质或精神上的满足，必须以尊崇自然为前提。可以说，在崇拜与模仿阶段，人类无论在物质上还是在精神上都依赖自然。

如果说，人类社会初期，人与荒野的关系是混沌不分的话，那么，随着社会的不断进步，人类与荒野的关系渐渐发生变化，人与自然荒野由相依、相别走向抗争。抗争的一个明显的感性表征就是：人不再听命于自然而是命令自然，人类的生活用品更多地来自人工制品，而不是来自人与自然的合作。人与自然的关系越来越间接、越来越隔膜、越来越对立。

第二节 俯视与改造

在崇拜与模仿阶段，总体说来，荒野占据着主导地位，荒野言说着生命的故事。自然作为有机的、有灵性的生命，受到人类的崇拜与尊重。随着人类力量的不断壮大，人与荒野的关系被彻底改变了，荒野不再受到人类的尊重与敬畏。相反，人类流行的看法是：自然带着血淋淋的尖牙利爪，是堕落的，等待着人类去

① 吾淳：《中国思维形态》，上海人民出版社1998年版，第165页。

征服。人是自然之王，自然是供人支配与统治的领地。尤其是在机械论自然观的支配下，人开始俯视自然，并日益成为征服者。“人类开发天然自然，筑坝、冶炼矿石，动物管理，收获庄稼，从而改变自然运行的方向，使自然成为资源。这些资源不再是‘野’的，而是处于我们的控制之下了。”[①] 此时，驾驭自然、控制自然构成了人与自然荒野关系的一条主线，人类在人与自然关系的故事的言说中占据着主导的位置。

前苏格拉底时期，自然是作为涌现的自然而出现的，苏格拉底之后，自然作为认知的对象。前苏格拉底时期，自然是具有神性的自然，苏格拉底之后，城市成了文明的象征、理性的产物，而自然荒野却是非理性的代言者。自然世界低于文明世界，所有自然物最终的目的都是为了服务于人。锡德尼认为：“自然从来没有比得上许多诗人把大地打扮成那样富丽的花毡，或是陈设出那样怡人的河流，丰产的果树，芬芳的花草，以及其他可使这个已被人笃爱的大地更加可爱的东西。自然是黄铜世界，只有诗人才交出黄金世界。姑且把这些事物放下不谈，且来看看人——因为其他事物是为着人而存在的，所以在人身上自然运用了它的最高的技巧——且来看看自然是否产生过像第阿贝尼斯那样忠实于爱情的人，像庇拉德那样始终不渝的朋友，像罗芝那样勇敢的人，像克赛诺芬所写的莎依琉斯那样正直的君主，像浮吉尔所写的伊尼阿斯那样在各方面都很卓越的人。”[②]

中世纪，自然明确地被置于人之下。“上帝先造自然尔后造人的次序，在哥里高利那里，就使人处在高于自然而次于上帝的居间位置。当人欣赏自然时，人与自然构成‘我’‘你’的存在

① 罗尔斯顿：《哲学走向荒野》，第 203 页。

② 北京大学哲学系美学教研室编：《西方美学家论美和美感》，商务印书馆 1982 年版，第 71—72 页。

关系，这里，自然是为人而设的。”[①] 在《创世记》中，上帝创造了万物，并说：让人类统治海里的鱼、空中的鸟、地上的牛羊以及所有的野生动物和地上所有的爬物。上帝以他自己的形象造了人，祝福他们说：你们要繁衍生息，遍布地球并主宰之，要统治海里的鱼及空中的飞鸟，以及地上所有能动的东西。托马斯·阿奎那继承了上述观点并把它放入自己的神学之中。他认为，我们要批驳那种认为人杀死野兽的行为是错误的这种错误观点。由于动物天生要被人所用，这是一种自然的过程。相应地，据神的旨意，人类可以随心所欲地驾驭动物，可杀死也可以其他方式役使。正因为基督教对人类地位的肯定和对动物地位的贬抑，美国历史学家 L. 怀特在《当代生态危机的历史根源》中指出，宣扬人类对自然的统治地位的基督教教义是产生当今生态环境问题的根源。他指出：犹太—基督教是最具有人类中心主义思想的宗教，因为它不仅建立了人与自然之间的二元对立，而且还坚持认为人类对自然的剥削和利用正是上帝的意志的体现。

文艺复兴时期，莎士比亚借哈姆雷特之口发出感叹：人是多么了不起的一件作品！理智是多么高贵！力量是多么无穷！行动多么像天使！洞察多么像天神！宇宙的精华！万物的灵长！人高高在上俯视着自然，自然是为人而存在的。

从 17 世纪开始，俯视自然的人们开始大踏步地进入自然，加快了改造自然的进程。在改造自然的途中，人类越来越自居为自然的中心、宇宙的主宰。17 世纪中叶，由培根、笛卡尔、牛顿等人所倡导的机械论的世界观基本形成。培根坚信人可以成为自然的主人，可以控制自然，支配自然。他在《新工具论》中认为，人只要靠权术和学问就可以对自然行使支配权。笛卡尔则为世界提供了一种有效的数学模式，倚仗这套模式的清理归纳，

① 孙津：《基督教与美学》，重庆出版社 1990 年版，第 33 页。

人以不可怀疑的主体身份站在了作为客体的自然面前。牛顿以其著名的三大定律使世界变成了没有生命的、纯粹量化的、冷冰冰的世界。机械论的世界观所强调的主要是如何征服自然，怎样取得对自然的统治和支配权力。[①] 这种观念在西方近代被传承下来。康德和哥白尼式革命的意义在于确立了“人为自然立法”的主体性思想。康德在《人类历史臆测的起源》中写道：人对羊说，你身上长着的羊皮是自然为我而不是为你所准备的，人在从羊身上剥下羊皮穿在自己身上开始……人就意识到依自己的本性人可以对所有动物行使特权，现在动物已经不再是与人同等的被造物，而应被看作是服从于人的任意目的意志的手段与工具。在黑格尔那里，自然的东西仅仅能引起刺激，而只有人由之而出的精神的东西才对人有价值。至此，“智力已经成了一种强有力的工具，人借助它使地球成为自己的仆人。他制服了动物或者灭绝了它们，他用经过选择的植物覆盖了地表，他迫使自然的力量听凭他的吩咐。知识就是力量”。[②]

人们对自然的态度与人们的自然观念直接相关。尼古拉·别尔嘉耶夫认为，在古希腊罗马和中世纪，“自然”是一个意义丰富的词，它指的是包含荒野在内的整个宇宙。从笛卡尔开始，“自然界”一词指的是数学自然科学和技术作用的客体，客体则永远意味着从外部的决定。人再也感觉不到自己是宇宙等级有机体的一个有机部分。[③] 将自然界视为认知的客体带来的是对对象的俯视。俯视带来对自然的改造与控制、征服与奴役。在人与自然关系上，人类的言说方式越来越突显，人由自然的奴仆成为自

① 参见李培超《自然的伦理尊严》，江西人民出版社 2001 年版，第 70—71 页。

② ［德］弗里德里希·包尔生：《伦理学体系》，中国社会科学出版社 1988 年版，第 467 页。

③ ［俄］尼克拉·别尔嘉耶夫：《论人的奴役与自由》，中国城市出版社 2002 年版，第 108—109 页。

然的主人。人在自然中看到的只是人自己。人的行为、人的思维规定着自然对象。万物成为人的对象，成为人的对立物。人不是仿效自然，而是征服自然、改造自然。当科学技术成为主人话语时，人与自然的关系就陷入极为紧张的状态。一方面是实践上的改造自然、征服自然，另一方面是观念上的俯视自然、轻视自然。詹姆斯（W. James）曾用极为轻蔑的语言谈论大自然，认为："对这样一个妓女，我们无须忠诚，我们与作为整体的她之间不可能建立一种融洽的道德关系；我们在与她的某些部分打交道时完全是自由的，可以服从，也可以毁灭它们；我们也无须遵循任何道德律，只是由于她的某些特殊性能有助于我们实现自己的私人目的，我们在与她打交道时才需要一点谨慎。"① 在这种观念的支配下，"自然白白地让它那丰富的多样性在人的感官面前消失，人在自然的壮丽的丰富中除了看到他的掠夺品以外什么也没有看到，他把自然的强盛和伟大只看作是他的敌人。不是人向对象扑去，出于渴求想把对象据为己有，就是对象破坏性地向人逼来，人出于憎恶把他推开"。② 自然成了一个异域空间，"一个与人疏离并且与人的目的、利益相抵触的区域。自然是最庞大的敌人，是违背人类意愿的一切敌对力量的终极根源，它强加于人类疾病、灾害，最终是屈辱的死亡。因此，自然必须被征服，必须控制它、驾驭它来服务人类。文明，根本上与自然相对立，且文明的程度，也由人类征服自然、控制自然力量的能力大小来衡量。于是人类的生活进程与自然进程绝对冲突"。③

人类中心论的视阈导致了人对自然的漠然与蔑视，轻视自然的态度引发了人们对自然的掠夺性开发，同时也抽动了自然的复

---

① 转引自罗尔斯顿《环境伦理学》，第 44 页。

② 弗里德里希·席勒：《审美教育书简》，上海人民出版社 2003 年版，第 191 页。

③ ［美］阿诺德·伯林特：《环境美学》，湖南科学技术出版社 2006 年版，第 8 页。

仇之剑。意大利人砍光了阿尔卑斯山山南的森林，他们没有料到，这样一来，摧毁了高山畜牧业的基础。他们更没有预料到，这样做竟使山泉在一年中的大部分时间枯竭，而在雨季使凶猛的洪水倾泻到平原上。美索不达米亚、希腊、小亚细亚以及其他各地的居民，为了想得到耕地，把森林都砍完了，但是他们料想不到，这些地方今天成了荒芜之地、不毛之地，因为他们使这些地方失去了森林，也失去了集聚和贮存水分的中心。为此，恩格斯发出警告："不要过分陶醉于我们对自然界的胜利。对于每一次这样的胜利自然界都报复了我们。每一次胜利，在第一步都确实取得了我们预期的结果，但在第二步第三步却有了完全不同的、出乎意料的影响，常常把第一个结果又取消了。"[①] 所以，"我们统治自然界，决不像征服者统治异民族一样，决不像站在自然界以外的人一样，——相反地，我们连同我们的肉、血和头脑都属于自然界，存在于自然界的；我们对自然界的整个统治，是在于我们比其他一切动物强，能够认识和正确运用自然规律"。[②]

在现实环境的逼迫下，人们开始反思人与自然的关系。马克思是较早关注到自然与人类的连续性的学者。马克思曾经说过："人直接地是自然存在物。人作为自然存在物，而且作为有生命的自然存在物，一方面具有自然力、生命力，是能动的自然存在物，这些力量作为天赋和才能、作为欲望存在于人身上；另一方面，人作为自然的、肉体的、感性的、对象性的存在物，和动植物一样，是受动的、受制约的和受限制的存在物。也就是说，他的欲望的对象是作为不依赖于他的对象而存在于他之外的，但这些对象是他的需要的对象；是表现和确证他的本质力量所不可缺

① 恩格斯：《自然辩证法》，人民出版社 1971 年版，第 158 页。

② 《马克思恩格斯选集》第 3 卷，人民出版社 1972 年版，第 518 页。

少的、重要的对象。”[①] 一方面，人的肉身归属于自然。另一方面，自然又是人的本质力量显现的媒介。人在物质与精神两个方面都与自然相关联。生态危机的出现在很大程度上是因为此种关系的被破坏。德国学者格罗伊在《东西方理解中的自然》一文中指出，当代人与自然关系的全球性危机，本质上是近代以来西方人与自然关系的机械论范式的结果。近代以来的西方范式有以下四个基本特征：第一，人与自然的主客体二分；第二，对自然的机械性和数学性的分析综合方法；第三，通过实验将自然物变为人造物；第四，人与自然的主奴关系。人与自然关系的机械论范式是一种以忽视和牺牲自然为特征的世界观。换言之，这种世界观的基本特征是人与自然的分离。现代世界观和工业革命的胜利尽管使人陶醉于对自然的胜利之中，但事物的发展走到极致便走向了它的反面。“社会与自然的分离和对立以及人类、科学和技术对自然的淡漠几乎达到能够容忍的极限。人类生存、生活的两个组成部分——社会和自然之间的统一已经破坏或丧失。”[②] 格罗伊认为，以佛教、印度教和道教为代表的东方范式与西方范式的四个基本特征正好相反：第一，与西方关于人与自然的主客体二分的观念不同，东方人认为人与所有生物具有统一性，人类与其他生命形式一样从属于生命的统一体，在原则上人与植物、动物都是平等的，而没有其特殊的地位；第二，与西方的机械论世界观不同，东方坚持一种有机论的世界观，它把宇宙视为一个有机联系的整体。同有机论思想相应的是类比推理的思维模式，而不是分析—综合的思维模式。宇宙的任何组成部分都被看作是整个关系网络的一个部分，不能把它从环境中孤立出来，其中的任何个体事物本身又是一个有机的整体，它们以自身的存在反映

① 《马克思恩格斯全集》第42卷，第167—168页。

② 塞尔日·莫斯科维奇：《还自然之魅》，三联书店2005年版，第23页。

着整个宇宙；第三，东方在人与自然的态度和行为方式上提供“无为”原则，要求以有机的整体论的生存方式与自然打交道，反对立足于人为计划的有意行为，而倡导一种自发的、直接的、非人为的顺其自然的行为方式。这正好与西方强调实验作用的人为性、计划性的行为方式相对立；第四，在伦理上，与西方的主奴关系原则相反，东方倡导的是无伤害的原则。格罗伊认为，人类如果要扭转当代的生态环境危机，就必须在整体上放弃人与自然关系上的西方范式，而以东方已经确立的传统范式为原则，去开展一场人类对待自然的伦理革命。①

在此理论及现实的背景下，一种新的后现代生态世界观与新人道主义观便应运而生了。新的后现代生态观认为，生命体之间以及生命体与无机世界之间存在着一种极其复杂的相互关系，人类与自然都是生态系统的组成部分。人类是自然不可分割的一部分。人类必须反对那种大规模地破坏其他生物、并因而破坏其享受以及未来人类的享受的所谓“进步”，人类必须明了这样一个十分简单的真理，即“事物不能从与其他事物的关系中分离出去”。自然是我们历史的一部分，我们也是自然历史的一部分。新人道主义认为，人类应该而且能够既充分有效地运用自然，同时又善待自然。“新人道主义”是由罗马俱乐部提出来的。罗马俱乐部在作了一系列关于世界的发展前景的报告之后，提出：人类需要培植一种“新人道主义”的价值观念，这种“新人道主义”有三大特征：全球意识、社会公平和对暴力的厌恶，其核心是从整体上看人，从人的生活的连续性看人的生活。它要求我们用尊重自然的态度取代占有自然的欲望，用爱护自然的行为取代征服自然的活动，用人类对自然的自觉调节取代自然本身的自

① 参见 Karen Gloy，Luzern，Nature im westlichen und ostlichen Verstandnis，载《德国哲学论丛 1995》，中国人民大学出版社 1996 年版，第 187—219 页。

发运演，用保持自然之统一的情感取代瓜分自然的恶劣行径，用对自然的责任感、义务感取代对自然的统治与掠夺，用适度消费取代无度消费，用节制生育取代放任生育，用经济的有机增长取代经济的盲目增长。[①] 人类中心论者把人类的利益置于至上的位置，仅仅关注的是“我”的利益。新人道主义者反对以人类为中心，反对仅仅关注人类的命运。在新人道主义者看来，不仅人类应是有情的，而且万物都是有情的。人类对于自然的爱就是看守万物的运转和生长。犹太先贤希莱尔曾说过这样的格言：“如果我不为自己，那么谁来为我？但如果我只为自己，那我成了什么人呢？”[②] 人类与其他物种是命运交织在一起的同伴。人的完整是源自人与自然的交流，并由自然所支持的，如通过走进自然、欣赏自然来恢复、健全人的自然本性。人类的这种完整要求自然也相应的保持一种完整。为了维护自然的这种完整，人类甚至有必要将自然视为某种神圣的东西。

崇拜与模仿阶段，盛行的是荒野至上论；俯视与改造阶段，盛行的是人类中心论。人与自然荒野关系上的人类中心主义和荒野至上主义均阻碍了人与自然荒野关系的真正建立。荒野至上论是荒野在言说，人的主体性隐而不显；人类中心论是人类在言说，自然荒野作为人的一面镜子被遗忘。西方的历史长期以来“把人视为宇宙的中心，这种学说虽然容易让人理解，但这毕竟是一种粗糙的推断。对自然的考察使我们详细地看到人是整体的一个成员。整体怎能只为其众多成员中的一个而存在，即使这个成员是最杰出者？”[③] 今天，面对荒野，应有的态度不是去漠视荒野，而是去珍视它、守护它。因为根据中国的天地人三才的思

---

① 转引自刘湘溶《人与自然的道德对话》，第 19 页。

② 转引自《哲学走向荒野》，第 102—103 页。

③ ［德］汉斯·萨克塞：《生态哲学》，东方出版社 1991 年版，第 59 页。

想，人与天地三者是构成世界整体的平行、并列的三要素。荒野作为天地的一部分，自然应得到人类的关注与爱护。另外，老子与庄子的思想也可以给予我们一定的启发。庄子认为："吾在天地之间，犹小石小木在大山也，方存乎见可，又奚以自多，计四海之在天地之间也，……人卒九州，谷食之所生，舟车之所通，人处一焉；此其比万物也，不似豪末之在于马体乎？"[①] 面对浩瀚无垠的宇宙，人不过是小石小木，因此应该谦卑自知，不可自尊自大。正是因为中国文化的这种博大情怀，美国著名学者 F.卡普拉认为："在伟大的宗教传统中，据我看，道家提供了最深刻并且是最完善的生态智慧，它强调在自然的循环过程中，个人和社会的一切现象以及两者潜在的基本一致。"[②] 人与自然同宗，作为人，我们必须使自己配得上这一关系。正如杜维明所说：我们"要带着谦虚的心情尝试着利用自然以维持基本生活，同样也要怀着一体化之心，努力学习在自然环境中和谐地生活。剥削自然的思想遭受抛弃"[③]。

第三节　言说与聆听

对人与荒野关系的历史演进的反思必然带来新关系的重构。通过反思，人们进入寻根时期，开始向自然深处渗透。面对自然，人们不再仰视与俯视，而是平视与对话。主张对话、交往的哲学家哈贝马斯甚至把自然主体化。他认为："我们不把自然当作可以用技术来支配的对象，而是把它作为能够同我们相互作用

① 《庄子·秋水》。

② 转引自佘正荣《卡普拉生态世界观析要》，《自然辩证法研究》1992 年第 5 期。

③ 转引自［美］罗德尼·L. 泰勒《民胞物与——儒家生态学的源与流》，载《岱宗学刊》2001 年第 4 期。

的一方。我们不把自然当作开采对象，而试图把它看做生存伙伴。”[①] 他要求人与自然之间建立一种交往关系。交往关系的建构依赖于聆听。通过聆听，我们发现，荒野不是我们制造出来的一个领域，而是我们要发现的领域。1977 年获得诺贝尔奖的比利时物理学家伊利亚·普利高津认为：“只有从我们在自然界中的位置出发，才能成功地与自然对话，而自然只对那些明确承认是自然的一部分的人作出回答。”[②] 因此，人类与荒野之间的关系既不是荒野至上式，也不是人类言说式。聆听大自然的言说，才是人与荒野关系重构的前提。因为，万物并非沉默无语，它们时刻都在言说。森林自燃的大火是生命推陈出新的表演，滔天的洪水是自然的警示与告诫。你没有听到这自然的言说，是因为你被欲望的嘈杂声遮蔽、是因为你被欲望的噪音湮没。只有那些宁静的心灵，才能够听到万物的吟唱；只有那些坐忘的人们，才能感受到自然的生命节奏。

面对自然，不是崇拜，不是控制，而是聆听。聆听使人与自然关系达于良性互动，聆听使言说成为真正的言说而避免言说的单向性。没有聆听的言说是一次性的、单向性的，单向性的言说是盲目的、独断的。这种言说因为聆听的缺席最终导致真正言说的不可能。言说必须以聆听为前提，聆听必须以互动为旨归。言说是向外发散，聆听是向内收敛。言说是出，聆听是进。在这一出一进之间，生命得以循环。没有进就无所谓出，没有聆听就没有言说。“真正的道说原始地就是一种倾听，就好像真正的能听是一种原始的对所听之物的重说（而非一种照着说）。仅仅由于

① ［德］哈贝马斯：《作为“意识形态”的技术与科学》，李黎、郭官义译，学林出版社 1999 年版，第 73 页。

② 转引自［德］汉斯·萨克塞《生态哲学》，东方出版社 1991 年版，第 38 页。

肉身器官（嘴和耳）在外观上是有区别的，并且分布在身体的不同位置，所以，我们才把说和听分成两种能力，而且忽视了两者的原始统一性，这种原始统一性先行就包含着它们的交互关联的可能性。说和听同样本质地起源于原始的对话。因此，在良好的对话中，所说与所听也是同一东西。”① 聆听是重要的，然而却常常被人所忽视。现实中，很多人善于说，而不是听。聆听要求你认识到对象的重要性，言说把人们的注意力引向自身。喜欢说的人往往很自负，喜欢聆听的人往往很谦虚。言说往往与自傲相随，聆听往往与谦逊相伴。在人与自然之间，人并不能仅靠提供科学名称而认识天上和地上的一切事物，而是要以敬畏和惊奇的目光直接凝视它们，蹲下来仔细地聆听，用心感受自然中神圣的东西。“全面向客体开放自己的这个态度使客体得到了理应得到的尊重，同时它还具有认识论的优势，因为倾听的人比只是询问的人得到的要多。”②

聆听大自然的声音，是解读大自然的关键所在。为什么要聆听自然荒野呢？因为“荒野中满是我们所不了解的聪慧，满是我们听不到的信号，也满是我们没有意识到的价值”。怎样才能聆听大自然呢？首先保持谦逊的态度，尊重大自然。罗尔斯顿主张对于人之外的物种，特别是对于陌生者，人类应去尊重它们自身的完整性。其次是走近、走进，用心去体悟，用心去交流。“与梅同瘦，与竹同清，与柳同眠，与桃李同笑，居然花里神仙。与莺同声，与燕同语，与鹤同唳，与鹦鹉同言，如此话中知己。”③ 我们走入到自然中，去寻找和听取它以自然的形式表达

① ［德］海德格尔：《荷尔德林诗的阐释》，商务印书馆 2000 年版，第 148—149 页。

② ［德］汉斯・萨克塞：《生态哲学》，东方出版社 1991 年版，第 61 页。

③ （明）陆绍珩：《醉古堂剑扫》。

自己。随着环境保护运动的兴起，越来越多的人“在林子里，在野地，手里拿的不是猎枪而是摄影枪，在湖边、在池塘手里拿的不是渔网、渔竿而是谛听鱼儿‘谈话’的仪器，人们到野外去时，带的不是捕兽器而是磁带录音机”[①]。通过聆听，人们发现，人类与其他物种是命运交织在一起的同伴；通过聆听，人们会发现，人类虽然来自荒野并高于自然荒野，但人却不是荒野自然的主宰，因为人的双脚、人的根深深扎根于自然。自然可以离开人而存在，但人的生存一天也离不开自然界。自然界给予人的，绝不仅仅是一个生物学的肉体。[②] 正是通过聆听，人与自然心心相印。在约翰·巴勒斯那里，砍那些树，他会流血；损坏那些山，他会痛苦。自然景物是他内心自我的外在表现，他的心境和情感与外在的自然紧密相连；正是通过聆听，人与自然以心交心，整个世界活动了起来。约翰·缪尔（John Muir）在约塞米蒂河谷旅行时，他发现了一种令他屏住呼吸的美。“这是另一个愉快的山岭中的一天，在这一天，一个人就好像是溶解在自然里，被推向我们毫无所知的地方。生命看起来既不漫长，也不短暂，和树木、群星一样，我们无须注意节省时间，也无需注意浪费时间。这是真正的自由，一种可以很好地实践的不朽。”在这样的心境里，空间的界限也和时间一样瞬间消失了。“我们站在一座高山之上，现在它已经融进我们的身体里，使我们每一根神经都平静下来，它填充了我们周身的每一个毛孔，每一个细胞，在我们周围秀美的自然衬托下，我们肌骨的每一处似乎都变得像玻璃一样清澈透明，浑然是它不可分离的一部分，在阳光的照耀下，与空气、树木、溪流、岩石一起颤动——这是自然的一部分，既没有年老，也没有年轻，既没有疾病，也没有健康，只有

---

① ［苏联］斯齐什考夫斯卡娅：《动物的语言》，知识出版社 1985 年版，第 169 页。

② 参见蒙培元《人与自然》，人民出版社 2004 年版，第 29 页。

不朽。”[①] 聆听自然一方面使我们了解自然，另一方面也使我们更好地了解自身。因为人是在对象上面意识到他自己，通过对象而形成他自己的。通过聆听，英国现代哲学家伯特兰·罗素发现：“我所知道对付人类那种常常流露出来的自高自大、自以为是心理的唯一方式就是提醒我们自己：地球这颗小小的行星在宇宙中仅是沧海之一粟；而在这颗小行星的生命过程中，人类只不过是一个转瞬即逝的过客。还要提醒我们自己：在宇宙的其他角落也许还存在着比我们优越得多的某种生物，他们优越于我们可能像我们优越于水母一样。”[②] 只有聆听使我们发现，自然是强大而灵巧的。每当人们抛开功利的眼光观赏自然的作品时，就能在这些作品中发现种种广大的、变化的、复杂的结果，就不得不赞叹自然的伟大技巧。

通过对人类与荒野关系的历史演进进行梳理，我们发现，人类与荒野关系的历史演进是：“从敌人到榜样，从榜样到对象，从对象到伙伴，这就是我们的答案。”[③] 人类与自然关系的演进史表明：迷信与崇拜时期，是荒野言说至上的阶段，荒野在人之上；控制与征服时期，人凭借技术凌驾于自然之上，是人类言说至上的阶段，人与荒野处于隔膜状态，人在荒野之外。在言说与聆听阶段，人与自然互相适应、互为应答，人在自然之中。在荒野言说阶段，人类匍匐于地，人是荒野的奴仆；人类言说时，自然步步后退，自然是人类的奴仆。前一种关系中，荒野是主宰，后一种关系中，人类是主人。持奴隶态度的人不可能真正欣赏主宰者，持主人态度的人不可能真正赞

① 转引自比尔·麦克基本《自然的终结》，吉林人民出版社 2000 年版，第 70 页。

② Bertrand Russell：*How to Avoid Foolish Opinions* , in *Unpopular Essays*, London, p. 184.

③ ［德］汉斯·萨克塞：《生态哲学》，东方出版社 1991 年版，第 33 页。

美其主宰对象。奴隶或主人，匍匐者或统治者，过的都是一种有缺陷的生活，都不可能真正欣赏大自然。如果一个社会寻求对自然的毫无节制的统治，那么，这个社会将是一个有缺陷的社会。在生态整体主义时代，我们时时可以感受到人们对奴役与统治自然的反叛，以及对人与自然之间平等、对话的伙伴关系的渴求。而平等、对话的伙伴关系的确定恰恰是审美发生的基础。这一点，我们可以从古人的山水游记中体会出来。华钥在《吴中胜记》中写道："晚坐虎山桥，桥如行春而胜，湖水左右萦绕，而不见湖面，周水皆田，田外皆山，涵虚万顷，烟光四障，前塔一锥，秀出林表……月光寝明，浸我座中，赋诗尽兴而返。"在这篇游记中，水绕、月浸、塔秀，人与美景互相应答。人通过聆听、赋诗的行为显现自己的存在，同时也彰显出自然环境的存在。今天，我们倡导聆听自然并非是盲从自然，而是要挖掘它的精华、与它进行情感的沟通，尔后用精神的色彩再现它。因为，自然是我们的精神故乡，每一位生活于都市的人都应时时把它想起。

第四节 《穿越岩石景观》：聆听自然的一个例证

今天，聆听自然是重要的，这一点在理论上不会有人对之持否定态度。问题是如何将聆听自然付之于实践。实践中聆听自然在中国传统文化中并不少见，如计成的《园冶》一书就不乏聆听自然的做法。如建园时用到的"巧于因借"、"随地窈窕"等做法都透露出对自然的尊重。可惜的是今天的世人的建房、筑园时处处以人为中心，很少考虑到自然的呼声。下面引鉴西方后现代的《穿越岩石景观》一书中筑路的方法，通过透析公路、岩石、乡村间关系处理的方法，看如今的西方人是如何聆听自然的。

我们知道，路在现代人心目中的地位，不言自明。虽说路的形态各异，但与现代人的存在方式最为吻合的要数高速公路。高速公路集速度、技术、进步于一身，是现代文明的典型表达形式。速度是高速公路最为耀眼的标志。不言而喻，高速公路是追求速度的工程，但在生态时代、在环境危机日益受到众人关注的时代，高速公路仅仅是工程吗？高速公路拉近了我们与远方的距离，帮助我们飞快地抵达远方，但它与所经之地是什么关系？高速公路之于所经之地是陌生人、入侵者，还是合作者与开启者？米歇尔·柯南的《穿越岩石景观》一书在一定程度上对上述问题做出了很好的回答。可以说，《穿越岩石景观》一书关注的焦点不是高速公路的具体建设过程，而是生态时代高速公路怎么修建的问题。怎样做才能在公路修建中达到设计世界与自然世界、公路世界与乡村世界、现实世界与历史世界、远方之地与所经之地的融合。虽然《穿越岩石景观》一书所依据的材料背景仅为三千米长的法国喀桑高速公路路段的景观创造，但是《穿越岩石景观》所表达的“聆听自然”、“变工程为景观”的理念在一定程度上修正了人们对高速公路的看法。有学者认为，“即使在高速公路极其发达的西方世界，喀桑采石场高速路段的景观创造也是史无前例的”。①

首先，《超越岩石景观》更新了人们对高速公路的认识。人们往往认为，高速公路是为交通提供便利的通道，它属于工程设施。也就是说，人们把高速公路仅视为工具性的存在。《超越岩石景观》一书表达的观念却是：高速公路不仅是工程，也可以是景观。正是基于对工具论的超越，此书特别关注快速运动状态下人的景观感知体验，并把每小时 120 公里左右速度下人的景观

① ［法］米歇尔·柯南：《穿越岩石景观——贝尔纳·拉絮斯的景观言说方式》，中文版序，湖南科学技术出版社 2006 年版。

感知体验作为高速公路景观创造的出发点。在此，高速公路不再是与人的情感不相关联的陌生世界，而是与人的感知体验密切相关的对象。

其次，《超越岩石景观》改变了高速公路与所经之地的关系。传统的高速公路往往因为它的高效“目空一切”地穿越所经之地，对所经之地持漠然态度。这种漠视态度加深了公路世界与公路所穿越的乡村世界之间的鸿沟，使公路世界与相邻的四周更加疏离。结果是一方面邻近公路的居民觉得公路切断了他们的领地，剥夺了他们自由活动的权利。而另一方面行使于高速公路上的旅行者觉得自己处于一个封闭的汽车世界。在《穿越岩石景观》中，设计者通过对公路所经之地的人文、历史、自然、地理作大量的调查研究，在仔细聆听自然之声后，一改高速公路的霸道姿态，通过高速公路和与之横越的乡村世界进行对话，使高速公路成为所穿越之地的合法行进者，而不是入侵者。高速公路成为所经之地的开启者而不是强行闯入者。也就是文中所说的，高速公路避免做任何表明强行穿越此地的事情，因为设计者的观念不是穿透此地和弄伤所经之地，而是为了发现而横越。为了达到设计世界与自然世界、公路世界与乡村世界、现实世界与历史世界、远方之地与所经之地的融合，设计者长时间地聆听大自然的诉说，了解所经之地的历史与现状，然后通过各种设计方案使这种融合表现出来。

第一，通过在高速公路沿线建设富有情趣的休息站，使旅行者们突破公路世界的束缚，从速度的世界解放出来进入大自然、体悟大自然。与一般的高速公路上的休息站不同，“喀桑石”休息站与其说是“一处简单的满足乘车者进餐的空间，或者说是让他们的孩子活动四肢以便于他们能尽早离开的地方，不如说是与强迫性公路体验相区分的一个信号。休息站旨在形成一种异于交通旅行世界的既实用又虚幻的度假体验”。[1] 这里有繁茂的植被，巨大的藤架，美丽的草地。“喀桑石”休息站深受旅行者们的喜爱。巨大的遮阳藤架下，大人们可以围绕着绿地进餐，孩子们可以在草地上安全地玩耍，车主们可以轻易地看见自己环绕藤架而停的车子。每个家庭都可以在这里得到片刻的休息。在这里，人们体验到与公路世界不同的田园牧歌式的情调。

第二，通过山中浓阴下的小径将在休息区停留的乘客引向本地特有的历史遗迹——地下采石场。在这里，现实的人们进入自然、沉入历史，观赏曾为圆形剧场、科隆大教堂、圣彼得大教堂等建筑提供过石材的采石场旧址。在此，人们还可以观赏到大片的蕨类植物群，感受到历史长河中自然生命与人工劳作之间的缠绕。

第三，虽然高速公路不得不穿越旧采石场，强加于乡村一种几何图形。但设计者让施工人员小心清理公路两边因开山修路而产生的碎石，弱化路堤的视觉分量，以便让人们感觉到公路是顺着旧采石场自然而然地前行。公路没有改变乡村。同时，通过发掘公路沿线深埋于地下的旧采石场遗迹、在恰当的地方安置人工岩层，经过赋形与命名，凸显公路穿越地的感性特征，使人们在车中产生穿越于岩层景观之中的感觉。这样，公路的穿越带给本地的不是干扰，好像是出于对本地的尊重来拜访它似的。

第四，利用本地文化及其地形，通过创造多样化景观，如“塔岩”、“糖面包山”、“针尖山狂想”、“冰山”、“望孔”、“书档”、“安藤广重”、“葛饰北斋”以及漆黑的岩穴等，来与公路世界所呈现出来的精确、技术、光与速度形成对比。通过异质景观弱化公路作为工程的存在，通过异质性文化来丰富人们的感知

---

① ［法］米歇尔·柯南：《穿越岩石景观——贝尔纳·拉絮斯的景观言说方式》，第22页。

体验。公路之所以能从工程变为景观，空间处理上的异质性追求是不可少的。工程是技术的对象，而景观是活的形象、美的形象。与工程不同，景观拒斥单一与贫乏，感性的丰富性是景观的一个重要尺度。喀桑高速公路景观强调功能性与审美性的结合。

如果说上述做法体现了《穿越岩石景观》将设计世界与自然世界、公路世界与乡村世界、现实世界与历史世界相结合的特色的话，那么，注重人的感知体验，强调参与者的力量，则无疑最为明显地体现了本书的另一特色：功能世界与意义世界的结合。功能的世界立于建造，而意义的世界基于赋予。喀桑高速公路景观创造的出发点是人的感知体验，在具体的创造过程中，设计者无时不把观赏者的感知体验考虑在内。而喀桑高速公路之所以能突破工程而变为景观，是与设计者们对公路环境持开放、聆听的态度有关的。在《穿越岩石景观》中，我们可看到公路环境不是一个封闭的世界，而是一个未完成的、不断对话的一个开放空间。喀桑高速公路景观的创造不是一次性地通过构筑活动完成的，它是长久的、一系列的交流过程。喀桑高速公路景观在完成其功能性使命时，通过与人类想象力之间的对话，不断地被重塑并被赋予新的意义。

第三章　荒野价值的发现

价值不是客观的物，也不是主观的一种臆想；价值既不表现于对物的崇拜，也不显现于人的主观言说，价值在聆听与言说中显现。荒野价值的发现是和人与荒野关系的演变相关联的。在传统人类中心论视野下，自然是没有价值可言的，荒野更是与价值隔绝。随着人们对自然的征服，自然的经济价值的被认可，荒野的存在价值在功用层次上得到肯定。其实，在价值的把握上，以人为中心的视野体现出的是人类的傲慢与无知。荒野价值的存在若以人类的嗜好为转移，则不是荒野价值的发现，而是荒野价值的被误读。荒野价值的发现拒绝人类中心论的视野，要求的是生态整体主义的眼光。在生态整体主义者们看来，发现荒野价值的前提是聆听、是尊重，人类只有走出抽象的概念牢笼，走出城市化的迷宫，进入荒野，蹲下、观察、体悟、沉思，才能发现荒野价值的丰富内涵，才会了解荒野与人的精神性联系。在荒野价值的发现上，罗尔斯顿的思维路向颇有新意。通过观察与体验、描述与沉思，回到荒野本身、发现荒野价值，这是罗尔斯顿把握荒野价值的方式。罗尔斯顿的荒野价值论，就立足于对荒野的描述与沉思、观察与体悟。

第一节　荒野价值的发现历程

荒野价值的发现不是一蹴而就的，而是经历了一个从荒原、资源到家园的漫长过程。从功利主义的角度看，荒野要么表现出荒芜无用的一面，要么表现出有用资源的一面，而将荒野视为精神的家园是与人们对荒野功利态度的改变直接相关的。当人们不再以恐惧的眼神看待荒野、不再以功利的目光面对荒野，而是从生态整一性、生命大美的角度面对荒野时，荒野就是我们的家园，荒野不仅不是无用的，而且是有大用的。

一 作为荒原的荒野

人降生于荒野，曾经像动物一样消融于自然荒野之中，不是人而是自然荒野支配着人类的命运。人与猿揖别后，人类逐渐走出荒野，走向文明。在走向文明的旅途中，人渐渐地以人为中心，结果正如埃伦费尔德在其著作《人道主义的僭妄》一书所认为的那样："把本来相互统一的人与自然、人的理性与人的情感加以割裂并对立起来，提高人而贬低自然，提高人的理性而贬低人的情感。"因此，在许多西方传统哲人眼中，与文明相伴的人的理性是至上的，人的感性以及人的感性的相应物荒野则是低级的，荒野与荒原等同。在柏拉图那里，理念是至上的，万物作为杂多是低级的。在普罗丁眼里，万物是从"太一"流溢而出的。"太一"中最先"流溢"出来的是"心智"，尔后是"精神"、"灵魂"。离"太一"越远，"流溢"出的物质就越暗淡、迟钝。荒野正是这样一个远离"太一"、缺乏整一性的杂多之地。在黑格尔那里，自然的东西仅仅能引起刺激，而只有人由之而出的精神的东西才对人有价值、才有意义。因此，在生态哲学家薇尔·普鲁姆斯看来，"在欧洲传统的殖民思维中……荒野乃是一块没有欲望、也没有完全意义上的人类历史的地方，它在等待领受和被殖民；它是一个透明的容器，等待着人类的耕耘；它是一个消极而混乱的场所，等待殖民者的劳作并最终把它发展为'生产'之地"。传统观念不仅把荒野看作是有待征服、开发的混乱场所，而且把荒野与“文明”相对立。在传统视阈中，荒野与文明最原始的对立来自伊甸园的传说。培根在《说花园》一文中认为万能的上帝是头一个经营花园者，这个花园指的就是天堂乐园——伊甸园。在传说中，亚当与夏娃正是被上帝从花园世界——伊甸园驱逐到荒野之地。因此，在西方文化中，“传统意义上的荒野是一个否定的概念。这个概念包括了以不同的自然或文化对立来定义的各种他在（delineating a sphere of alterity）——这些对立包括了从犹太教教义中荒野与花园的神圣区域的对立，到古希腊罗马思想里荒野与理性‘文明’即城市生活初始时的市民秩序的对立。荒野是被理性文明和有计划地种植撇开的地方。它被认为既无理性又很混乱：那儿满是莽苍的原始森林、毫无秩序保障的危险阴地，是‘野人’（the wild man）、‘野蛮人’（barbarians）和野兽常常出没的地方”。[①]

在古希腊罗马时代，没人居住的荒野根本不可能被赞美。在中世纪，荒野是堕落的、黑暗的象征，在文艺复兴时期，理性受到推崇，人性的荒野部分与自然的荒野也是被忽略的。在一定程度上，我们可以这样说，对荒野的普遍蔑视是西方的文化传统。在这种文化传统的引导下，荒野一直遭到人们的贬斥。正如“保尔·布鲁克斯（Paul Brooks）在《话说自然》（*Speaking for Nature*）一书中所指出的那样，直到十八世纪晚期的浪漫主义运动以前，大多数与自然有关的著作都把未开发的地带描述为丑陋的和粗放的。”[②] 荒野被人们视为荒芜的、无价值的荒原。

其实，对待荒野的荒的这一面，我们不能从功用的角度苛求于它。我们应该向庄子学习对待樗树的态度。惠子曾问于庄子：

---

① 薇尔·普鲁姆斯：《荒野怀疑主义与荒野二元论》，载《环境哲学前沿》（第一辑）第318—319页。

② 比尔·麦克基本：《自然的终结》，吉林人民出版社2000年版，第47页。

“吾有大树，人谓之樗。其大本臃肿而不中绳墨，其小枝卷曲而不中规矩，立之途，匠者不顾。”庄子的回答是：“何不树之于无何有之乡，旷莫之野，彷徨乎无为其侧，逍遥乎寝卧其下。”即使荒野显现出无用的一面，我们也不能忽略它的存在。因为荒野的无用有其大用的一面。荒野是人类记忆中的家园和远古的“根”，它给予现时代的人丰富的情感慰藉与深刻的精神启示。荒野因其无用而得以保存并成为人类精神的逍遥之地和无何有之乡。

二 作为资源的荒野

立足于无用论，人们将荒野视为荒原。在这种工具化的视野下，当荒野没能表现出工具性价值时，人们就认为荒野是无价值的，当荒野表现出工具性价值时，他们就认为荒野是一种潜在的资源。正是基于此种认识，他们认为，人之外的自然没有价值，只能是作为一种资源，是人们在科学技术的帮助下用来满足自己的欲望。洛克就曾说：“荒芜的美洲是片‘废墟’，‘大自然和地球所提供的东西本身几乎都是毫无价值的’，欧洲人的劳动创造了999‰的价值，只有千分之一的价值是自然所提供的。”① 洛克把荒野视为真正的财产，是可以被拥有和利用的物品，其价值是与人力相“混合”的函数。在洛克模式下，“荒野不再是令人恐惧的东西，它代表着能服务于人类的极大潜力。荒野本身是相对被动的，它就在‘那儿’，除其拥有者外它不为任何人服务。无主的也就是没用的土地，在字面上为‘荒地’，废地。除非被人利用，否则它就是被弃置的潜在的财产”。② 据科学家研究表明，地球平均每年向人类提供的各种服务总价值高达33万亿美元，

① 转引自［美］霍尔姆斯·罗尔斯顿《环境伦理学》，第292页。

② ［美］戴斯·贾丁斯：《环境伦理学》，第179页。

超过每年的全球国民生产总值之和。[①]

立足于功用论，人们将荒野视为资源。随着科学技术的进步，荒野的工具价值被发现，荒野成为人们的资源库。人们无所顾忌地侵入、开发利用荒野，把荒野视为药材库、石油库、燃料库等。在"保全主义"者的代表人物吉福德·平肖眼里，荒野就是巨大的自然资源库。吉福德·平肖所倡导的资源保护运动的宗旨就在于从长远的经济利益入手，对资源进行"聪明的利用和科学的管理"，限制个人对国家资源的滥用和掠夺，使其在良好的管理下，达于为全民所用的目的。"林务员的中心任务是改良森林并使之持续地最大限度地服务于人类。他的目标在于使之最大程度地最好地服务于最多数的人，最长期地服务于人……将这种观点应用于其他自然资源是自然和合理的。从保持运动一开始就能预见到其自然发展的结果将及时地转入一个对国家有效的有计划的和有序的框架中。这样做考虑到了避免浪费，它直接面向我们最有用的最大程度的善，为最多数人的最长期的目的。"[②]美国《荒野法》规定的荒野管理的目的是：保证美国当代子孙后代从永久性荒野资源获得利益。美国的 Linda Merigliano 和 Tom Kovalicuy 在提出美国荒野管理的原则中指出：荒野是资源综合体。荒野资源是单个资源——土壤、空气、水、植被、火、野生动物、文化场所等的综合体。自然保护被等同于自然资源的保护。在他们看来，干净的水与空气的价值在于，没有它们人类的健康和生命将受到危害，植物和动物的价值在于其潜在的医药和农业方面的用处。有人认为，当代荒野保护观点中最盛行而且

① 《地球每年无偿服务人类价值 33 万亿美元》，载《中国环境报》1997 年 5 月 22 日。

② Gifford Pinchot, *The Training of a Forester* (Philadelphia: J. B. Lippincott, 1914), pp. 23—25.

最有说服力的观点就是事实上和潜在地认为被我们视为荒野的地区具有制药用途的观点。在他们看来，地球上许多通称为荒野的地区——比如像亚马逊热带雨林和太平洋西北部的森林——孕育并供养着地球上数量最多的物种。由于世界上大约80%的药材来源于各种形式的生命，这些荒野地区因而包含了药类最丰富的自然资源。

将荒野视为资源无形中取消了荒野自身的价值。事实也正是如此，在工具论者看来，荒野本身无价值，荒野的存在是为了人类，人们对荒野感兴趣是因为它是一种资源。“植物活着是为了动物，所有其他动物活着是为了人类，驯化动物是为了能役使它们，当然也可作为食物；至于野生动物，虽不是全都可食用，但有些还是可吃的，它们还有其他用途；衣服和工具可由它们而来。若我们相信世界不会没有任何目的的造物，那么自然就是为了人而造的万物。”① 因此，荒野保护的目的是为了人类。在他们看来，环境保护政策应被设计成最大化地实现人类的欲望，且将对人类的伤害最小化。治理大气污染的缘由在于它危害人类健康；杜绝物种灭绝的缘由在于物种的灭绝可能引发的生态系统的不稳定会给人类带来伤害；解决温室效应的动因是因为气候的改变将对人类的未来生存造成极大的困境。在诸种环境困境的解决对策中，对人的考虑总是放在首位。有人更明确地指出：“荒野是为人服务的，这条原则有必要再次加以强调。我们为这些地区制定的保护的目标，是要向社会提供各种价值和利益……保留荒野并不是为了其中的动植物，而是为了人类。”② 一切为了人类

① 转引自［美］戴斯·贾丁斯《环境伦理学》，第106页。

② John C. Hendee, George H. Stankey , and Robert C. Lucas , *Wilderness Management* , Washington: USDA Forest Service Miscellaneous Publication No. 1365, 1978, pp. 140—141.

的利益、一切为了人类的生存与幸福，其他物种的存在价值被忽略，这种人类中心论一方面造成了人类生存的物质困境，因为："地球是我们所知道的宇宙中能够维持人类生命的唯一星球，但人类的活动却逐步使得地球很难适合人类继续生活下去。"① 水被污染、空气被污染，人类存在所依赖的环境正逐渐变得越来越糟糕，雷切尔·卡逊所描述的"寂静的春天"正逐步向人类走来。另一方面造成人类生存的精神孤独。因为，浩瀚的星系中，人类不过是小之又小的一粒尘土，他在与其他物种的共生中才能生存。荒野工具论将人类凸显拔高，把自己视为至上的主宰，无形中是将人类从宇宙中孤立出来，成为世界的遗弃者。同时，由于这种观点在把人类视为主人时将自然界贬成原料，结果就在某种程度上把人类自己贬成原料。

将荒野视为资源的做法使自然成为资源库的同时退去了过去的神秘色彩，自然成为人类征服的对象，人类在丧失与自然一致的生命节奏感的同时陷入了无家可归的境地。

三　作为家园的荒野

无论是将荒野视为荒原还是视为资源库，它们的理论基础都是人类中心论。在人类中心论者的眼中，荒野是作为征服的对象而存在的，人是整个自然荒野的中心及主宰，人类有能力并且应该驾驭自然荒野。人类中心论者把是否有利于自身的生存作为价值判断的标准。人类中心论者自信整个荒野的价值为人类而创造，一切荒野的存在都是为了人类。人类中心论者没有认识到人类自身只不过是自然荒野的一部分，没有认识到人类不过是宇宙间一匆匆过客，从自然进化中来，最终又归于自然。

现代哲学的荒野转向，特别是环境伦理学家、环境哲学家们

---

① 罗伯特·艾伦：《如何拯救世界》，科普出版社 1996 年版，第 1 页。

的“走向荒野”之论为荒野价值的重新发现厘定了新的视角。与传统哲学关注人的理性不同，这种哲学关注人的生存环境、关注大自然，要求人们对人的理性能力进行反思，要求对人的自然能力进行调控。通过反思，人们开始向自然深处渗透。面对自然，人们不再俯视，而是平视与对话，是聆听。通过聆听，人们发现，人类虽然来自荒野并高于自然，但人却不是自然的主宰。自然可以离开人而存在，但人的生存一天也离不开自然界。通过聆听，人们发现荒野不仅有“荒”的一面，也不仅仅可以作为资源而存在，荒野更是人类的精神家园。荒野的个性化生存昭示着一种自由性，这种自由性与人的自由追求相应和。荒野作为自然的精灵，给予框架式生存的现代人一处放飞自由的领域。因此，既不能忽略荒野的存在，也不能仅仅从工具论的角度来看待荒野。否则显示的只能是人类的傲慢与自私。例如，许多生物群落对人而言是并无经济价值的，但它却是许多野生动物和植物赖以生存和繁殖的条件。如果以单一的经济利益为目标，任意毁掉那些没有经济价值的物种和生物群落，那就恰恰毁掉了大地系统的稳定、完整和美丽，毁掉了大地维护生命健康的功能。因此，要抛弃那种传统的只以人的经济利益为唯一价值尺度的价值观念，建立一种以维护整个大地共同体的和谐、稳定和美丽为尺度的新的价值体系。[①]

现代新人道主义者认为，人不是自然荒野的主人，人不是世界的中心，也不是世界的主宰。自然荒野不是统治的对象，而是存在者的家园。在这里，人与自然之间不是征服与被征服的关系，人是自然的守护者与聆听者，而自然则是人的一面镜子。尤波·黑瑞奈和马提·林克拉在《拉品玛/拉普兰的四季》中陈述了现代哲学的荒野转向带来的对荒野态度的根本变化：“拉普兰

① 雷毅：《生态伦理学》，陕西人民教育出版社2000年版，第132、135页。

作为一个美丽而独特的自然地区这一概念是最近才开始的。这片今天因其自然美而广受称赞的遥远的土地，在200年前还被认为是凄凉恐怖且几乎不能引起人的兴趣的。当时流行的理想自然是为了利益而被人改造的肥沃的农业风景；人们认为自然美是人类之手为自然添上的最后几笔。直到现在那里只有极少的人类留下的痕迹。这片无人居住的地区有着贫瘠的土地、极少的植被和极其恶劣的气候。人们只是最近才开始欣赏这些特征的。”[①] 对荒野的重新理解与审美欣赏虽然来得晚了一点，但是这种转变不仅对于荒野，而且对于人类也是至关重要的。到了20世纪四五十年代，要求对荒野概念进行重新理解已成了现代环保运动中某些激进派别的基本立场。大地伦理者利奥波德也反对从经济角度理解荒野自然。他认为，我们不仅把土地当成一个可供使用的东西，而且还要把它当成一个具有生命的东西。他强调，地球拥有一定程度的生命，应当从直觉上得到尊重。并且土地生态意识告诉我们，人类只是生物群落中的一员，是“生物公民”而不是自然的“统治者”。人类应学会“像大山一样思考”，并从更广泛长期、全面整体的观点理解自然。在利奥波德看来，“荒野地区首先是以运动的形式延长，……一系列作为荒野旅行，尤其是驾独木舟与背包行进等原始技能的圣地……就休闲活动被经历的频繁程度而言，它是很有价值的，相对于它与日常生活的区别和强烈反差而言，它也是很有价值的”。[②] 罗尔斯顿也认为：“如果我们只从经济的角度来利用大自然，在上面修建围栏，到处修建水泥路，搜刮大自然的一切产品，可到头来，我们却在科学的、

① 转引自［芬］约·瑟帕玛《环境之美》，湖南科学技术出版社2006年版，第169页。

② Leopold , A Sand County Almanac : With Essays Conservation from Round River, New York : Ballantine, 1966, pp. 269—272.

审美的、消遣的、宗教的意义上失去了大自然，失去了这个作为自然史的神奇之地，失去了那超越并支撑着我们的完整的荒野。”① 在罗尔斯顿看来，荒野之于人不仅有着经济联系，而且有着科学的、美学的及宗教的联系。荒野给整个文化世界以启示，荒野给文化人以慰藉，荒野以其感性形象显示深刻的精神意蕴。今天，人们之所以想让一些荒野得到保护，也正是因为荒野包含并表达了丰富的文化价值意蕴，使现代人在精神上有归属感与认同感。因此，人们不能仅从经济的角度利用荒野自然，不能只看到荒野自然的功用价值，而应该将荒野视之为一片支撑着人类的完整性的神奇之地。

人与荒野自然的演进历史表明：荒野不仅具有工具性价值，人与荒野之间不仅能够建立起功用关系，更为重要的是荒野之于人还具有精神价值，人与荒野之间还应该建立起情感关系。传统哲学强调人对自然的改造和征服，破坏了人与自然的审美关系，使人类丧失了为数众多的审美对象。如果人类要保住审美的“家园”，必须与自然和谐共处，必须在情感上确立荒野自然的地位。周敦颐不愿砍窗前的草，是因为他认为自己与草分享着共同的本性。认识到草的感情与自己的感情是一样的。王阳明在《大学问》中认为人与万物都有不忍人之心，即万物都分有伦理之情：“是故见孺子之入井，而必有怵惕恻隐之心，是其仁与孺子而为一体也。孺子犹同类者也，见鸟兽之哀鸣觳觫而必有不忍之心焉，是其仁之与鸟兽而为一体也。鸟兽犹有知觉也，见草木之摧折，而必有悯恤之心焉，是其仁之与草木而为一体也。”虽然我们不一定同意他们的观点，但我们可以看到：人与荒野自然之间是可以建立情感关系的。情感关系的建立使得荒野审美成为可能，也使得荒野保护具有了强大的动力。当小学生奥列霞每天

① ［美］霍尔姆斯·罗尔斯顿：《环境伦理学》，第394页。

清晨走进花园，大气不敢出悄悄地站在色彩鲜艳、轻轻振动着翅膀的蝴蝶后面时，她是在用审美的眼光来看蝴蝶；当生物老师拿来蝴蝶挂图，讲解蝴蝶是怎样进化时，老师是在用科学的眼光看蝴蝶；当生物老师得出结论说蝴蝶是害虫，必须消灭它时，老师是用实用的眼光来看蝴蝶。从功利的角度来看，蝴蝶是应该被消灭的，从审美的角度看，蝴蝶是应该被欣赏的。功用的态度不利于生物多样性的保持，它受限于人的利己行为；审美的态度有利于保护蝴蝶作为生物生存的权利，有利于生物多样性的保护。

文明的进展“使得大自然某些人类未曾涉足的地方成为‘荒野’这一概念的标准含义在二十世纪被完全改变：荒野不再是人类畏惧和征服的对象，它已成为人类倍加珍视的精神家园”。[①] 现代，越来越多的人更多地把荒野看成是心灵自由释放之地，是心灵的家园，而不是资源库。“保存主义”者约翰·缪尔认为：“越来越多的疲惫不堪，心情郁闷，高度文明的人们开始领悟到，投奔山野，竟像是回家一般；荒野竟是这样必不可少；森林公园和保护区之所以有用，不仅仅在于它们有树木可生产木材，有河流来灌溉良田，而且在于它们是生命的源泉。在过度工业化和奢华生活致命的空虚中奔命的人们，一旦摆脱麻痹，清醒过来，就会尽其所能将自己的一切融入大自然，让它来丰富自己的灵魂，去除一切锈迹和疾病………一些人正是在大山的暴风雨中洗刷了他们灵魂深处的罪恶和尘封的烦扰。”[②] 荒野成了原始自然界的圣坛，成为人类心灵的寄寓之所。重新回到自然中吧，它将给你安慰，它将驱逐你心中的烦恼与恐惧。因为，究其

---

① 卡尔·陶尔博特：《荒野故事与资本主义文化逻辑》，载《环境哲学前沿》（第一辑）第346页。

② John Muir, The Wild Parks and Forest Reservations of the West , Atlantic Monthly 81 (1898): 483.

渊源，人是自然的产儿。人的本性中本就有自然性的部分。“依恋自然、回归自然是人的天性。人们回到自然这位母亲的怀抱也同样可以得到最大的亲情、温情和抚慰。大自然以其无比的魅力把人的注意力全部吸引，她将人的心灵中种种实际的牵累统统驱赶出去，而让人的心灵获得最大的自由和愉快。”[①] 环境伦理学家、环境哲学家罗尔斯顿就常常游历于大自然中，从自然中得到启示与慰藉。

第二节 罗尔斯顿对荒野价值的挖掘

罗尔斯顿认为，仅仅根据自然资源观看待自然和自然保护，正是环境问题的部分祸根。在罗尔斯顿那里，荒野是最有价值或者说最有价值能力的领域，因为它是最能孕育价值的发源地。荒野不仅有功用价值，而且是人类的家园。荒野作为家园不是一句口号，而是有着科学的依据。在科学与诗情兼具、理性与感性共长的罗尔斯顿眼里，荒野不是物的堆积，而是生命故事的不断铺陈上演。荒野是人类的根系与故园，荒野是一切价值之源。并且荒野本身就有价值，理应得到人们的道德关注与审美欣赏。在荒野价值的发现上，罗尔斯顿继承和发展了利奥波德等人的思想。利奥波德认为，荒野的价值不仅体现在休闲上，而且也体现在科学与文化方面。环境伦理学家帕斯莫尔认为荒野有四种价值：经济价值、科学价值、休闲价值和审美价值。罗伯特·艾伦在《如何拯救世界》一书中把自然的价值分成四类：经济价值、实用价值、内在价值和象征价值。他认为，一头鲸对于商业捕鲸者具有经济价值，对于食鲸者具有实用价值，对于观察者具有内在价值，对于自然保护者具有象征价值。经过观察与体验、描述与

① 陈望衡：《交游风月——山水美学谈》，序，武汉大学出版社 2006 年版。

沉思，罗尔斯顿认为，荒野价值丰富多彩，荒野承载着多种多样的价值。荒野不仅是认知的对象，而且可以作为消遣的对象而存在，它不仅可以作为道德的象征，而且还可以作为审美的对象。下面我们就从荒野与人的关系的角度（如环境科学、环境伦理学、环境美学）和荒野自身运行的角度对罗尔斯顿的荒野价值观进行梳理，并且这种梳理因对罗尔斯顿思想的“荒野性质”（杂乱而丰富）的克服而具有一种明晰性。

一　荒野的价值（上）

（一）认知价值

在苏格拉底眼中，乡村和树木不能教给他任何东西，城里人却能告诉他许多知识。城市比乡村美，乡村比荒野美。因为相较于乡村与荒野，城市是理性的象征物。在《圣经》中，荒野是可怕的、邪恶的，是与堕落的人性相配的。在北美大陆的移民眼中，荒野是危险的、粗暴的。但是，在今天的环境保护主义者看来，荒野不仅承载着人类过去的历史，而且还具有不可低估的认识价值。荒野是人类必须去认真研讨的对象。一棵八十年的橡树能够告诉我们近一个世纪来大自然的种种变化，一棵老三角叶杨，在利奥波德看来，是除了州立大学以外的一个最好的历史博物馆。在他看来，拥有一棵大果橡树的人就拥有一个历史图书馆。在爱德华·威尔逊（Edward Wilson）的眼里，一团包含着落叶与腐殖层的泥土蕴含着大量的信息。“试着铲起一把泥土和落叶层，并把它放在一块白布上——像作实地考察的生物学家那样——作近距离观察。这团微不足道的泥土所包含的有关地球结构的有序性和丰富性、特别是地球历史的信息，要远远多于其他（无生命的）星球的整个表面所包含的同类信息。这团泥土是一个微型的荒野世界；如果我们把存在于其中的有机体选为严肃的生物学研究的对象，那我们就是皓首穷经也难以揭开其中的所有秘密。生存于其中的每一物种都是在最残酷的生存斗争条件下历经数百万年进化的产物，每一有机体都是一个巨大的基因信息储存库。”[①] 荒野是环境科学不可忽略的对象，人们有必要从认识的角度进行把握。

荒野是一所大学，每一物种都提供着不同的信息。因此，罗尔斯顿认为：“毁灭物种就像从一本尚未读过的书中撕掉一些书页，而这是用一种人类很难读懂的语言写成的关于人类生存之地的书。”[②] 罗尔斯顿甚至还试图与遥远年代的苏格拉底展开争论，因为苏格拉底说过自己爱好学习，可乡村和树木不能教自己任何东西，而城市中人则能教自己很多之类的话。在罗尔斯顿看来，森林和自然景观能教给人们很多城市的哲学家所不能教的东西。因此，面对荒野，我们应放下人类中心论的态度，认真解读荒野蕴含的丰富知识，学会像山一样去思考，像河一样去感觉。荒野是一本穿越时空的大书，层层的岩石里记录着数亿年生物的历史。荒野能告诉我们关于生命的故事，毁坏荒野就像烧掉未读的书一样可惜。那些定期或仅仅偶尔光顾荒野地区的人都很清楚地意识到这些地方常常可以在某种程度上起到课堂的作用，在那儿可以学到大量的有价值的知识。科学产生于人类对于自然界的惊异。埃伦费尔德也认为，“许多生物虽没有多大的经济价值，但他们所具有的独特性质却对科学研究有极高的价值。猩猩、黑猩猩、猴以及较低级的灵长类动物，由于同人有亲缘关系，所以都有这种价值。鱿鱼和那种叫做海兔的不引人注目的软体动物，由于具有独特的神经系统，对神经学家价值极大，犰狳的同卵四胎生现象和爬行蟾蜍的荷尔蒙反应，使它们分别成为胚胎学家和内分泌学家的特殊研究对象。黏液霉菌的奇特生命周期使它们深受

① 转引自［美］霍尔姆斯·罗尔斯顿《环境伦理学》，第 262 页。

② ［美］霍尔姆斯·罗尔斯顿：《哲学走向荒野》，第 377 页。

研究细胞相互作用的化学性质的生物学家喜爱。”[①] 通过科学研究，罗尔斯顿发现“连接爬行动物和飞鸟的株罗系化始祖鸟有很大的科学价值，但并无经济的或生命支撑的价值。黄石公园的水塘为原始的厌氧微生物菌提供了最适宜的温泉栖息地；而最近的研究表明，自从在游离氧气候条件下出现生命以来，这种微生物菌就几乎没有改变过。那些奇怪的、无用的、且常常罕见的事物恰恰具有很高的科学价值——如加拉旁格斯岛的雀科鸣鸟——因为它们可以为我们理解生命的发展和延续提供线索”。[②] 因此，自然荒野是从事科学活动的天然实验室，是人们获得知识的大课堂。

对罗尔斯顿而言，荒野不仅具有科学研究价值，而且蕴含着丰富的历史知识，是人们获得历史知识的绝佳场所。在大自然中，历史价值与科学价值是水乳交融的。因此，罗尔斯顿一方面把荒野视之为科学研究的对象，另一方面又认为荒野是关于地球历史的博物馆。无论是作为科学研究对象的荒野，还是作为博物馆的荒野，都可以为人类提供有价值的信息和知识。因此，每个国家的人民都需要大自然，把它作为了解人类出现以前这个世界的漫长历史的博物馆。罗尔斯顿认为：“森林、草原和牧区都应作为某种纪念地保存下来，以便每一代美国人都能从其中去了解（尽管是间接的或批判性的）其先辈的精神气质，就像人们从米纽特曼历史公园中所学到的那样。这些地方飘荡着过去的美国人的影子，留有我们所走过的历史足迹。在每一个州，如果没有大量的可以让青年人在其中远足、使他们沉浸于其中、在其中遭遇困难和危险的荒野之地，那将是一个极大的遗憾。”[③] 在美国，人们常常把

① ［美］戴维·埃伦费尔德：《人道主义的僭妄》，第156—157页。

② ［美］霍尔姆斯·罗尔斯顿：《环境伦理学》，第12页。

③ 同上书，第17页。

荒野旅行视为一种美好的现象而加以称赞。因为在他们看来，荒野旅行既令人惊异又能使人们在当下的体验中了解过去的历史。如果人们要设身处地地、真正地理解自然，了解人类的发展史，就得借助自然荒野，借助荒野走进人与自然交融的历史。

一片真实的荒野蕴含着不可替代的认知价值，即使是完美的荒野摹本也不能代替荒野本身，不管这个摹本是多么与荒野相仿。首先，荒野的摹本与原始的荒野不可同日而语。荒野的复制品相当于艺术赝品，它缺乏荒野的原创性、独一无二性与完整性。罗尔斯顿认为，“物种只有在其原先的环境中才能真正得到保存，也应该被保存于其原先的环境中。动物园与植物园可以把一些个体封闭起来加以保护，但它们根本模仿不了一个野生的生物群落区中在自然选择压力下发生的那种持续与动态的基因流动。物种必须整合到一个生态系统中才具有真正的完整性。”①其次，荒野是承载着历史的教科书。在这里，不仅有自然客体的集合，而且还有历史悠久的生命故事。也就是说，真实的荒野有历史、有故事，蕴含着丰富的历史知识与科学知识，它具有荒野摹本不可替代的价值。一个真正爱智慧的人不仅应关心城市，也应关心我们的生命之源——荒野。

荒野之于人类的价值是不可低估的，故而，当约翰·缪尔完成其常规教育到内华达州的塞拉村去居住时说：我不过是离开一所大学到另一所大学去，即离开威斯康星大学到“荒野大学”去。

（二）工具价值

与极端的环境保护主义者拒绝从功用角度理解荒野不同，罗尔斯顿承认荒野的科学价值及其历史价值，但他并不因此就否认荒野的功用价值。事实上，罗尔斯顿认为，荒野中存在着种类繁多的功用价值：需要加工改造的自然资源属于最普通的工具价

① ［美］霍尔姆斯·罗尔斯顿：《哲学走向荒野》，第392页。

值，那些原封不动地加以享用的自然物则属特殊的功用价值。前者属于经济价值，后者属于消遣价值。

针对前者，罗尔斯顿把荒野定位于未被触及的自然资源的储藏地。自然资源论者认为，荒野之地存在着数量可观的但还未被开发的宝贵资源。罗尔斯顿把这种可结算的荒野价值称做“市场价值”。罗尔斯顿认为：“大自然拥有经济价值，因为它拥有一种工具性能——这一陈述向我们揭示了作为技术加工对象的物质的某些特征。由于自然事物种类繁多，具有多姿多彩的巨大能量，因而大自然具有丰富的实用潜能。这就是大自然所拥有的基本的、词源学意义上的经济价值；我们可以用大自然的这种经济价值来把我们的生活安排得得心应手。”[①] 荒野自然的工具价值在马克思那里也得到认同。他认为：“在实践上，人的普遍性正表现在把整个自然界首先作为人的直接的生活资料，其次作为人的生命活动的材料、对象和工具。”[②] 但是，也有学者认为对荒野的任何资源性利用都是应被禁止的。理论上，划定的荒野地区是指在这个地区内任何对资源的攫取都是被严格禁止的，也就是说，荒野的存在与资源的观念是互不相容的。如果人们把某一地区看做物资产地的话，那么人们就不应该再把这一地区称做荒野了。难道人们能在拥有荒野的同时还能吃掉它吗？当然，在罗尔斯顿眼里，面对荒野，人们首先要把它理解为一个共同体，而不是某种商品；要保护所有的物种，而不仅限于“猎物”；要种植用于生产纸浆的树木，但要求把河流两岸的阔叶林保留下来；要把河流首先理解为生态系统的生命线，其次才理解为水库的水源。总之，人们在利用自然资源时应让生态系统保持原貌，而不能为了他们的嗜好、娱乐、需要或利润而随心所欲地利用大自

① ［美］霍尔姆斯·罗尔斯顿：《环境伦理学》，第7页。

② 《马克思恩格斯全集》第42卷，人民出版社1979年版，第95页。

然。也就是说，在罗尔斯顿这里，人对荒野自然的利用是以保存其存在为前提，工具价值不能凌驾于其生态价值之上。

针对后者，罗尔斯顿认为："我们喜爱荒野，是无可争议的，因为荒野能满足人们一种消遣的需要。"[①] 当然，罗尔斯顿这里所说的荒野的消遣价值具有两个层面的内涵："荒野地在两种意义上有正面的消遣价值。一是我们可以在荒野地从事一些活动，二是我们可以对自然的表演进行沉思。荒野地对人们的体育活动很有价值，因为人们可以钓鱼、滑雪等活动，在荒野的挑战面前展示自己的技能。""然而，人们也喜欢观看野生动物和自然景观。这时，人们主要是把自然视作一个奇境，视作一个丰富多彩的进化的生态系统。"[②] 在罗尔斯顿看来，当我们观赏大自然中的层层白云、倾听鸟鸣、赞叹蜂鸟精湛的构造、为企鹅而欢呼时，这种消遣活动中是自然在展示自身。当人们用一片足够粗犷的土地以便测试汽车的性能，一片足够陡峭的花岗岩群以便进行高空跳跃，大自然就成了人们展示其技能的一个场所，这种消遣展示的是人类的活动，荒野作为人们活动的舞台与背景而出现。这种消遣价值就是工具性的。前者展示的是自然本身的价值，后者展示的是人类的才能技艺。前者是静观自然的表演，后者是人类表演自身。前者是借人类展示自然，后者是借自然展示人类。当然这两者往往是联系在一起的。如："人们喜欢在户外消遣，因为在那里，他们被某些比室内找到的更伟大的东西包围着。他们找到了城区公园的棒球场所没有的某些更为真实的东西。在大自然中获得的那些惬意的、休闲的、具有创造性的愉悦，可以说是以敏感的心灵对大自然的客观特征加以感受而结出的果实。当人们在观赏野生生物和自然景观时，他们主要是把大

① ［美］霍尔姆斯·罗尔斯顿：《哲学走向荒野》，第 63 页。
② 同上书，第 333 页。

自然理解为一片充满奇妙事件的惊奇之地和一个无奇不有的仓库，一个在其中真理比虚构更令人不可思议的丰富的进化的生态系统。”[①] 在罗尔斯顿看来，当一名植物学家在享受那份徒步攀登峰顶的辛劳所带来的乐趣，且中途又在瀑布旁的报春花前驻足沉思时，他就把健身房的价值和剧场的价值——这两类消遣价值统一起来了。

一般学者倾向于认为，荒野的功用价值就是经济价值。在罗尔斯顿这里，荒野的经济价值属于功用价值，但功用价值不完全等同于经济价值。功用价值包括经济价值与消遣价值。借助于荒野，人们将自然改造成有利于生产的资源；借助于荒野，人们展示自己的才情。无论是前者，还是后者，荒野都是以其工具性价值而存在。

（三）善价值

儒家所谓的善，主要是指人与人之间的关系，不包括人与动物之间的关系，更少涉及动物与动物之间的关系。在以人类为中心的传统伦理学中，善行即是德行。人们很少将善与道德进行区分。但是在经济学家兼伦理学者茅于轼的眼中，善与道德“这两个概念并非完全重合。善使人感到美的享受，是一种自然的赞同。道德则除了对善的赞同之外还有一种自觉的约束”。例如，“母爱，它给人以美的感觉。母亲给怀里的孩子哺乳，端详着柔软稚嫩的小生命，她的乳汁一点一滴被吸进鼓动着的小嘴里，她会感到满足和幸福。那个小生命此刻没有任何惊恐，他或者捏着小拳头，蹬着双腿来表示他的得意，或者甜甜地入睡，因为他是安全地躺在母亲的怀里。这样的图画给人以安详、快乐的感觉，因为它符合善。但是我们却没有理由说母爱是合于道德的，因为动物也有母爱，我们不能说动物也具有道德。道德是人类社会特

① ［美］霍尔姆斯·罗尔斯顿：《环境伦理学》，第9页。

有的，是调节人与人的社会关系的准则。人懂得约束自己，所以人类社会才有道德。”[①] 善比道德更具包容性。罗尔斯顿虽然没有对善与道德之间的关系进行区分，但是，罗尔斯顿也没有将善与道德进行简单的混同。透过罗尔斯顿庞杂的思想，我们发现，即使罗尔斯顿没有将善与道德的概念或关系进行说明，但我们仍然能感知到：善，特别是生态系统的“善”是不同于人类社会的“道德”的。生态系统的善在罗尔斯顿那里是一种非道德的善，是与人类社会的道德善不同的。荒野的善价值通过荒野追求自身的善的过程中体现出来，荒野自身的善是其内在价值的体现。

茅于轼先生看到了善与道德的区别与联系，他虽然没有明确地讲动物也有善。但通过对上述文字的分析，我们就会发现。他承认动物也有母爱，认为母爱符合善，那么也就会必然得出动物存在善的结论。也就是说动物也具有善价值。罗尔斯顿看到了生态善的价值，意识到了生态善与道德善的区别，并且将生态善视为一种非道德。这是他惯有的“中间路线”思维方式在善价值上的体现。这也表明罗尔斯顿并非一位精纯的生态整体主义者，他不会像老庄那样抹去生物界与人类社会间的区别。因为在精纯的生态整体主义者看来，生态系统作为一个整体性的存在，人类包括于其中。

在对荒野的价值进行把握时，罗尔斯虽然没有明确列出“善价值”。但是对于荒野这一生态系统，罗尔斯顿也承认其蕴含着善价值。这一点通过他对内在价值（intrinsic value）的解释就可以发现。他认为内在价值是指事物本身的价值，就是说它有对自己的善，这个善不依赖于外部因素。同时，他认为虽然生态善（包括荒野）是一种非道德善，但是，他仍然在无形中将生态系统与

① 茅于轼：《中国人的道德前景》，暨南大学出版社 1997 年版，第 22—23 页。

社会道德相联系，甚至认为生态系统处处给社会人以道德上的启示。他认为荒野具有文化象征、塑造性格、提供宗教情感等价值，其实，这些价值正是荒野善价值在社会领域中的体现与回声。荒野是一个蕴含着善的地方，也是一块承载着善价值的地方。

当然，我们也知道，善不同于道德。善意味着好，意味着完满。西方人认为神是善的，这无形中意味着善是至高无上的存在。而道德不是。善的评价要高于道德的评价。善是天性美的绽放，道德包含着对天性的约束。如果说善的生命是一首自由的“咏叹调”的话，那么，道德的生命则是一场戴着“镣铐”的表演。但是，西方的神是“人神”，这一点也形象地体现出善与道德是可以具有关联性的。特别是荒野自然作为一种蕴含大善、众善的场所，他通过各种形式（如形、色、声、气等）与每一位聆听者进行交流，将既美又善的语言印入社会人的心底，促使他保持平和的心境、给予他向善的力量。这也就是人们常说的天人感应。席勒曾认为让美走在自由之前，只有审美的人才能走向道德。其实，更准确地说，应该让自然美走在道德之前。一个对大自然充满情感的人是一个审美的人，审美的心胸能够使他更多地采取非功利的态度面对自然、面对社会。我们甚至可以说，走向自然荒野的人才有可能走向道德。尤其在今天这个社会。

在强势人类中心论者看来，大自然是无目的的存在物，只有人才是有目的的存在者。但是，在罗尔斯顿看来，荒野是有目的的，它有追求自身善的倾向。荒野中的每一物种，每一个体都有自身的目的，都在追求自身的善，追求自身的完满显现。在罗尔斯顿眼中，每个生物机体继承过去的遗传链中它的那一部分，从而构成自我，设计自我，把自己推向前进。自我发展、自我保护、自我实现是生物学的本质，人也不例外。“生命机体有它们自身的标准，虽然它们必须适应它们的生态位……它们有一种技术，一种诀窍。每一个生物机体有它的类的善；它维护它自己的类，把它当做一个好的类。”[①] 每一生命都有其存在的依据，都有其不可剥夺的生态位，都为了类的善做出自己的努力。它们在竞争中维护自身的利益，在生长的过程中追求自身价值的实现。一棵树，它总是努力向上生长；一朵花，它总是努力全部绽放。罗尔斯顿对生态位的把握、对生命机体价值的理解包含着对各种生物物种的尊重，正是这种尊重使得他的环境伦理学与一般的环境伦理学家的思想不同，在他那里，尊重与聆听是形成其环境思想的重要组成部分，并且渗透于他对其环境思想的现实追寻之中。如果我们说宗白华的美学与他日常的散步紧密相连并形成了其独具特色的“散步美学”的话，那么罗尔斯顿的环境伦理学则因为他对荒野自然的深深体悟（现实中的罗尔斯顿经常走向荒野）而形成了独步一时的“敬畏与欣赏相融合式”的环境伦理学。

罗尔斯顿认为，当罗瓦赫原野公园的标牌由“请留下鲜花供人欣赏”变为“请让鲜花开放!”时，就意味着对鲜花善价值的认可。即其含义是“雏菊、沼泽万寿菊、天竺葵和飞燕草，是能保持它们种类善的可评价系统，在没有例外时，它们是善的种类”。[②] 在一般人看来，狼是令人厌恶的，荨麻草是令人生厌的。但是在罗尔斯顿看来，狼和荨麻草并不那么令人憎恶，他们所做的一切不过都在追求自己的善，追求自己存在的价值与目的。罗尔斯顿指出：“我们不能因为狼或荨麻草都力图维护它们自己的‘善’，就说它们是恶的。在有机体中，有机体自身的‘善’与该有机体所属的物种的‘善’之间并无区别，因为有机

① ［美］霍尔姆斯·罗尔斯顿：《基因、创世记和上帝——价值及其在自然史和人类史中的起源》，湖南科学技术出版社2003年版，第45页。

② ［美］霍尔姆斯·罗尔斯顿：《环境伦理学：自然界的价值和对自然界的义务》，转引自邱仁宗主编《国外自然科学哲学问题》，中国社会科学出版社1991年版。

体追求其自身的‘善’的行为不会损害其属类的‘善’。从这个意义上说，每一个拥有其自身的‘善’的有机体都是一个好的物种，因而拥有价值。”[①] 从人类中心论的眼光来看，狼是凶残的象征，它对自身善的追求是恶的，但是从生态整体主义的眼光来看，狼对自身善的追求是被允许的。正是每一种生命体维护自身善才促使了该物种的兴旺、促进了荒野的繁盛。罗尔斯顿对狼与荨麻草“善”的理解不仅使他超越了人类中心主义论者的狭隘带来的短视，而且因为“物种善”的涉及使他的环境伦理学在“善”这一问题上更为细化。

虽然在一般人看来，生物体追求自身的生存的“善”，不同于人类社会的道德善，它至多是一种“自然善”，或者说是一种带有血腥的“善”，这种善以满足生物体自身肉体的满足为最终目的。但是，正是在这种“善”的碰撞与互动中，物种之间相适相应，并呈现出一种盎然生机来。君不见，但凡保持得较为完整或较为完整地留存下来的荒野都显示出一种均衡与和谐的外观来。这种融个性于和谐之中的物种生存法则对于今天的和谐社会的建设也颇有借鉴意义。

荒野的善价值不仅表现在生物的个体追求上，而且体现在物种的生存之中。前者属于个体善，后者属于物种善。当然还有存在于荒野中的系统善。不管是生物的个体善、物种善，还是系统善，都属于荒野自然自身的善。其实，荒野自然还有一种善，那就是关系善。它存在于人与荒野的隐喻、象征等关系上。维克多·雨果认为，在人与动物、花草及所有造物的关系中，存在着一种完整而伟大的伦理，这种伦理虽然尚未被人发现，但最终将会被人们所认识，并成为人类伦理的延伸和补充。荒野与人之间具有一种精神象征关系。秃鹰的象征价值也超出了它所具有的任

① ［美］霍尔姆斯·罗尔斯顿：《环境伦理学》，第 138 页。

何工具性价值，约翰·缪尔把巨大的美洲杉比作教堂，它有精神上和信仰上的价值，这些价值远远超出它的经济价值。在人与自然荒野之间，荒野对于人具有道德启示意义。也许正是因为这种道德上的启发性，才使得康德将头顶上的星空与心中的道德律相连，并且将二者归于自己心中至上的地位。

作为荒野代言人的诗人加里·斯奈德认为："荒野是完整意识的国度"、"保存在荒野中的是整个世界。"对于追求完善的社会而言，荒野具有重要的意义。罗尔斯顿认为，荒野还是一个"认识你自己"的地方，也是一个人类实现自己完整性的地方。尽管大自然不是一个道德代理者，它的创造物或生态系统也不是人际伦理学的导师，但人类仍然能够通过反思自然而提炼出某种道德，即学会如何生存。人们可以通过对自然的沉思获得某种道理或生活上的教训。荒野之地给人提供了一个使他学会谦卑并懂得分寸感的地方，荒野环境有助于人的自我实现。在罗尔斯顿看来，自然具有某种"引导功能"，自然的智慧可以引导人们走向道德。它教导和指点我们，使我们知道自己是谁，置身何处，明白我们的天职是什么。与自然相遇使我们相互团结，使我们避免傲慢，变得有分寸。所以，陈望衡先生认为，"自然对人还有一种伦理上的启迪作用。按照传统的伦理学的看法，生物界是没有伦理的，只有人类才有伦理。然而实际上，生物界尤其是动物界也有着自身的伦理原则。特别是那种基于种族生存需要的伦理原则，这种伦理原则与人类是相通的，人类基本的伦理观念就来自这种自然伦理。在动物世界，长幼间、雌雄间的恩爱和相互救援也相当动人。这些动人事例常被援引来作为人类伦理的榜样，如羊的跪乳之恩、天鹅的从一而终。……动物的这种自然伦理不仅对人类有着道德上的借鉴和启迪作用，而且也可以转化为美"。[①]

① 陈望衡：《环境美学》，武汉大学出版社2007年版，第168页。

因此，在一定意义上，我们可以认为，荒野是人类生存不可缺少的“多面镜”。通过这面镜子的崇高与壮观，人类铸就自己的浩然之气；通过这面镜子的优美与雅致，人类可以形成自己的宁静之志；通过这面镜子的破碎与丑恶，观人类行为的得与失。凝神内视，反观自身，荒野这面镜子可以将人类心中的如豆亮光放大，照亮世界的黑暗。

所以，罗尔斯顿非常痛心于荒野的消失。“荒野的消失会令我们痛心的一个原因是，我们并不想完全驯服这个孕育了我们的智慧的原始自然，我们想把某些荒野保留下来，这既是为了其历史价值，也是为了其性格塑造价值。”[①] 荒野既锻炼旅行者的身体，也熏陶其灵魂。面对荒野，人们从中引发出来的是有关宇宙问题的思考；面对大自然，人们从中引发的是关于生命和死亡的思想。因此，罗尔斯顿强调：“我们应感激我们的环境，因为我们与环境虽是相互对立的，但又是相互补充的。辩证地看，我们的性格虽然是在我们内部形成的，但它的内容却与环境有关。大自然虽然不是培养这些德性的充分条件，但却是必要条件。人们正在认识到，生命的强大和美丽不过是大自然为它的创造物所培养出来的某种力量和完美，是大自然所馈赠给我们的。”[②] 正因为荒野不可低估的道德导引价值，所以罗尔斯顿认为，“在这与自然的交流中有一种生命的伦理，所以说与自然荒野的接触跟上大学一样，都是真正的教育所必需的”。[③] 罗尔斯顿甚至认为，一个人，只有当他获得了某种关于荒野的观念时，他的道德教育才算完成。因为，对于人类的价值教育而言，荒野就像大学一样是必不可少的，或者说，荒野与大学有着同等的重要性。在我们

---

① ［美］霍尔姆斯·罗尔斯顿：《环境伦理学》，第 29 页。

② 同上书，第 57 页。

③ ［美］霍尔姆斯·罗尔斯顿：《哲学走向荒野》，第 72 页。

看来，人活一世，有三本必读之书。其一，人在现实界，作为社会人，社会是一本必读的书；其二，人在历史间，子书典籍作为历史的传承者，文化典籍是必读之书；其三，人在天地间，人是自然人，自然是其必读之书。自然是一本大书，它列于君、亲、师之上；自然是一本厚书，它穿越时空而来，通过它特有的厚度与样态给人以启迪。一个钟爱自然的人是一个充满爱心的人。

道德教育的目的不是为了让人记住生硬的道德规则，而是让人对万物充满了同情与怜悯、敬畏与欣赏。走进荒野，人会具体地触摸生命。在生命与生命的交流中，培养出自己对待生命的真实情感与态度。尤其在充满荒谬感的现代社会，在尼采早就批驳过的“断肢”、“残臂”充斥的社会，有退化为“空心人”危险的现代人更应走进荒野，感受生命的真实性，从而树立起真正的道德意识。

荒野善价值的发现，体现了罗尔斯顿的生态整体主义姿态。当人们以人类中心论的眼光面对荒野时，荒野是被征服的对象。在征服者看来，荒野除了经济价值外无其他价值可言，更不用说可以提炼出什么道德价值了。罗尔斯顿从生态整体主义的视角出发，一方面立足于生态学的发现，将荒野自由性的追求凝结为荒野自身的善，表现出对荒野自在性存在的一种肯定。另一方面将荒野视为人实现其完整性的一个不可或缺的地方，建立起荒野善与人类道德之间的联系。这种视角必有助于未来环境伦理学的研究与人类环境意识的培养。

（四）审美价值

在生态主义观念的影响下，美学家们开始转换审美的视角，他们开始站在生态、环境的立场上研究自然和对自然持欣赏的态度。如生态美学家和环境美学家们认为，传统认识中看待自然的方式是“人类中心主义的”，自然不应被看作有待征服的对象或者供剥削的资源，而是应被视为有着自律性和存在价值的事物。

“荒野”不再被看作是丑陋的、或者有损于人类生存的，它不仅在一般意义上值得赞美，而且在美学的意义上值得赞美。罗尔斯顿虽然是著名的环境伦理学家，但是在他的《哲学走向荒野》、《环境伦理学》等著作与文章中，他均认为荒野不仅承载着经济价值，而且还有审美价值。他的自然有其“自在价值”的思想与环境美学家的自然美在其自身的生命样态的美学观形成了一种共鸣与呼应。

罗尔斯顿不仅看到了荒野自然的功用价值，更看到了荒野自然的非功用性价值。面对丰富多彩的荒野自然，他说道：“自然几十亿年来艰辛的创造，还有几百万个充满生机的物种，现在都交给人类这个晚到的、有发达的心智与道德意识的物种来关照了。作为唯一具有道德意识的物种的成员，难道我们不该少一点自利心，而非仅把这进化的生态系统的一切产物都视作我们的宇宙之舟的铆钉、贮藏室中的资源、做实验的材料或消遣的对象吗?”[①] 与苏格拉底喜欢城市不同，与一般的环境伦理学家忙于理论的构建不同，罗尔斯顿喜欢观察与体悟自然，游走于天地之间，通过观察与体悟，他认为：“我们赞赏科罗拉多大峡谷的弓形风景带的理由，与我们赞赏萨摩亚群岛的‘自由女神像’的理由是一样的：它们都是优美的。特顿山脉或美洲耧斗菜的敬仰者都承认大自然所承载的审美价值。”[②]“仙女座涡旋星系中的斐波那级数，与表现在缸养鹦鹉螺身上、自然旋风中和瀑布漩涡中的螺旋形状非常相似。仙女座涡旋星系的规模和历史、鹦鹉螺的年龄和体积以及在地球科里奥力作用下形成的局部瀑布漩涡都令我久久不能忘怀。”[③]

---

① ［美］霍尔姆斯·罗尔斯顿：《哲学走向荒野》，第396页。

② ［美］霍尔姆斯·罗尔斯顿：《环境伦理学》，第13页。

③ 同上书，第290页。

罗尔斯顿是一位十分注重体悟与欣赏自然的环境哲学家，虽然他的审美体验更多的是采取描述的而非规范的方法进行表达。例如在他学习物理学、生物学、神学，成为一名牧师后，偶然发现一株轮生朱兰花，他不禁大叫："真是太美啦!"在任牧师之职时，他每周一次地游荡于阿巴拉契亚山脉的南段，逐渐地，在近乎十年牧师的生涯中，他一周之中用五天时间向人们宣讲天国的事，其余两天则走向荒野，细致地了解、品味壮丽的山林。当人们研究自然，目的在于对自然做出改进与修复，目的在于探寻明智地利用自然的方式时，罗尔斯顿追问道："但除了这些，我们还能不能为了欣赏自然的野性、自然自发的再生力量和自然的美而去研究自然呢?"① 在罗尔斯顿看来，其一，除了以工具论的眼光探究自然，人们还可以以审美的眼光面对自然；其二，自然的野性、自然的自发的再生力量是值得欣赏的。万物各有其美，任何物种的消失都是审美上的巨大损失。灰熊如果灭绝，就会使现在和未来世代无数度假者的荒野体验少了一些东西，狼的灭绝使人们的敬畏之心淡化。事实正是这样，物种的消失减少了我们的审美对象，日渐减少的物种使审美对象的丰富性日趋单一化。单一化的审美对象钝化着人们的审美能力，而人的精神要求着多样化与丰富性。

在罗尔斯顿感看来，充满多样性的荒野具有极高的审美价值。虽然从文化的角度看，"野的"一词可能被认为是一个贬义词，但却不影响荒野本身可以带来美感。罗尔斯顿说："如果我们来到一片风景带，站在风景带的角度看问题，去感受它的完整性，那么我们就会发现，'野的'是一个褒义词。这种野性给我们带来一种美感——'荒凉而神奇的西弗吉尼亚'。"罗尔斯顿之所以认为荒野的"野"是一个褒义词，就是因为荒野的美具有一种生态上的

① ［美］霍尔姆斯·罗尔斯顿：《哲学走向荒野》，第4页。

完整性，这种完整性给欣赏它的人带来审美的愉悦。他又说："一个荒野式的生态系统是令人失望的，但生态系统中的荒野却令人赏心悦目，甚至郊狼也会因置身于这样的荒野中而感到心满意足。"这一方面是因为荒野在生态系统的层面上具有一种完整性，另一方面是因为郊狼在这片荒野中享有自己的生态位。

正是因为罗尔斯顿的这种审美态度，所以他强调："我们确实再也不应把荒野当作一种林业企业来管理了。在真正的'国家'森林公园中，我们保护的是各种非经济价值；用市场效益的眼光来看待国家森林公园是不合时宜的，因为我们在荒野之地所寻求的是那些市场永远也不可能出售的东西——徒步旅行、一条鲑鳟在其中游嬉的小溪、一片风景区、对荒野的体验。"[①] 也就是说，荒野不仅是经济管理的对象，不仅具有经济价值，荒野更是审美的对象，能够满足人们的审美欲求。

当然，想到荒野中寻找审美体验的并非罗尔斯顿一人。"许多人想从荒野地区中寻找美学感受。他们说，在这些地区既可找到美又可找到崇高。因此，我们应该保护它们因为它们是美之所在、崇高之所在。荒野地区，在一些人看来就像巨大的艺术展馆。事实上，有些人认为由那种所谓的荒野提供的美学感受几乎是宗教性的或神秘性的。比如纳什就始终认为对于荒野事物的感受包含着面对巨大的，未经开发的自然威力和地区的敬畏。……缪尔声称，自然界的风景，只要他们是荒野的，就没有任何一处是难看的。"[②] 音乐者、诗人在荒野中寻找灵感，对他们而言，荒野提供着美妙而独特的艺术主题。

罗尔斯顿不仅像环境美学家一样承认荒野的审美价值，热衷

① ［美］霍尔姆斯·罗尔斯顿：《环境伦理学》，第 323、258、382 页。

② 迈克尔·P. 纳尔逊：《荒野保护观点综述》，《环境哲学前沿》（第一辑），第 228 页。

于去荒野地沉思与聆听，而且他还对荒野的审美价值进行分析把握。在他看来，荒野的审美价值不同于功用价值，只有意识到这二者区别的人才能所握审美价值，只有认识到这种区别的人才会欣赏沙漠或苔原。在罗尔斯顿眼里，审美价值与内在价值一样同属于非工具性价值。但是只要我们对二者进行分析，就可以发现，在罗尔斯顿这里，审美价值不能简单地等同于内在价值。当人以艺术化的眼光、人类中心论的视角欣赏自然荒野时，自然的内在价值被遮蔽，内在价值不能自由地得以伸展，也无法进行圆满地表达。这样，自然的内在价值与审美价值之间就无法深深契合，审美价值的把握就易于陷入一种主观任意状态。如在对自然进行如画式欣赏时就是如此。当人以谦逊的态度对待荒野，以同情的眼光面对荒野，尊重自然本来的存在状态，聆听自然本身的生命节奏时，自然的内在价值通过凝结为感性的形式为人所把握时，自然的内在价值就与审美价值达到了互通。也就是说，荒野内在的完善就可以显现出来，从而成为美学欣赏的对象。可见，荒野的审美价值是荒野与聆听者共同作用的产物，正如罗尔斯顿所言："要说人们在欣赏黑草莓或春天的太阳时所分享的是某种与大自然不一致的价值，这从生态学上看无疑是离奇的。展翅飞翔的红衣凤头鸟和开化的延龄草所具有的优美、色彩与身体的对称性，从结构上说都与凤头鸟的飞翅、延龄草的开花及二者的生命周期有关。难道它们身上的美仅仅是我们的武断选择的一种反映吗？难道我们对它们的美的评价不应该与它们的生物功能一致吗？"①

审美价值的发现，体现了环境伦理学家罗尔斯顿环境伦理思想的美学情怀。在罗尔斯顿这里，荒野可以成为环境伦理思考的对象，也可以成为审美的对象。荒野审美价值的发现是罗尔斯顿体悟自然荒野的自然结晶，这一发现不仅丰富了其环境伦理思

① ［美］霍尔姆斯·罗尔斯顿：《环境伦理学》，第285页。

想，而且也丰富了环境美学的研究，并且为环境美学与环境伦理学的汇通提供了一条通道。美的环境会激发人的愉悦感，丑的环境会激发人的厌恶感。荒野的审美一方面从肯定的角度推动人们去爱护自然，另一方面从否定的角度让人拒绝破坏自然。荒野审美会激发人的道德同情与责任感。今天，荒野的审美与责任的承担是联系在一起的。面对荒野，审美的人不愿去破坏它，审美的人也有责任去保护它。

二　荒野的价值（下）

罗尔斯顿一方面通过梳理出自然荒野所承载的种种价值，让我们看到荒野价值的丰富性；另一方面他又通过内在价值与工具价值的划分，把自然价值一分为二。最后，他又通过系统价值把工具价值与内在价值统一起来。罗尔斯顿对自然价值进行如此把握并不是一种重复，相反，恰恰反映了他对生态大系统的认同与尊重。

罗尔斯顿认为，荒野不仅有工具价值，而且有内在价值。工具价值是："指某些被用来当作实现某一目的的手段的事物。内在价值指那些能在自身中发现价值而无须借助其他参照物的事物。"[①] 工具价值是相对于他者而言的价值，而内在价值是就自身而言的价值。工具价值是在对他者的满足中实现出来的，而每一生命体自身善的追求是形成内在价值的动力。德国哲学家尤约斯也持类似的观点，他认为，对生命的肯定就是内在价值。"每一个有机体皆通过呼吸与吸收营养在肯定自我，否定虚无。"这种对生命的肯定是所有价值的基本价值，是生命"本身的善源"，是生命的内在价值。[②] 在罗尔斯顿看来，一方面，在所有

① ［美］霍尔姆斯·罗尔斯顿：《环境伦理学》，第253页。

② 转引自李文潮《技术伦理与形而上学——论尤约斯的责任》，中欧科学、技术与社会学术研讨会，2002。

的生态系统中，每种生命事实上都必然会对其他生命具有工具价值。另一方面，每种生命拥有某些它正在保存的东西，也拥有某些它正在追求的东西：它自己的生命。内在生命的创造是内在价值之源。与一般内在价值的首肯者不同，具有丰富的科学知识背景的罗尔斯顿认为，内在价值内在于生物体的基因中。人只能是自然内在价值的认识者而不是赋予者。如“活着的个体是某种自在的内在价值。生命为了它自身而维护自己，其存在的价值并不取决于它对其他存在物所具有工具价值”。① 罗尔斯顿对内在价值的把握与哲学家奥尼尔对内在价值的分析相呼应。奥尼尔认为，内在价值一语有三种意义：其一是用作非工具价值的同义词。在这种情况下，内在价值是指对象以自身为目的的价值，其他的善由于内在的善而得以成立……其二是指实体仅仅根据其内在属性而具有的价值……内在价值是指事物根据其非关系属性而拥有的价值。其三是用作客观价值的同义词，指对象具有独立于价值评估者之评价的价值。②

基于上述理解，罗尔斯顿认为，面对荒野，我们不能简单地用资源二字来理解。因为，即便从资源的角度来理解，我们也应看到资源有两种形式：一种是常规资源，我们把它重新加工成人工制品；另一种是超常规资源，我们应该尽量不去扰动它。在悬瀑峡谷中的植物学家与登上大提顿山山顶的登山运动员会认为这些地方很重要，但他们感受到这两个地方的价值恰恰不是消费性的。与一般对资源利用的方式相反，我们参观荒野时遵从荒野的存在，而不是要改造它，使之符合我们的要求。人类通常只认为自己能对之加以改造的资源有价值；其在观念上的荒野转向，就

① ［美］霍尔姆斯·罗尔斯顿：《环境伦理学》，第135页。

② 转引自谢扬举《奈斯深生态学运动的哲学方面》，载《环境哲学前沿》第一辑，第428页。

是开始认识到一些自然物本身所具有的价值，从而不愿去骚扰它们，唯恐降低了它们的价值。[①] 前一种是对工具价值的承认，后一种是对内在价值的肯定。

也就是说，从一般资源利用的角度来评价荒野是把荒野作为工具来考虑的，如有人主张自然仅表现为工具价值，强调自然的功用性。面对荒野，如果我们从内在价值的角度出发，就会从荒野自然自身的角度来评价荒野。也就是说，我们没有把森林视作木材库、药材库与燃料库，而是从其年龄、坚韧性、体积、美观、雄壮的角度，把它作为大自然的杰作来欣赏。罗尔斯顿认为："让花活着"的评价行为就属于后一种类型；人们并没有从工具和消费的角度来利用花。人们并不采摘它们，但人们欣赏它们，这是对花的一种非消费性的使用。在罗尔斯顿看来，我们对荒野自然的需要，是在于我们欣赏它的内在价值，而非它的工具价值；这正如我们需要生活中其他的一些事物，如像我们需要音乐与艺术、哲学与宗教、文学与戏剧一样……我们对朋友的需要不只在于他们能作为我们的工具，而是在于他们自身的价值。以此类推，我们可以说：我们之所以需要荒野自然，正是因为它具有独立于人类的内在价值。

与罗尔斯顿肯定自然的内在价值不同，传统哲学家认为只有人是有目的的，因而只有人具有内在价值，其他生命和自然界没有内在价值。如动物解放论者辛格就认为，毫无意识经验的生命绝对不是道德关怀的对象；这种毫无主体特征的生命形式的减少，不会引起我丝毫的遗憾，没有意识经验的生命不具有任何内在价值。罗尔斯顿不仅肯定自然的内在价值，而且对自然的内在价值进行分层处理。在罗尔斯顿看来，人的内在价值最高，从高等动物到具有系统发育功能的或神经复杂性的动物，其内在价值

① ［美］霍尔姆斯·罗尔斯顿：《哲学走向荒野》，第 203 页。

逐步减少，植物的内在价值更低，微生物的内在价值最低。但尽管如此，如果从系统价值层面上来看，植物的价值将超过人的价值。

罗尔斯顿不仅肯定自然的工具价值、内在价值，而且提出了系统价值的概念。这是由他的生态整体主义的视野所决定的。他认为："价值有内在的、工具性的和系统性的三种，这三种价值相互交织在一起，在重要性上，没有一个最终比其他的更优越，虽然系统性价值是基础性的。内在价值的每一部分保卫它自身和类作为它自身的善，而每一个这样的生物机体在系统中也掺入了工具价值。如果没有内在价值，也就没有工具价值，也就没有包含其他价值的系统创造性。"[①] 在内在价值、工具价值与系统价值中，内在价值是生命有机体存在的缘由所在，也是工具价值、系统价值的基础。没有内在价值，工具价值、系统价值无从谈起。但是内在价值只有植入工具价值中才能存在。每一事物都是以一定的角色在一个整体中体现出它的价值的。在罗尔斯顿看来："［生态］系统包含了内在价值（诸如个体的躯体生命，保卫它们自身中所有的生命、又保卫传递到别的个体的生命）；它也包含了工具价值（诸如一个生物机体依赖于另一个生物机体，父母对子女的福利的贡献，或者生物吃别的生物和被别的生物吃的食物链）。每一种在生态系统中形成网络、相互作用的价值具有系统性的价值。日益增加的复杂性和多样性需要在逻辑上和经验上日益专业化的部分和角色，它们需要这些演化的自我愈来愈采取共同行动、合作和相互依赖。工具价值和内在价值都是客观地存在于生态系统中的。生态系统是一个网状组织，在其中，内在价值之结与工具价值之网是相互交织在一起的。一个生物体捍

① ［美］霍尔姆斯·罗尔斯顿：《基因、创世记和上帝——价值及其在自然史和人类史中的起源》，第48页。

卫并享有其自身的、内在于其个体的价值，但同时又对其他生物体和生态系统整体有着工具性价值。”[1] 在生态系统中，每一生命个体既承载着内在价值、工具价值，同时也为系统的繁盛作出自己的贡献。

在罗尔斯顿看来，就某一物种来说，有工具价值与内在价值之分；就生态系统层面而言，面对的是系统价值。就其对共同体的繁盛而言，工具价值与内在价值难分伯仲。在生态系统层面，没有任何生物体仅仅是一个工具，或仅仅具有内在价值。自然系统这个生命之源将内在价值与工具价值结合到了一起。罗尔斯顿认为，“任何一个有机体都不是单纯的工具，因为它们都有着自己的完整的内在价值，但每一个个体也可以为了另一个生命而牺牲；此时，它的内在价值崩解了，变成了外在价值，而且，它的价值还部分地被（生态系统从工具利用的角度）传递给了其他有机体。”[2] 个体的生，是一种内在价值的体现；个体的死，可以表现为工具价值的实现。

在荒野价值问题上，人们往往囿于“单一价值的思维方式”，将各种价值彼此对立起来。在罗尔斯顿这里，荒野拥有的众多价值不是相互隔绝的。其一，有些价值可以互相汇通。如工具价值与内在价值之间，工具价值、内在价值与系统价值之间的关系便是如此。比如，从狭隘的主观的角度看，我们可以说，大自然之所以有价值，就在于它创造了并维持着人的生命，因而它只有工具价值。但是，从长远的更宏阔的角度看，自然作为一个创造万物的系统，是有内在价值的与系统价值的。“自然系统的创造性是价值之母；大自然的所有创造物，就它们是自然创造性

① ［美］霍尔姆斯·罗尔斯顿：《哲学走向荒野》，第118页。

② ［美］霍尔姆斯·罗尔斯顿：《环境伦理学》，第303页。

的实现而言，都是有价值的。"[1] 其二，各种价值在体验中融合起来，常常成为一个结合体，不能将之分离、对立。

罗尔斯顿竭尽全力为荒野自然的价值进行辩护、从各个不同的角度对荒野价值进行挖掘，一方面体现了他对自然荒野的尊重与平视态度，另一方面也表现出他力图为荒野环境的保护提供客观依据的愿望。正是在对荒野价值进行分析与把握的基础上，罗尔斯顿认为，价值是比权利更为有用的一个词，人们可以从价值推导出义务来。其实，在我们看来，荒野保护的动力不仅在于价值客观性与实在性的挖掘上，荒野保护的动力更在于人类环境保护意识的加强，在于人们对荒野的爱与非功利性态度。罗尔斯顿在尽力进行环境保护的价值论证的同时，无意中忽略了这一点。日本环境伦理学者岩佐茂也反对单单从价值的角度推出环境保护，不过他是立足于现实的维度说的。他认为，环境伦理要保全环境不应该建立在自然的"权利"与"固有的价值"这些虚构的概念上，而必须以对现实的认识为前提。要认识到人是自然的一部分，是自然生态系统的一员，自然环境被破坏的话人将无法生存。同时自然破坏是由处于一定社会关系中的人的活动引起的，要根除环境危机必须从人的方面入手，通过改变人类中心主义的生存法则达于人与自然环境的和谐相处。

第三节 罗尔斯顿对传统自然价值观的反拨

在自然价值的发现上，罗尔斯顿体现出生态整体主义的眼光和对人类中心论的克服。克服人类中心论的偏颇是生态主义思想家的一贯主张，罗尔斯顿自然也不例外。不过，与某些环境思想家在反对人类中心论时易陷入一种主观的激情不同的是，罗尔斯

---

① ［美］霍尔姆斯·罗尔斯顿：《环境伦理学》，第270页。

顿的思想具有奠基于科学认识之上的理论基础——自然价值论。罗尔斯顿为什么要摒弃生态伦理学界最上手的字眼“权利”而借助于“价值”呢？在他看来，权利并不适用于非人类的存在物，从权利出发建立的理论易于抬升个人的价值，而贬低自然的价值。因为非人类存在物的权利来自于人类的赋予，非人类存在物在道德权利方面没有发言权。非人类存在物道德的赋予在一定程度上是一种人类主观任意的活动。而“价值”不同，非人类存在物的“价值”，尤其是“内在价值”是不依人的主观任意为转移的。如药用价值，它内存于非人类存在物自身中，而审美价值依存于非人类存在物完善的生命姿态中。在罗尔斯顿眼里，与权利相比，价值具有更多的客观性。为了激发人们保护自然的热情，罗尔斯顿对荒野所承载的价值进行多方位把握。罗尔斯顿不仅挖掘出荒野承载的多种价值，而且反对仅从工具角度片面地把握荒野。为了保护荒野的内在价值，使人们对荒野保持一份敬畏之心，罗尔斯顿对传统的自然价值观进行反拨，既反对了自然价值主观任意论，又反对了自然价值工具至上论。罗尔斯顿对人类中心论的批驳也正是通过对自然价值主观任意说和自然价值工具至上论的反对来完成的。

一　反对自然价值主观任意说

在自然价值论问题上，传统哲学家大都持主观说，他们往往带着有主观偏见的眼光观察自然，在自然中寻找那他们心中预先决定要寻找的东西。他们希望寻找的一切符合他心中的价值理念。也就是说，他们从自身的主观愿望出发，对自然进行价值评估。如此一来，价值存在于观察者的眼里，并由评价者根据自己的意愿进行分配。

价值哲学家 R. B. 佩里认为，价值是“欲望的函数”，自然事物没有任何价值，除非它能用来满足人的需要。“死寂的沙漠是无价值可言的，除非有一位漫游于沙漠的人觉得它荒凉或是令人生畏；瀑布是无价值可言的，除非有人以其敏感感受到它的雄伟，或者它被驯服，被用来满足人类的需要；自然的物质……是没有价值的，除非人类发现它们对人类有某种用途。而一旦其用途被发现，这些物质的价值就可以增长到任何高度，这全看人们对它们的渴望有多迫切。”“任何客体，一经人们对它发生某种兴趣，就具有了价值。”[①] 哲学家詹姆斯亦认为：宇宙中的所有事物都没有意义色彩，没有价值特征。我们周围的世界似乎具有的那些价值、兴趣或意义，只不过是观察者的心灵送给世界的一个礼物。寂静的沙漠没有价值，直到某些跋涉者发现了它的孤寂和可怕；大瀑布，直到某些爱好者发现了它的伟大，或者它被利用来满足人的需要时，才具有价值。自然界的事物直到人们发现了它们的用途时才有价值；而且，它们的价值，根据人对它们需要的程度，可以提高到相应的高度。任何客体，无论它是什么，只有当它满足了人们的某种兴趣时，才获得了价值。“设想你突然被剥夺了这个用以激发你情感的世界，试想象这个世界是完全客观地自己存在着，没有了你的喜好与厌恶，没有了你的希望与忧愁。你恐怕无法想象这种消极的、死寂的情形；如果是这样的情形的话，那么宇宙间没有任何一部分会比另一部分更为重要，世上一切事物及各种系列的事件全都没有什么意义、特性、表现与前景。这样看来，在我们各自的世界中的一切价值、有趣或有意义的东西，都纯粹是观察者心智的产物。”[②] 巴斯摩尔的《人对自然的责任》一书虽然反对人对自然的奴役、反对人将自然视之为可以自由揉捏的橡皮泥，但他仍然认为自然价值的根源在于人，自然的价值只体现在照料它、热爱它、发现它美的人

① 转引自［美］霍尔姆斯·罗尔斯顿《哲学走向荒野》，第153页。
② 同上书，第152页。

那里。

在罗尔斯顿看来，这种价值观把自然的价值理解成由人的兴趣和欲望来随意模塑的泥团，从而在自然价值的研究上陷入了主观主义的泥潭。立足于生态科学的求实态度以及生态哲学的反思精神，罗尔斯顿反对自然价值主观说，主张一种非派生意义上的伦理学，也就是说这种伦理学不将一切的善都视为对人类而言的善，自然有其自身的价值。罗尔斯顿认为，生态系统的机能整体中存在着固有的道德要求，生态系统是人类一切价值的依据与支柱。自然是价值之源，人类价值也源于自然。在罗尔斯顿看来，价值的荒野转向，就是开始认识到一些自然物本身所具有的价值。如"约塞米蒂国家公园的游客不是把那里的红杉作为木材，而是将其作为自然发展的杰作来评价，欣赏的是它的久远的年代、强壮的枝干、巨大的树体、美丽的外形、惊人的恢复力和令人叹为观止的雄伟。这样的欣赏构成了红杉的价值，因而这价值不是独立于人类的评价而存在的。所以价值需要某种主观性使之凝聚，但这样的凝聚而成的价值被视为客观存在于这树里，而非以人类利益为中心"。[①] 人们之所以需要荒野自然，是因为它是具有独立于人类价值的一个领域。人们欣赏荒野，是因为它有内在价值。对荒野自然这一领域的评价是人与自然相互作用的结果。个人只能在与环境的交往中、在与无数自然价值事件的互动中来进行评价。虽然"我们对自然所作的所有陈述中都加入了一些个人经验的色彩。但如果因此就说我们看到的自然承载着的价值中除了我们自我的投射就别无他物的话，那就成了价值评判上的唯我论了"。[②] 当人们把人的兴趣理解为所有价值的基础时，

① 转引自刘耳《自然的价值与价值的本质》，《自然辩证法研究》1999 年第 15 期。

② ［美］霍尔姆斯·罗尔斯顿：《哲学走向荒野》，第 122 页。

人们也就把价值曲解成了绝对主观的了。传统价值观往往强调价值需要看到价值之人（beholder），而没有看到价值需要有承载价值之物（holder）。根据生态学的发展成果，价值主观论已经很难站住脚了。在罗尔斯顿看来，有机体能够生长、繁殖、修复创伤并抵抗死亡。有机体所寻求的那种完全表现其遗传结构的物理状态，就是一种价值状态。价值就存在于有机体所取得的这种成就中。并且“在大自然的客观的格式塔结构中，某些价值是客观地存在于没有感觉的有机体和那些遵循某种行为模式的有评价能力的存在物身上的，它们先于那些伴随感觉而产生的更丰富的价值而存在。生物学已经告诉我们，主观生命是客观生命的延续，客观生命是主观生命的必不可少的支撑者”[①]。没有感觉的有机体是价值的拥有者，而人不仅是价值的拥有者而且还是价值的观赏者。

前面已经指出，在罗尔斯顿看来，自然孕育的价值十分丰富。自然不是藏污纳垢之处，自然孕育着丰富的生命与美丽的景色，自然荒野以其特有的多样价值为人类的生存提供各种保护。在罗尔斯顿眼里，价值不完全是主观的，价值有一部分是客观地存在于大自然中的。如“化石的价值不是由人主观赋予的，而是历史地形成的”。[②] 在走向荒野的过程中，罗尔斯顿对苔藓有一种特殊的兴趣。苔藓这种小小的生物生长繁茂，从不在乎人们是否关心它们，也不在意是否能给人类带来什么好处，只是一味地繁茂地生长着，足迹遍布世界各地。正是从这些小小的生命以及森林、河流、山峰、野草、野生动物中，罗尔斯顿推演出了自然的价值。在罗尔斯顿看来，这些自在自为的生命不是没有价值的，而是产生了价值。人们心中的价值，只不过是存在于自然中

① ［美］霍尔姆斯·罗尔斯顿：《环境伦理学》，第151页。
② 同上书，第19页。

的这些价值的反映。的确，通常的价值都有评价者，然而这并不等于说是评价者生成了价值。评价者不是价值产生的原因，评价者只是特定价值的表达者、翻译者或言说者。自然的价值是被评价者发现的，但这并不等于是说价值是被评价者创造的。罗尔斯顿认为："我们对自然进行评价，最初很像是一个给土地估价的人，只想知道它对我们有多大用处，但结果却发现我们也是我们所评价的自然不可分割的一部分。是大地的泥土养育了能欣赏大地风景的人类。并非只是我们将价值赋予自然，自然也给了我们价值。"[①] 在罗尔斯顿看来，生态系统是"价值的生产者（producer），但它不是价值的所有者（owner），它也不是价值的观赏者（beholder）；只有在它生产、保存和完善了价值的拥有者（有机体）的意义上，它才是价值的拥有者（holder）"。[②]

为此，罗尔斯顿主张自然价值的评说应走向荒野。原因在于：其一，在大自然中，并非只有人才是评价者。所有的生物都从自身的角度评价、选择并利用其周围环境，它们都把自己理解为一种"好"的存在物。"野生动物之所以要捍卫它的生命，是因为它们有它们自己的利益。在它们的毛发或羽毛下，有着一种生命的主体，当我们凝视一个动物时，它也以关注的神情回视我们。动物是有价值能力的，即能够对其周围的事物加以评价。"[③] 在价值关系上，长期以来的观点是主张人是价值主体，忽略了人类作为价值客体的研究。其实，人类可能是价值主体，其他生命也可能是价值主体。人类有权进行价值评判，其他生命也可以。正如余谋昌先生所认为的那样：物种"在地球上继续存在和发

① ［美］霍尔姆斯·罗尔斯顿：《哲学走向荒野》，第 175 页。

② ［美］霍尔姆斯·罗尔斯顿：《环境伦理学》，第 254—255 页。

③ 转引自刘耳《自然的价值与价值的本质》，《自然辩证法研究》1999 年第 15 期。

展，这种生存表示它的成功。为了生存，它必须具有认识客观事物和解决实际问题的能力，必须有智慧。所有生物物种，对什么有利于它的生存，什么不利于它的生存，以及怎样维护自身的生存，它要对环境有所认识，进行评价。也就是说，生物‘知道’怎样追求自己的生存”。[①]

罗尔斯顿把评价权从人类扩展到所有生物，这一点再次体现了其生态整体主义的视角。人类并不是上帝，也不是万物唯一的评价者。每一物种都有按其生存尺度进行评价的权利。物种与物种间或在追求善的过程中即“评价”、“选择”的过程中冲突以至毁灭，或在评价中磨合，共同孕育出一片生机盎然的世界。

其二，评价虽然伴随着情感的投入，但评价过程是“翻译”而不是创造。“人性深深地扎根于自然，受惠于自然，也受制于自然；而人类对自然的评价，就像我们对自然的感知一样，是从与环境交流的过程中抽取出来的，而不仅仅是我们加给自然的。”[②] 如自然的审美价值，特别是荒野自然的审美价值，人更多的是它的解读者而不是创造者。天地有大美而不言，并且这种存在于天地的素朴，天下又莫能与之争美，但人可以通过语言将这种美照亮。只有那些闭门不出的人才会武断地否认荒野自然的审美价值。中国著名的散步美学家宗白华先生认为：“什么叫做美？……‘自然’是美的，这是事实。诸君若不相信，只要走出诸君的书室，仰看那檐头金黄色的秋叶在光波中颤动，或是来到池边柳树下看那白云青天在水波中荡漾，包管你有一种说不出的快感。这种感觉就叫做‘美’。”[③]

罗尔斯顿对“翻译式”评价的定位透露出对对象的尊重和

① 余谋昌：《自然内在价值的哲学论证》，载《伦理学研究》2004 年第 4 期。
② ［美］霍尔姆斯·罗尔斯顿：《哲学走向荒野》，第 93 页。
③ 宗白华：《美学与意境》，人民出版社 1987 年版，第 56 页。

对价值主观说的反驳。这种评价是如其所是的评价，人作为评价者不是外在于被评价者，而是力图走进被评价对象，聆听被评价者的言说，在聆听与言说中展示对象的存在。而主观论式的评价与此不同，它是外在于被评价者的不甚严肃的、轻松式的点评。

其三，评价的形式虽然是主观的，但评价的内容却是客观的。“景无情不发，情无景不生”、“黄山风物尽奇姿，不到山中总不知。”黄山风物是客观存在的，对于不去体验的人来说，它的价值是不为知晓的。但我们不能因为没有去体悟就武断地否定黄山风物存在的价值。在罗尔斯顿看来，价值不仅存在于我们心灵中，而且存在于大自然中。价值是自然进化的产物。在广阔的整体性的生态系统中，“即使我们仍以人的评价现象为中心，也越来越难把评价看作孤立的，甚至也难将其看作是在与自然的对立中进行的。价值并不存在于一种自然的虚空中，而是由自然孕育出来的”①。正如黄山的奇石、怪松、云海是自然造化而成的一样。作为评价者的人所反映的，是世界上实际存在着的东西。“在一片僻远的树林里观赏了一枝延龄草后，我会从它旁边绕过去，让它继续自己的生存。这是因为我认为延龄草的自我保护是正当的，并判定它有内在的客观价值。这价值是我评定的，但用的标准是它自为的存在。”② 也就是说，自然的价值是评价对象与标准的一致，而标准来自于评价对象与评价者的一种约定。我们不仅根据人类来理解自然价值，而且还要根据自然本身来理解自然的价值。另外，为了强调自然价值评价中的客观因素，罗尔斯顿甚至认为：“我们必须意识到这一事实，即评价的主体本身也是从这些环境中进化出来的。传达价值的各种器官和感觉——身体、感官、双手、大脑、意志、情感——都是大自然的产物。

① ［美］霍尔姆斯·罗尔斯顿：《哲学走向荒野》，第171页。
② 同上书，第190页。

大自然不但创造（制造出）了作为体验对象的世界，而且创造出了体验这个世界的主体。”[①]

罗尔斯顿对自然价值的把握在一定程度上与杜夫海纳对价值的理解相吻合。杜夫海纳认为，虽然对价值的要求植根于生命之中，但是价值植根于某些对象之中。“价值就是对象之所以成为有价值的对象的东西。它不是任何外在于对象的东西，而是对象符合自己的概念、完成自己的使命时的对象本身。”虽然价值涉及评价问题，但价值并不是主观的。价值评价是有标准的，但标准并不是臆想的产物，标准恰恰可以被看作对象的存在的一种表示。真正的评价不是一种主观的决定，真正的评价是对物本身的内在价值进行评价，“这种内在价值既不可能加以衡量，也不从属于外部标准，因为对象对于评判者来说，它自身就是自己的标准，并且要求按自身去加以判断，要求自己判断自己：它是自在的标志”。[②] 另一方面，罗尔斯顿对自然荒野价值的挖掘，最终体现出的是人的精神的博大与宽广。他通过承认异己者存在的价值来拓展观者的视野与心胸。他认为：“把荒野视为有价值，这并不会使我们非人化，也不会让我们返回到兽性的水平。相反，这会进一步提升我们的精神世界。我们成了更高贵的精神存在，将荒野作为人类的一个对立面容纳进来，而且这是在保持荒野自身完整性的前提下，而非以人本主义的方式将它容纳进来。”[③]

罗尔斯顿对自然价值主观说的反驳及其对自然的价值的维护在国内也引发了学者们的争论。主观论者认为，根本不存在与属人的价值截然对立的并外在于人的自然的价值。如傅华的《论

---

① ［美］霍尔姆斯·罗尔斯顿：《环境伦理学》，第 277—278 页。

② ［法］米盖尔·杜夫海纳：《美学与哲学》，中国社会科学出版社 1985 年版，第 23—24 页。

③ ［美］霍尔姆斯·罗尔斯顿：《哲学走向荒野》，第 251 页。

自然的价值及其主体》、李德顺的《从“人类中心”到“环境价值”》等文章就持此论。在对自然的价值进行质疑的文章中，韩东屏先生的《人·元价值·价值》等文章可谓立场鲜明。他认为，如果非要采用“自然的价值”这一观念，那么，所谓的“自然的价值”应该也只能被理解为，人与自然关系的衍生品，即自然的价值只能是人的价值的附属物。生态危机的困境不能通过确立一种“自然的价值”的观念去加以解决。

客观论者认为，罗尔斯顿的自然价值论抛弃了人类中心主义的传统价值观，从一个新的角度，即从肯定自然的价值和人类对自然的责任的角度来拓宽伦理学，在突破传统价值观的同时为现代环保主义奠定了伦理学基础。余谋昌先生认为，“自然价值”是21世纪人类实践的关键词：环境保护需要确立自然价值观、资源保护需要确立自然价值观、可持续发展需要确立自然价值观、世界和平与发展需要公平分配自然价值。余谋昌先生通过《生态价值论》、《自然价值的进化》、《“自然价值”是可持续发展的关键词》等文章对罗尔斯顿的自然价值观进行肯定与维护，另有部分学者直接接过罗尔斯顿的自然价值概念，然后进行自然价值的挖掘工作。如将自然价值分为物质价值、科学价值、审美价值和生态价值。叶平、杨通进等学者也对罗尔斯顿的自然价值论持肯定态度。

无论是前者还是后者，他们大都立足于主客二分的思维方式来讨论罗尔斯顿的自然价值观。第一种观点往往从人的主观需要出发来谈论自然的价值问题，把自然价值的存在归结为人的一种主观赋予。如傅华就认为：“离开人类主体的需要去讨论自然价值是对‘自然价值’的曲解和误用。”第二种观点往往从对象出发来谈论自然的价值问题，把自然的价值归结为自然具有的某种属性。自然的价值到底是主观的还是客观的？非此即彼的思维方式无形中阻碍我们走近罗尔斯顿。其实，罗尔斯顿的自然价值说，既不属于简单的主观论，也不属于简单的客观论。通过对自然荒野的尊重与聆听，罗尔斯顿认为，物种虽然没有人类一样的道德行为能力，没有人类一样的基于理性的智力活动，但物种也在捍卫一种生命形式，也在捍卫一种价值。可以说，对对象的"尊重"、"聆听"对象的言说是罗尔斯顿自然价值说的一大特色，也是我们理解罗尔斯顿自然价值说的前提。

二 反对自然价值工具至上论

自然有没有内在价值？在传统哲学家看来，自然是没有价值的，自然之所以引起人们的兴趣是因为它可以作为资源来满足人们的欲望，如"钻石和珍珠没有任何自然的价值，或者说只有一点作为装饰品的价值，然而在社会中它们却被高度地评价为财富和高贵的标志；它们的价值实际上仅仅在于没有多少人能拥有它"[①]。而水的价值在于可以解渴、可以发电、可以灌溉农田等。一句话，自然的价值存在于人们对它的改造与利用中。因此，传统主体论哲学认为，自然只具有工具价值，而人才拥有内在价值。价值哲学家 C.I. 刘易斯认为，自然有外在的价值。但"没有任何客观的存在能具有严格意义上的内在价值，一个客体的一切价值都是外在的"。[②] 传统主体论哲学认为，拥有内在价值的人高于工具价值的承载者自然。如康德就认为："大自然中的无理性者，它们不依靠人的意志而独立存在，所以它们至多具有作为工具或手段的价值，因此，我们称之为'物'。反之，有理性者，被称为'人'。"[③] 美国的环境主义者又分为环境保护主义者

① ［德］弗里德里希·包尔生：《伦理学体系》，中国社会科学出版社 1988 年版，第 269 页。

② 转引自［美］霍尔姆斯·罗尔斯顿《哲学走向荒野》，第 195 页。

③ 周辅成：《西方伦理学名著选辑》下，商务印书馆 1987 年版，第 371 页。

与环境保持主义者。环境保持主义者推崇的是自然的工具价值，而环境保护主义者推崇的是环境的内在价值。如美国林业局的管理人员吉佛德·平肖就认为：我们林业政策的目的不是为了它们美丽而保护……也不是因为它们是野生动物的庇护所……而是为了繁荣的家园。自然环境就像服务于人类的工具一样具有价值。“林学即是森林的学问，尤其是管理森林的艺术，它能根据需要提供服务而不至于使之变得贫瘠或被毁掉……林学就是森林可供给人类的生产的艺术。”[①] 为此，利奥波德发出哀叹：大自然一直被认为只对人类具有工具价值，而人类却被视为内在价值的唯一拥有者。

罗尔斯顿通过内在价值旗帜鲜明地反对自然价值工具至上论，他认为，自然不仅有工具性价值，自然还有内在价值。在罗尔斯顿看来，人类对荒野自然的需要，不仅因为它是一种有用的资源，而且还因为它具有内在价值。“荒野并不仅仅是作为一种资源，对我们的体验有工具性价值；……荒野乃是人类经验最重要的‘源’，而人类体验是被我们视作具有内在价值的。认识到这一点后，我们就不愿止于认为荒野有工具价值了——作为产生生命的源，荒野本身就有其内在的价值。”[②] 比如鲜花就具有内在价值。虽说人们的观赏建构了花的价值，但鲜花的价值也内在于它的生命结构中，而不是工具性的附丽在人们对它们（作为资源）的使用（如作为花束）上的。何谓内在价值？内在价值不是理性、意志的代名词。罗尔斯顿认为，自然的内在价值是指某些自然情景中所固有的价值，不需要以人类作为参照的价值。潜鸟不管有没有人在听它，都应继续啼叫下去。潜鸟虽然不是

① Gifford Pinchot, *The Training of a Forester* (Philadelphia: J. B. Lippincott, 1914), p. 13.

② [美] 霍尔姆斯·罗尔斯顿：《哲学走向荒野》，第 213 页。

人，但它自己也是自然的一个主体。作为潜鸟，它有着一种特别的感受；它的痛苦与快乐都由它的啼叫表达出来。简言之，自然的内在价值就是自然自己赋予自己存在的价值或自己派给自己存在的价值，自然首先不是为他者而生存的，而是为“我”生存，这种为自己的目的就是自然的内在价值。也就是说，自然具有内在生存的一面，而不仅仅是一种僵化的物质实体。

自然价值工具至上论由于否认自然的内在价值，相应地就把自然视为一种资源，自然就容易成为人欲望的对象、征服的对象与索取的对象。罗尔斯顿反对自然价值工具至上论，主张自然拥有内在价值，相应地就反对把自然仅仅视为一种资源。罗尔斯顿认为，人类保护自然荒野的目的并不仅仅是把它作为一种潜在的资源，而是因为荒野具有内在价值，荒野“是具有独立于人类价值的一个领域。荒野自然有着一种完整性，如果我们不能认识到和享受这种完整性，那我们就少了一些东西”。[1] 罗尔斯顿反对以资源的态度对待自然，主张尊重自然的内在价值，从而为自然留下一点神性的东西，就像保留一点生命的神秘一样：“生命是我们这个星球上最伟大的秘密/大地正是这秘密的居所/因为有这个居所/生命才有安全/因为这个秘密/世界才充满意义。”“在父母与神的面前，人们感到的是自己的生命之源，而不是资源；人们寻求的关系，是与超越自身的存在在一起，处于根的生命之流中的体验。我们在自然中的地位，使得我们有必要建立一些资源的关系，但在某些时候，我们是想了解我们如何属于这个世界，而非这个世界如何属于我们：是想根据自然来确定自己是什么，而非仅是根据自己来确定自然是什么。”[2] 针对人类中心论者把自然视为资源，仅仅注重自然的经济价值的偏见，罗尔斯顿

① ［美］霍尔姆斯·罗尔斯顿：《哲学走向荒野》，第 64 页。

② 同上书，第 207 页。

提出自然资源的两种形式说。在他看来，自然资源有两种形式：一种是常规资源，另一种是超常规资源。前者往往生成工具性价值，后者常常具有内在价值。

罗尔斯顿对工具价值的反驳、对内在价值的肯定，也引起了国内学界的研究兴趣。以余谋昌先生为代表的肯定论者通过《自然内在价值的哲学论证》等文章对罗尔斯顿的内在价值论思想进行阐发与保护，并且他通过目的性、主体性、主动性、价值能力、生态智慧五个方面对内在价值进行了远比罗尔斯顿本人更为详细与具体的阐述。以韩东屏先生为代表的怀疑论者通过《质疑非人类中心主义环境伦理学的内在价值论》等文章对内在价值说进行质疑。怀疑论者认为，非人类中心主义环境伦理学认为自然具有内在价值，并试图通过价值客观主义和泛主体论来提供理论证明，可是他们的证明并不成功，因为价值并不是自然物的客观属性，非人类存在物也统统不是什么“价值主体”。承认自然物具有内在价值，也不会对保护生态环境以什么“刚性”的特别帮助。另有学者在《价值的泛化与自然价值的提升》一文中指出，罗尔斯顿的自然的内在价值理论并没有实现自然价值的真正提升，只不过是价值的泛化而已。

对自然的内在价值持肯定态度的学者往往立足于进化论，注重自然与人之间的联系，认为人不过是自然进化的高级阶段而已。在他们眼中，既然人具有内在价值，那么与人紧密相连的自然也应具有内在价值。对自然的内在价值持怀疑态度的学者往往注重人与自然的区别。认为目的性和价值能力只是主体的部分特征而不是全部特征。真正的主体，除了有自然的目的和价值能力，还需有能将自己与他物相区别的自然意识，和不仅仅是被动顺应环境的能动性与创造性，而这些都是其他生物或非人生命系统所没有的。作为主体，还应该具有主体间性或交互性……既然所有非人自控系统都不是主体，那么他们自然也不会有什么

"内在价值"……肯定论者看到了人与自然的深切关联，却忽略了人与自然的根本区别。怀疑论者看到了人与自然的差异，却无视人与自然的同一性。人降生于荒野，是自然进化的结果，但人具有超越自然世界、创造文明世界的能力与智慧。人能够征服自然、改造自然，人是万物的灵长，但人所拥有的理性能力与审美情感却深深得益于丰富多彩的周边世界。没有自然，就没有人；没有人，自然的存在无法得以彰显。人与自然共同构成了一个完整的世界。我们既不能从人与自然的联系出发，对罗尔斯顿的内在价值论进行简单地肯定，也不能从人与自然的差异出发，对罗尔斯顿的内在价值进行简单地否定。因为，在罗尔斯顿这里，各种价值构成的是一个价值整体，各种价值之间也不是相互隔绝的。

罗尔斯顿虽然反对自然价值工具论，主张自然具有内在价值，但他并不必然反对自然价值具有工具性的一面。工具价值与内在价值在罗尔斯顿那里不是一对互不相容的概念，而是一对互补的概念。罗尔斯顿认为："一个生物体捍卫并享有其自身的、内在于其个体的价值，但同时又对其他生物体和生态系统整体有着工具性价值。不管工具性价值还是内在价值，都是有投射力的自然的历史的成就。"[①] 试以消遣价值为例来说明这一问题。从人类中心出发，自然的消遣价值很容易被理解为工具性的，自然的消遣价值主要体现于运动和大众娱乐中，自然的消遣价值在于它提供了让人类表演自身技能的场所。如天然的滑雪场，高耸的珠穆朗玛峰等为人们提供了展示滑雪技能与攀登技能的场所；从生态整体出发，自然的消遣价值呈现出另一层面的内涵，自然的消遣价值体现为对客观的自然物性的一种敏感，体现在对自然表演的观看与沉思中。如"落霞与孤鹜齐飞，秋水共长天一色"

① ［美］霍尔姆斯·罗尔斯顿：《哲学走向荒野》，第118页。

的美景的观赏与“明月松间照，清泉石上流”的空灵之景的欣赏就属于此类。这种消遣价值带来的是美的享受，它是与审美价值相连的。其实，世间万物都有作为工具生存的一面，工具性生存，即在生存的意义上作为手段而存在。这一点，很早就有人提及，在经济学者亚当·斯密这里更是如此。亚当·斯密认为，在世界各地，所有工具都被极其巧妙地调整到适应其所要达到的目的，所有动植物都有着精妙的安排以维持个体的生存和种的繁衍。不过亚当·斯密只是承认了万物具有的工具性价值，而没有给予万物内在价值。

其实，工具价值与内在价值统一于万物之中。工具价值显现的是作为手段存在的一面，内在价值显现的是作为目的存在的一面。万物之中，手段与目的是辩证统一的，内在价值与工具价值也是辩证统一的。在生态系统中，每一种生物都占据着一定的生态位，它们的生存既为其他生物所需要，也需要其他生物的存在为前提。就整个生态系统而言，生物之间是相互利用、相互依存和相互制约的关系，任何生物物种的存在都是手段与目的的统一、工具价值与内在价值的统一。

罗尔斯顿对自然价值主观论的反驳与对自然内在价值的认同，表明了他的生态整体主义立场。因为，无论是自然价值主观任意说，还是彻底的自然价值工具至上论，都表明了人类在自然问题上的主人姿态。人类中心论者以主人的态度对待自然，把自己视为宇宙的主人，这一姿态导致了今天人类生存处境的艰难。一方面，人与自然处于对立状态，自然不是人的伙伴而是人的对手，人类陷入一种生存的孤境。另一方面，当人类中心论者在把自然视为资源、征服与掠夺的对象时，也就意味着把自己的一部分对象化为征服与掠夺的资源。

自然是人的一面镜子，通过这面镜子，人反观自身，见证人的存在。以功利的态度对待自然，掠夺与强迫自然，自然便以物的形式展现人工具性生存的一面。以审美的态度面对自然，自然便以物的形式展现人诗意性生存的一面。人的自由可以通过对待自然的态度显现出来，自然的解放也可以通过自由的人来完成。

第四节 罗尔斯顿发现荒野价值的方式

罗尔斯顿之所以反对荒野价值主观任意论，反对简单的荒野价值工具至上说，是因为在他看来，荒野是价值产生的力量，也是价值产生的源泉。荒野是生命之源、价值之源。得出这样的结论，不是书斋中的一种臆测，而是在大量的观察与体验、描述与沉思中自然产生的。有人把价值视为主观需要的满足，有人把价值视为满足主观需要的对象。面对荒野，前者陷入自然价值主观论，后者陷入自然价值客观说。罗尔斯顿与利奥波德等生态伦理学家一样，他们发现荒野价值的前提是对大地的尊重。当然与原初居民、印第安原始居民对土地的尊重不同，罗尔斯顿是在意识到人与荒野的区别之后的一种清醒的尊重，而印第安人对荒野的尊重带有一种迷狂色彩。清醒式的尊重荒野带来了荒野价值发现方式上的独特性。罗尔斯顿认为发现荒野价值的方式是观察与体验，描述与沉思。描述与观察是向外展开，体验与沉思是向内心收敛。价值的发现需要我们通过内心与外界的交流，只有这样，我们才能真正体悟到荒野自然的价值所在。

一 价值与体验

罗尔斯顿在发现荒野价值的方式上，一定程度上表现出价值体验论的色彩。他认为："值得注意的是，要谈论任何自然价值，我们都必须对它们有一种切身的感受，即在我们的个人经历中充分地‘拥有’了这些价值，从而能对它们作出判断。”[①]“如果我们谈论自然价值，那我们就必须主动地‘介入’到这些价值中；也就是说，必须要以个人体验的方式分享这些价值，这样才能对它们作出恰当的判断。”[②] 如果自然事物拥有价值，那么，我们也必须经由某些体验才能了解它们。“如果没有对自然界的感受，我们人类就不可能知道自然界的价值……价值都是经过人的体验筛选过的，是由我们的体验来传递的……价值必须是经历过的，体验过的。”[③] 荒野中的价值是被体验者发现的，“因为我们是带着一种高度赞赏这些事物的态度来进行研究的。我们在自然中发现的价值，是我们心中的价值的一种反映”。[④] 也就是说，在罗尔斯顿那里，“对事物的价值属性的认知不是用认知者的内心去平静地再现已经存在的事物，而是要求认知者全身心地投入其中，伴随着内在的兴奋体验和情感表达。换言之，我们只有通过体验的通道才能了解事物的价值属性。人们所知道的价值是经过整理过的，是由体验来传递的”。[⑤] 的确，价值不是一种主观的臆测，也不是一种客观的实在。价值是与人密切相关的一个概念，这种相关性是如此密切以至非深入人的内心体验不可。价值的存在离不开人具体而生动的参与与体验。通过对自然的参与，对它有了切身的感受，才可能知道它拥有的价值。通过体验，对象的存在向人走进；通过体验，人的存在向对象走进。体验为评价人与评价对象的互动提供了可能。价值在体验中显示出它的存在。在罗尔斯顿看来，价值需要我们以生命去经验，没有体验，价值的存在将陷入虚无。

---

① ［美］霍尔姆斯·罗尔斯顿：《哲学走向荒野》，第 121 页。

② ［美］霍尔姆斯·罗尔斯顿：《环境伦理学》，第 35 页。

③ 同上书，第 38 页。

④ 同上书，第 314 页。

⑤ 同上书，译者前言，第 9 页。

罗尔斯顿肯于通过体验来感知对象的价值，在一定程度上体现了对他者的尊重。亚当·斯密认为："如果一个人冷酷无情，一心只想着自己，对别人的幸福或不幸全都无动于衷、漠不关心，这样的人看来是多么令人厌恶啊！"[①] 其实，在宇宙间，如果人类冷酷无情，一心只想着人类自身，对其他存在者的幸福或不幸全都无动于衷、漠不关心，这样的人类看来同样是多么令人厌恶啊！荒野价值的发现上也是如此。在荒野价值的发现上如果能以平等而同情的姿态面对他者，就会拉近人类与荒野的距离，才可能真实在体会到荒野的价值所在。

良好的鉴赏力与细腻的体验力使罗尔斯顿无法忽视体验的重要性，这使他在一定程度上与一般的价值客观论者区别开来，从而在价值与人之间建立了情感联系。罗尔斯顿认为，价值的评价过程就是去标识出事物的这种属性的一种认知形式，它是通过体验的通道了解事物的价值属性，如当人们沉浸在大自然的壮观场景时，大自然的价值就自然而然地呈现出来了。也就是"景无情不发"。当人们置身于珠穆朗玛峰时，珠穆朗玛峰之于观者的价值就会显现出来。当人们置身于九寨沟大大小小的"海子"时，九寨沟之于观者的价值就会显现出来。在这里，体验、沉浸与价值显现几乎是同时出现的。当然，罗尔斯顿的价值论并非一味地强调体验，他的价值论思想具有一种中间路线的特色。他一方面强调体验之于价值的重要性，另一方面他又指出，价值不完全是体验。前者使他与价值客观论者相区别，后者使他与价值主观论者相区别。他认为，一方面，"所有相关的价值都存在于人的体验中，不管荒野的性能对这种价值作出了多大的贡献。另一方面，对生命的支撑和基因信息的传递仍一如既往地在荒野中进

① 亚当·斯密：《道德情操论》，王秀莉等译，上海三联书店2008年版，第20页。

行着，而不管人是否出现或是否意识到它们”。[1] 在价值的把握上，罗尔斯顿不仅强调人的体验，而且也强调体验之物的重要性。如“峡谷确实不能体验它自身的审美性能。但要说当人们置身荒野时，他们所高度评价的只是他们的体验，那就谬不可言了。一名恋爱者经历了某种有价值的体验，他所高度评价的并不仅仅是这些体验，他还高度评价他的爱人的存在”。[2] 罗尔斯顿认为，与一般的经验判断相比，人们在作价值判断时更需要“投入”、更需要体验。但是，如果认为自然事物所承载的价值完全是我们的主观投射，那就陷入了一种价值上的唯我论。例如，由具有欣赏能力的心灵所发现的大峡谷的审美价值是真实地存在于大自然中，尽管人们在欣赏的过程中会添进个人的主观情感。即“情无景不生”。但是，另一方面，峡谷本身是没有审美能力的，它需要审美能力发达的人的参与。在罗尔斯顿看来，当人们强调对企鹅的体验时，不是要把企鹅的价值完全归结为人们的体验，而是把价值与人的体验相连，通过人们的主观体验延伸到企鹅的客观生命中，以此来沟通主客，消除价值二元论。

通过对体验的强调，罗尔斯顿回避了自然价值中的绝对客观主义，通过对体验之物的强调，罗尔斯顿回避了自然价值中的绝对主观主义。

二　价值与描述

面对荒野，在发现荒野的价值问题上，罗尔斯顿不仅强调体验的重要性，而且也强调描述的重要性。描述是对体验的记录，具有叙述与现象学还原的性质。卡西尔认为，自我、个人的心灵不能创造实在。包围着人的实在并不是他创造出来的，他只能将

---

① ［美］霍尔姆斯·罗尔斯顿：《环境伦理学》，第 37 页。

② 同上书，第 42 页。

它作为一个终极事实来加以接受。但是却必须由人来解释实在，使之连贯、可以理解、易于领悟，而这一任务是以不同方式在各种人类活动中，在宗教和艺术、科学和哲学中来加以实施的。而在所有这些人类的符号活动中，人被证明不仅仅是外在世界的被动的接受者；他是积极的富于创造性的。但他所创造的并不是一个实体性的东西，而是一种关于经验世界的陈述，是一种关于经验世界的客观描述。在环境美学家阿诺德·伯林特看来，环境批评中，描述是一种重要的批评模式，一个具有创造性的描述可以帮我们注意环境的一些特征和过程。[①] 在我们看来，与易于坠于主观臆断的评价相比，描述具有一种价值表达上的优越性。描述内在地包含着对对象的尊重，它是对评价者在评价中陷入主观幻象的一种阻隔。描述具有导引性，有助于人们走进对象，使观者进入其中。描述有助于人们去发现价值，而不是把自己的价值附加于对象。描述是引导价值评价者进入“价值场”的一种方法。通过描述，价值存在的依据生动地展开，价值具体的生成过程显现出来。在价值表述上，描述可以显现出对象的具体变化及其实在状态，使价值本身呈现出来。描述不光揭示了价值体验的实质，而且将之成功地传达给读者。在环境中，价值只可描述，不可规定。描述的功能首先使评价者正视对方的存在，然后使之蹲下与对象进行交流。一个好的描述，不仅是对对象本身的一个记录，也是描述者价值体系的一种记录，因为描述者的描述蕴含着阐释与评价的意向。描述使价值存在于“场”中，这个“场”既包容对方，也包容观者。正因为如此，阿诺德·伯林特在《环境美学》一书中通过个案展示了审美价值的发现过程与描述的关系，他甚至想在环境美学与“描述美学”之间建立关系。

① 转引自张敏《阿诺德·伯林特的环境美学建构》，载《文艺研究》2004 年第 4 期。

著名的环境美学家约·瑟帕玛更是用较长的篇幅对“描述”进行阐释。在中国，有一位实践着阿诺德·伯林特的描述美学的人，那就是明代的徐霞客。作为一位著名的旅行家、探险家、地理学家，当徐霞客面对悬崖、瀑布、溶洞、奇石、异峰时，他没有作毫无边际的幻想，而是在描述中达于科学与艺术的兼胜。人们读他的《徐霞客游记》字字生色，段段称奇，水光山影，宛然在目。

对描述的强调使罗尔斯顿的价值论思想具有了现象学的眼光。因为现象学在方法论上的贡献在于它的口号所说的“走向事情本身”。现象学不是从某种抽象的原则出发，也不是从事情之外的特性出发，而是从事情自身出发。现象学所运用的主要方法不是传统哲学的演绎方法和归纳方法的推理，而是对于事情自身本质的直观和描述。当然罗尔斯顿的描述法还带有较强烈的科学主义的味道，这也跟他力图寻找自然价值的客观依据有关。罗尔斯顿在对自然价值客观性的寻找中对描述法的倚重与美国新自然主义美学家托马斯·门罗在致力于建立“科学的美学”时对描述法的强调有相似之处。托马斯·门罗明确主张美学应在特定意义上成为“自然科学”，强调美学应坚持实验的道路、“描述的和求实的方法”，“尝试科学地描述和解释艺术现象和所有与审美经验有关的东西”。在他看来，唯有忠实地描述主观的审美经验，才能使美学走向科学。

观察、体验是描述的前奏，描述出荒野的价值才是观察、体验的最终目的。基于观察，罗尔斯顿发现，“翱翔的鹰、土星的光环和约塞米蒂的瀑布，都会让我们激动。我们会赞美石榴石晶体内的对称性，能欣赏森林中腐殖质的复杂性。所有这些经验的获得，都是以文化对我们的教育为中介的，其中有一些还是由于有了科学才成为可能的。一个易洛魁人对上述现象的经验会与我们不同，或者他从中什么都没经验到。但这些经验有很多给定性的因素，很多东西是不以我们的意志为转移的，我们获得这样的经验在很大程度上是由于我们进行了成功的观察”。[①] 观察是人们从视觉上走进对象，描述是人们从语言上走进对象。无论是观察还是描述，都表现出对对象的倚重。罗尔斯顿认为：“人们被告知从对自然的描述性的前提推不出价值论的或伦理学的结论。但是，当我在荒野听到鸫鸟为捍卫自己的疆域或仅仅为了高兴而歌唱，或是见到一只郊狼捕食松鼠的情形，或是把一头误以为我是一个猎人的鹿吓得急速跑开，或是在冬天过后去搜寻春天将至的迹象，甚至当我借助一架便携式显微镜仔细观察那些细小的苔藓时，我知道一定是他们错了。”[②] 正是通过对大自然的描述，罗尔斯顿发现自然与人一样有生有死、有繁盛与衰老，自然也有其珍视的东西与保存的价值。

既然是描述，就要谨慎地选择描述的语句。罗尔斯顿指出：“我们的确需要审慎地选用词——‘分配’、‘分散’、‘分派’、‘增生’、‘分裂’、‘倍增’、‘传递’、‘再循环’或‘分享’各个‘部分’。我们需要一个非人文主义的、非人类中心论的说明，人们应没有道德偏见，不论是更好还是更坏。”恰当的选词与描述可以使我们克服人类中心论的色彩，可以使人们更真实地接近事物本身、接近价值本身。罗尔斯顿认为：“我们用‘分享’一词，既用作描述词，也是故意对人们时常来描述这类基因的更流行的‘自私’一词的纠正。‘自私的基因’是生动的比喻。但对比喻需要做哲学分析，特别是有世界观色彩的比喻，如果这似乎得到科学的支持就更需要这样做了。当科学家谈到蚂蚁战争，或者蜂后和它们的奴隶，或者免疫球蛋白在我们身内进行

① ［美］霍尔姆斯·罗尔斯顿：《哲学走向荒野》，第167页。

② ［美］霍尔姆斯·罗尔斯顿：《一个走向荒野的哲学家》，代中文版序，《哲学走向荒野》。

着一场‘战争’来抵抗入侵的微生物，他们从一个经验领域借用了一些词汇并把它们转用于另一领域。仔细的分析家需要对一并转用的言外之意小心谨慎。有许多事情依赖于人们所选择的比喻，因为这些比喻如此戏剧性地给我们看待自然界的方式涂上了色彩。人们必须小心，不要把从文化领域借用来的道德上的贬义词来给自然界涂上不好的颜色。以前在达尔文主义中，当把‘适者生存’当做范式时，曾发生过类似似是而非的情况，把‘适者生存’解释为‘自然界的爪牙都染满了鲜血’，而现在生物学家情愿把这重新用‘适者适应’这个更好的描述，因为适应以各种方式发生，其中之一是好斗的或富于进攻性的。‘适者适应’给事件加上的色彩不同于‘适者生存’。”① 客观的描述，纠正了对基因的自私性理解，有助于对发生在大自然中的事情真相的把握。正是通过描述，罗尔斯顿发现“一个生物机体是‘自我实现的’。它追求它的整合的、节略的同一性；它保存它自身的内在价值，保卫它的生命。……一个生物机体是‘自我构成’，‘自我实现’，‘自我发展’，‘自我保存’，‘自我发生’的，一个生物机体是‘为它自己的缘故’而行动——所有这些事情都可以用一种描述性语言来说，而不再用有缺陷的‘自私的基因’理论对‘自私的’联想来设想生物机体。自我维护和自我传播都不是罪恶，两者都是必要的和好的：没有它们，其他的价值也不能实现和保留”。② 描述使罗尔斯顿不带贬义地看待自然界，不带偏见地发现自然善及自然承载的各种价值，以纠正人类在自然价值问题上因人为的比喻或人类中心论而导致的偏颇。

---

① 参见［美］霍尔姆斯·罗尔斯顿《基因、创世记和上帝——价值及其在自然史和人类史中的起源》，第52—55页。

② 同上书，第94页。

罗尔斯顿之所以一再强调荒野自然的价值是人类在荒野中发现的而不是人类创造的，其依据就是描述法。如在对荒野自然的科学价值进行诠释时他是这样说的："连接爬行动物和飞鸟的株罗系化始祖鸟有很大的科学价值，但并无经济的或生命支撑的价值。黄石公园的水塘为原始的厌氧微生物菌提供了最适宜的温泉栖息地；而最近的研究表明，自从在游离氧气候条件下出现生命以来，这种微生物菌就几乎没有改变过。那些奇怪的、无用的、且常常罕见的事物恰恰具有很高的科学价值——如加拉旁格斯岛的雀科鸣鸟——因为它们可以为我们理解生命的发展和延续提供线索。"① 在对荒野自然的消遣价值进行把握时，罗尔斯顿依然采取的是描述法："人们喜欢在户外消遣，因为在那里，他们被某些比室内找到的更伟大的东西包围着。他们找到了城区公园的棒球场所没有的某些更为真实的东西。在大自然中获得的那些惬意的、休闲的、具有创造性的愉悦，可以说是以敏感的心灵对大自然的客观特征加以感受而结出的果实。当人们在观赏野生生物和自然景观时，他们主要是把大自然理解为一片充满奇妙事件的惊奇之地和一个无奇不有的仓库，一个在其中真理比虚构更令人不可思议的丰富的进化的生态系统。"② 在罗尔斯顿这里，无论是荒野的审美价值的解释，还是荒野的科学价值的阐释，他都乐于采用描述法。正是根据描述法，罗尔斯顿认为价值是自然历史的成就。在发现荒野价值上，罗尔斯顿之所以特别倚重描述法，是因为在他看来，正是描述使价值评价从主观论的窠臼中走了出来，描述是从"是"走向"应该"的桥梁，描述使得价值评价具有了深厚的现实根基。"生态描述让我们看到生态系统的统一性、和谐性、相互依存和稳定性等等。……我们发现秩序、和

① ［美］霍尔姆斯·罗尔斯顿：《环境伦理学》，第 12 页。

② 同上书，第 9 页。

谐、稳定这些特性或曰经验内容不只是我们加于自然的，而也是从自然中提炼出来的。”① 正是因为描述的这一特性，罗尔斯顿认为评价过程不是主观臆造，评价最好理解为“翻译”。

正是通过描述，罗尔斯顿发现，自然中的实然并非总是意味着应然，但是，环境伦理学中的应然很少与荒野自然中的实然背道而驰。在强调主观言说的人看来，大自然只是一个他们用来展示其能力的场所，而在强调客观描述的人看来，当他们沉浸在大自然的壮观面前时，大自然的价值就呈现出来了。在后者眼中，人们属于世界，而不是世界属于人们。在罗尔斯顿看来，人们应根据大自然来理解自己，而不仅仅是根据自己来理解大自然。在价值问题上，即使承认了主体对价值的所有权，价值的客观性也仍然不容否认。因为，在对大自然的评价中，描述与评价往往同时出现，很难裁定谁在先谁在后。基于此种理解，罗尔斯顿认为：“当我们从描述植物和动物、循环与生命金字塔、自养生物与异养生物的相互配合、生物圈的动态平衡，逐渐过渡到描述生物圈的复杂性、地球生物的繁荣与相互依赖、交织着对抗与综合的统一与和谐、生存并繁衍于其共同体中的有机体，直到最后描述自然的美与善时，我们很难精确地断定，自然事实在什么地方开始隐退了，自然价值在什么地方开始浮现了；在某些人看来，实然/应然之间的鸿沟至少是消失了，在事实被完全揭示出来的地方，价值似乎也出现了。”②

在评价与描述的关系上，罗尔斯顿认为，描述之于评价是关键的。虽然不能说对自然的评价只是描述性地记录下自然固有的性质，但如果评价者对有关自然的描述完全无知，也就无法进行评价活动。自然价值的评判者也并非完全是无中生有地将这些价

① ［美］霍尔姆斯·罗尔斯顿：《哲学走向荒野》，第18—19页。

② ［美］霍尔姆斯·罗尔斯顿：《环境伦理学》，第315页。

值造出来，因为还是有一些实在的性质为这些价值提供了关键的支撑。在一定意义上，我们可以说，罗尔斯顿的描述法使自然价值的评价成为一种自然价值的自我显现过程。

总之，罗尔斯顿倾向于认为，主体与客体的结合导致了荒野自然价值的诞生。荒野自然的价值是与人的意识共存的，是一种境遇性价值。例如，从事科学研究和度假是人类的体验；如果没有人的在场，那么，荒野中既不存在科学也不存在消遣。因此，一方面，所有的自然价值与人有关，所有相关的价值都存在于人的体验中，不管荒野的性能对这种价值作出了多大的贡献。另一方面，描述使价值评价回到事物本身，使人们在描述的过程中同时尊重对方的存在，在正视对方的存在中走进对对方价值的“翻译”。对体验的强调，使罗尔斯顿的自然价值论带上了情感色彩，价值与人相关联；对描述的强调，使罗尔斯顿的自然价值论具有现象学的眼光，价值评价的尺度回归于事物本身。对于罗尔斯顿的价值描述法，国内已有学者有所关注，如高予远在《生态伦理中的“是”与“应该”》一文中就有所涉及，不过他认为罗尔斯顿的价值描述法不够全面，是从“应该”来描述“是”的。其实，只要我们了解了罗尔斯顿的自然价值论，认识到他对主观论价值观的反拨与对自然价值客观性的强调，我们就不会诧异于他的这种价值描述法。如果我们说泰勒的生态伦理学是从人的最终道德态度寻找依据，那么罗尔斯顿惯有的中间立场会使他的环境伦理学既注重生态描述，又注重人的道德态度。

第四章　荒野审美价值的生成

传统美学把“美”作为一个重要的研究话题，现代美学把“审美价值”作为一个重要的研究话题。话题的转换表明的是研究角度的变化。传统美学倾向于从认知的角度研究美，强调对“美”本质的追问，而现代美学倾向于从存在论的角度研究美，强调对“审美价值”的把握。罗尔斯顿的环境美学思想直接切入的是荒野的审美价值而不是美，表明的是罗尔斯顿美学思想的现代特性。在罗尔斯顿那里，荒野的价值是被发现的，但荒野的审美价值是生成的。审美价值不是主观的一种偏好，而是生成于大自然的馈赠与主体的参与。在罗尔斯顿那里，环境美与环境善是紧密相连的，环境伦理学与环境美学也是紧密联系的。环境伦理对象的美感属性要求人们承认荒野的存在价值，环境伦理主体的审美能力要求人们承担起对荒野的保护责任。

第一节　美的价值追问

与传统美学不同的是，现代中西美学的一个主要走向就是从价值论而不是从认识论、从存在论而非本体论的角度来研究美。今天，人们不再把注意力放在“美是什么”的追问上，而是集中于“美”的价值、美之于人生存的意义上来谈美。由于人无处不在，所以美如影随形。似乎人所生活的世界都能与美建立起或明或暗的联系。现代美学一方面通过“美的泛化”使美回归人的价值生活，另一方面通过追问美的价值来拓展美的人性深度。

美的泛化首先表现在人们颠覆了柏拉图的“美之问”，让希庇阿斯在柏拉图设置的美学对话中占据了上风，美从美的理式走向美的小姐、美的坛子、美的马儿、美的汤勺。美学不必到一个超验的理式世界去寻求美，美就在具体的感性世界中。其次，“美”不再是哲学美学的专利，诸多应用美学如景观美学、艺术设计学、生态美学、环境美学等也都从各自不同的领域对美进行把握。甚至在美学学科之外也广泛存在着对美的讨论。再次，美不再是少数人的专利，普通大众也拥有谈美的权利。摄影艺术、饮食文化、服装表演等关注的就是大众的衣、食、住、行，聚焦的就是大众的生活琐事中的美。美的泛化使美脱掉了传统的、抽象的、灰色外衣，使美学注目于人的日常生活。

在经过长期抽象的美学讨论之后，美的泛化使美与生活拉近了距离，美在回归生活的同时发现了美之于人自己的价值与意义。在美回归于人的生活世界的过程中，价值论与存在论功不可没。

现代美学为什么要立足于价值论来把握美呢？这是由美的特性所决定的。当我们说“这张图案画的是圆”、“这个人有一米八五”、“这是一条曲线”时，这些话所指的内容不取决于人，无论你意识到与否，它本身就是如此，对于此类信息，人类只能认识而不能创造。当我们说“这张图案是美的”、“这个人很英俊”、“这条线很美”时，美、英俊并不存于对象，而是存在于主体对客体的评价中。因此，研究审美现象不能采取认识论立场，而必须采取价值论的立场。在现代美学家看来，审美关系其实是价值关系，没有价值论的立场，要把握美是不可能的。1972年，斯托洛维奇的《审美价值的本质》问世，奠定了价值论美学的理论基础。正如中国著名价值论专家王玉樑所说：“我国美学研究从20世纪五十年代开始，就以马克思主义认识论为指导，认为审美从根本上说是一种认识，所以，长期以来，我国的美学是以认识论为基础的美学。这种认识论美学不断受到一些人的质疑。进入20世纪九十年代，我国学者开始了对认识论美学的批评，提出了建立以价值论为基础的美学的构想，认为这是美学研究摆脱危机的关键，也是美学研究未来的方向。真、善、美分别以知、意、情为对象。认识论属于知的范畴，用认识论去指导美学研究有很大的局限。美学领域存在着认识问题，如审美评价就包含着认识问题。但美本身是一个价值问题，美是客体对主体的一种超功利的愉悦。所以美学研究，最根本的是要以价值论或价值哲学为指导。”① 采取价值论立场是中西现代美学的共同之处。如西方自然主义美学家桑塔耶那认为：“美是一种积极的、固有的、客观化的价值。”② 美是一种价值，它不是对一切对象或关系的感知或认识，而是一种感情，是我们的意志力和欣赏力的一种感动。审美价值是积极的，是对善的感觉，是一种快乐的情感。“美的哲学是一种价值学说”，美学是研究“价值感觉”的学说。盖格认为，美学是一门价值科学，是一门关于审美价值的形式和法则的科学。因此，审美价值应成为美学注意的焦点，也应成为美学研究的对象。

即便是同样采取价值论的立场，中西方美学还是呈现出不同的风貌来。在科学精神的影响下，西方现代美学在把美定位于价值的同时，又忙于将美与真、善相区别。首先是把科学认识与审美活动相区别，认为科学认识追求客观的真，属于事实判断，审美活动满足我们娱乐的要求，属于价值判断。然后是把同属于价值判断的道德与美相区别。如现代桑塔耶那在肯定“美是一种

① 王玉樑：《当代中国价值哲学》，人民出版社2004年版，第20页。

② 桑塔耶那：《美感》，中国社会科学出版社1982年版，第33页。

价值”之后，又进一步阐明了审美价值与科学价值、道德价值的区别。在桑塔耶那看来，科学认识属于知识判断，而审美判断与道德判断则是价值判断。虽然同为价值判断，审美判断与道德判断关系密切，但二者的区别是十分明显的：其一，“审美判断主要是积极性的，也就是说，它是对好的方面的感受，而道德判断主要地而且基本上是消极性的，亦即是对坏方面的感知”。[①]也就是说，审美活动与快乐相关，它使人自由自在，而道德所关心的主要不是获得快乐，而是避免痛苦。其二，审美判断是内在的，是根据直接经验的性质，而绝不是有意识地根据对象是否有用的观念；而道德价值的判断，往往根据它可能涉及的功利目的。

中国美学家虽然也肯定美是一种价值，但他们不像西方人那样对美这种价值尺度进行“穷追猛打式”的考究，他们无心去讨论审美价值与道德价值的区分，相反在中国美学看来，审美价值与道德价值原本就没有本质的差异，因为美和善本来就是统一的。中国美学倒是更多地受到苏联美学界关于审美价值的讨论的影响，陷入对美作为价值尺度究竟是主观的价值还是客观的价值的漫长的纠缠之中。如中国当代美学客观派的代表人物认为，价值只能是客观的，是一种客观属性。而中国当代美学主观派的代表人物高尔泰在20世纪80年代不再热心于美的本质追问，而将美视为一种价值之后，他把美作为主体评价的对象，视之为价值客体。而“价值结构是主体的对象世界，它不可能独立存在。价值论之所以不等于本体论，就因为没有自在的价值客体。而美，作为一种自由的象征，是我的存在的价值，它当然不是他物‘给予’我的什么，更不是自在的客体”[②]。还有很多中国美学家

① 桑塔耶那：《美感》，第16页。

② 高尔泰：《论美》，甘肃人民出版社1982年版，第45页。

认为，美不是纯粹的形式，美不是主观的，也不是客观的。美作为一种价值形态，虽然不是物质实体，却又须以某种物质实体的形式出现。美总是与人的目的、需要、理想、兴趣紧密相连，并且随人类实践的发展变化而发展变化。

价值论的视角帮助人们更清楚地区分美与真、美与善的关系，为人们更好地把握美奠定了基础。而存在论的视角则将美与人生价值相连，将美视为人类生活的理想，为人类更好地把握美的价值与意义奠定了基础。在西方，盖格认为，美学关注的既不是物理世界也不是心理世界，它关注的是价值世界，这一价值世界与人的存在意义密切相关，因为任何哲学和科学都不能比美学更加使我们靠近人的存在的本质。美与审美价值只存在于它与体验它的人类的关系之中。当我们说某个事物具有价值时，是相对于存在着的主体而言的。现象学美学正是从存在论的角度来理解美这一价值的。现象学美学认为，美是一种关系属性、意义属性。美是对人存在的一种意义的把握，美是人生的一种价值，美学就是关于审美价值的科学。现象学美学家杜夫海纳认为："价值就是存在，就是完善的存在。真正地存在也就是根据真实性而存在。""价值就是对象之所以成为有价值的对象的东西。它不是任何外在于对象的东西，而是对象符合自己的概念、完成自己的使命时的对象本身。"[①] 价值既不是主观的，也不是客观的，价值表现的既非人的存在，也非世界的存在，而是人与世界之间不可分割的存在纽带。同样，审美价值不是一种主观的意义，一种任意发明的产物。它是一种等待实现的可能，通过感觉者与被感觉者的共同行动，审美价值大放异彩。因此，审美价值不是一种主观臆想的产物，也不是一种客观的对象，它存在于人与世界

① ［法］米盖尔·杜夫海纳：《美学与哲学》，中国社会科学出版社 1985 年版，第 24 页。

的对话中。

在西方存在主义哲学的巨大启示下，中国学术界也越来越多地认同了价值的存在论分析。有学者就特别强调，哲学的任务与使命主要是存在论研究。具体来说，在美学的研究中，就是要研究与挖掘美之于人的生存论价值与存在论意蕴，解答人类生存面临的根本问题。杨春时认为，21 世纪的中国美学要与世界美学同步发展，就必须从自己的现代生存体验中提炼出美学思想，在同散文化的斗争中建立现代中国美学。这种美学必须适应现代人的生存状况，立足于个体存在，即确立以生存为基本范畴的哲学基点，把审美作为个体生存的超越形式和生存体验形式。[①]

第二节 创化与流变：罗尔斯顿论荒野审美价值的生成

作为一位具有美学情怀的环境伦理学家，罗尔斯顿的环境美学思想没有从“美”的追问开始，而是从“审美价值”切入，这不是一种随意，而是与现代美学的发展同步的。罗尔斯顿的环境伦理思想带有浓厚的审美情怀，这一点使他的环境思想在环境美学界也受到一定程度的关注。罗尔斯顿关于景观欣赏、森林中的审美体验、美与野兽、从美到责任等方面的文章被《美学与艺术批评杂志》、《英国美学杂志》等期刊收录与介绍。但是，与国外不同的是，罗尔斯顿环境思想的美学情结往往被国内研究罗尔斯顿环境思想的学者们所忽略。国内的环境美学家根本没注意到罗尔斯顿对环境的欣赏与感知，而环境伦理学家们往往因为过于关注他的伦理思想而忽略了他的美学情结——《哲学走向

① 杨春时：《美学要抗争现代性的重压》，载陈望衡主编《美与当代生活方式》，武汉大学出版社 2005 年版，第 406 页。

荒野》以环境的体验与欣赏结束全文；《环境伦理学》以诗意地栖息于地球结尾；在“从美到责任：自然美学与环境伦理学”一文中，他甚至提出了“美学走向荒野”的观念。国人研究中的这种忽略导致了目前国内环境思想研究中的一种偏颇，那就是环境伦理学的研究丝毫不涉及环境美学问题，或者说环境伦理学研究者们在探讨环境问题时极少将美与善结合起来。看来，忽略罗尔斯顿的审美情怀不仅使我们不能全面地把握其思想，而且也会造成环境伦理学研究的褊狭。

罗尔斯顿的环境美学思想不同于西方一般的环境美学家的思想，首先，他不急于将艺术与环境相区别以便为环境美学划出边界，而是发掘自然的审美价值，将自然的欣赏与评价建立在自然价值论上，为自然美的存在寻找理论基石。其次，他认为自然美存在于体验之中，而体验能力来自于自然进化，力图为自然美的欣赏寻找更为深厚与科学的支点。最后，罗尔斯顿在自然创化中寻找美。他认为，自然有化丑为美的能力：自然中瞬间的丑可以转化为永恒的美。美存在于流变中，天地之间有大美。罗尔斯顿的环境美学思想体现出一种与环境伦理学、环境哲学互为汇通的大视野。

一 美生于天地

与价值主观论者不同，罗尔斯顿认为，价值不完全是主观的。说某事物是有价值的，这意味着它是能够被评价的，说事物内在地具有价值，就是说，人们从内在价值的角度来评价它。评价的形式虽然是主观的，评价的内容却是客观的。鉴于这种认识，在自然价值问题上，罗尔斯顿不主张内在价值人造论，而主张内在价值自生论。即认为某些价值是客观地存在于自然界中的，它们是被评价者发现的，而不是被评价者创造的。人们心中的价值，是存在于自然中的那些价值的反映。罗尔斯顿认为：

"荒野并不仅仅是作为一种资源，对我们的体验有工具性价值；我们发现，荒野乃是人类经验最重要的'源'，而人类体验是被我们视作具有内在价值的。认识到这一点后，我们就不愿止于认为荒野有工具价值了——作为产生生命的源，荒野本身就有其内在的价值。当荒野使参观者获得审美体验时，它承载着一种价值，但荒野还通过其进化过程与生态联系将价值赋予了参观者。有意识地欣赏荒野价值的能力是一种高级的价值，而这种价值在人类那里得到了前所未有的体现。但同时，我们的欣赏活动所捕捉到并表达出来的价值是在人类出现之前就在荒野中流动了，我们现在只是继承了这种价值。"①

立足于这种价值观，罗尔斯顿把美视为一种诞生于天地间的价值，它客观存在着，同时它的显现又需要审美者的努力。罗尔斯顿认为："审美是一种离不开人类精神体验的活动，但是构成生物群落的动力和结构并不来源于人的精神。当人们沉浸于这种非人类的结构体系中的时候，人们知道，构成这个体系的各种元素从远古原始时代就已经存在了。"② "自然在应对各种问题的过程中，产生了很多优美的作品——翱翔的鹰、蜿蜒滑行的蛇、奔跑中的郊狼、蕨类植物的卷芽，都是艺术的杰作。甚至淤泥滩上由引力产生的120度裂缝，也呈现出一种对称的美。"③ 约翰·莱尔德也认为自然自身有美，"天空、云彩、海洋、百合花、落日、秋天那闪亮的欧洲蕨，春天那遍野里迷人的绿叶，这一切都洋溢着美。自然真是无限美好，她披戴着美，就像她披戴着色彩与声响。那么，为什么她的美倒成了我们的而不是她自己的

① ［美］霍尔姆斯·罗尔斯顿：《哲学走向荒野》，第213页。

② H. Rolston, Aesthetic Experience in Forests, Journal of Aesthetics and Art Criticism 56 (no. 2, spring 1998).

③ ［美］霍尔姆斯·罗尔斯顿：《哲学走向荒野》，第335页。

呢？”①

正如自然的价值不是一种主观的偏好一样，自然的审美价值也不是主观的偏好。在罗尔斯顿看来，高山悬崖周围飘浮的薄雾、漫天飞舞的雪花、细小别致的水晶都能增添登山者的审美体验。如果它们消失了，登山者的审美体验就会减弱，可见，自然荒野的审美价值不可能离开具有审美属性的事物而存在。没有鲜花，对花的审美体验就成了无源之水。没有森林，对森林的审美感悟就变成了无本之木。对花的欣赏与对森林的感悟建构了花与森林的审美价值，审美价值在一定程度上表现为人的主观意识的产物，但是花与森林的审美价值也客观地附丽在绽开于草丛中的鲜花与生长于广袤土地的森林身上。罗尔斯顿认为，人们喜爱野花，不是因为人们从中看到了自己的价值，而是因为，野花本身就是人们愉悦的一部分，它们自身的茂盛就足以使人们感到快乐。当野花给了人们愉快时，人们的愉快存在也就显现出来了。罗尔斯顿对审美价值的把握既不同于客观派，也不同于主观派，而是表现出一种对二者超越的企图。

一方面，罗尔斯顿认为，美不是客观地存在于大自然中的，它存在于观赏者的眼中，存在于观赏者的体验中。如稳定性、完整性是客观地存在于生物共同体中的，但美不是。审美体验是某种由人带入这个世界的东西。正如在人类产生以前，地球上不存在具有世界观和伦理学的存在物一样，其他存在物也没有美的感受。人点燃了美的火炬，正如人点燃了道德的火炬一样。审美价值的实现需要一位具有审美能力的体验者。徒步旅行者可能会赞美眼中所见景色，被徒步旅行者惊扰的土拨鼠却不会欣赏这种景色。“没有我们，森林甚至不是绿色，更不用说美了。”“人类到来时，美被点燃了。在被评价的和有价值的森林、盆地湖、山

---

① 转引自［美］霍尔姆斯·罗尔斯顿《哲学走向荒野》，第153页。

脉、美洲杉或沙丘鹤中并不自动地存在美，美伴随着主体的出现而产生。”[1] 自然中的美是关联性的，起于人与世界的交感中。罗尔斯顿对自然美的把握类似于杜夫海纳对艺术美的理解。杜夫海纳认为审美对象是审美地被知觉的客体，亦即作为审美物被知觉的客体。审美对象不规定我去做任何事情，但要我去感知，即把我自己向感性开放。

另一方面，罗尔斯顿又通过对审美体验的要素的强调反对了主观派。他认为审美体验涉及两种要素：审美能力与美感属性。审美能力是存在于观察者身上的体验能力，美感属性是客观地存在于自然物身上的。当人们出现在荒野自然中并对荒野自然进行评价时，人们评价的往往是某个正在发现的创生万物的自然，而不是一个正把我们的价值观投射在其上的自然。“落叶的颜色是可爱的。叶绿素（体验为绿色）消退时就会产生这种效果。好美的颜色！鲜红和深红，紫色，黄色，棕色的影子。各种颜色源于早些时候淹没于叶绿素的残存化学物质……叶绿素吸收太阳能。残留的化学物质保护着树免于虫害或承担着新陈代谢的功能。任何一种被游览者数小时欣赏的颜色，完全是真实发生于此的一种附带性质而已。”[2] 也就是说，审美体验虽然只存在于观察者身上，但这种体验的对象——大自然中的形式、结构、完整性、秩序性、和谐性、健壮、动态发展、对称、多样性、统一、自发性、相互依赖、创造和再生的能力、物种的进化和形式等，这些现象在人类产生以前就存在了，它们是创生万物的自然进化的杰作。风景带和生态系统——山脉、海洋、草原、沼泽——它们的属性中包含美的因素，这些美感属性客观地附丽在大自然之

---

① H. Rolston , *From beauty to duty*: *Aesthetics of Nature and Environmental Ethics*, *Environment and the Arts*, Ashgate , 2002.

② Ibid.

上。在罗尔斯顿看来，当我们对自然进行审美评价时，我们的体验就被附加在大自然的上述属性上。“当人们俯瞰峡谷或凝望天空时，峡谷的深渊和天空的浩瀚都能给人们带来审美上的刺激反应。同样，对海洋飓风的恐惧体验也存在于观察者身上。但是，峡谷的深渊和飓风的狂暴（美感属性）并不存在于人的心中；它们存在于大自然中。人们的情感因自然节律的变化而改变。”①罗尔斯顿对自然美的论述在这方面类似于中国自然美论中的客观派。在中国自然美论的大讨论中，客观派的观点是：不是人的主观精神决定了自然山水的美，而是自然美使人畅神，令人感到精神上的愉快。《自然美论》的作者严昭柱就认为，自然山水本身有美，自然山水美就在自然山水本身。并且认为在山水美的根源问题上，中国的传统是主张山水美在山水本身的观点占据优势。事实也是如此，荒野自然的美必须有物质所依附才能生存与显现，正如桑塔耶那在《美论》中认为的那样，“如果巴特农神庙不是用大理石造成的，如果皇帝的金冠不是用金子造成的，如果星星不是一团团的火，那么，它们将是一些平淡而无味的东西”。离开了自然物的自然属性，离开了自然物本身的质料和形式，自然美也就不存在了。苏联自然派美学家波斯彼洛夫在《论美和艺术》一书中，对美的纯自然决定性的观点，作了最典型的表述。他对自然美的分析与罗尔斯顿对荒野自然美的把握有近似之处。在确定自然美时，波斯彼洛夫完全否定了人的标准，把自然美的基本原则归结为活的自然有机体的进化发展水平，以及它们在自己的物种中的完善程度，而对于无机自然界，那就是它存在的组织性。这样，无机自然界具有美的最低潜力，而植物界和动物界相应地具有较高的潜力。例如，植物根据它们接近美的潜力的程度按次序排列如下：苔藓，石松，蕨类，针叶植物，

① ［美］霍尔姆斯·罗尔斯顿：《环境伦理学》，第319页。

花叶植物。花叶植物是植物界组织的最高形式，它们的特征是具有根部系统、根或干中的输导系统以及冠。大型肉食动物在审美意义上高于灵长类动物；蘑菇、蕨类虽然在植物进化发展的总阶梯上处于比较低级的地位，但是蘑菇圆形的盖、盖与柄的对称以及色彩，蕨草上精致的一簇簇对称的叶子，均具有独到之美。自然派美学家断定，自然的对象和现象受到人的评价，其中包括审美评价，不是根据人给它们添加上去的东西，而是根据人在其中找到的东西。

在审美中，罗尔斯顿不仅强调客观地存在于大自然中的景色，而且还强调由眼睛和大脑的配合而产生的对景色的感觉方式，并最终把它们统摄于天地之中，认为这二者都是大自然的产物，是创生万物的自然进化的结果。也就是说，审美评价行为不仅属于自然，而且存在于自然之中。欣赏主体与欣赏客体之间的关系，实际是一种生态关系。所有的事件、主体及其评价对象，都发生在自然场景中。大自然不但创造出了作为体验对象的世界，而且创造出了体验这个世界的主体。

因此，罗尔斯顿认为，美感也许存在于人的心灵中，但作为感觉对象，它激发了人的审美体验的自然荒野却不存在于人的心灵中。自然事物不是为了审美欣赏的目的而创造出来的。“具有生态学眼光的人将发现，美是创生万物的自然的一个奇妙作品，它具有客观的美感属性。这种潜能的实现需要一位具有审美能力的体验者，但它更需要那些使它得以产生的自然力量。”[①] 因此，审美价值的存在有两个向度值得注意：客观地存在于大自然中的景色，以及由眼睛和大脑的配合而产生的对景色的感觉方式。这二者在罗尔斯顿看来都是大自然的产物，是创生万物的自然进化的结果。

---

① 参见［美］霍尔姆斯·罗尔斯顿《环境伦理学》，第320页。

但是，在自然审美价值的问题上，也有不少人的主张与罗尔斯顿不同。在他们看来，是人的劳动及实践创造了自然美，是人的艺术化活动创造了自然美。如塞缪尔·亚历山大声称："我们说自然很美，这里的'自然'不是独立于我们而存在的，而是艺术家眼里的自然……我们能发现一个美丽的自然不是因为自然本身是美的，这美是我们从自然那里选取一些东西组合而成的，就像画家用不同的颜料组成一幅画一样……诚然，即使我们不去参与她的生活，自然也能自为地生活下去；但如果没有我们去把她拆开又重新组合，自然就说不上是美的。"① 在有些人看来，"自然美"是一个矛盾的概念，自然是无所谓美丑的，自然的审美价值是欣赏者主观赋予的结果。阿多诺认为，自然美从美学中消失，是因为人的自由和尊严概念膨胀至极端的结果。

从人类中心论的眼光来看待荒野自然，我们很容易陷入自然审美价值人造论。但是，如果我们从生态整体主义的眼光来面对荒野自然，我们就会发现，罗尔斯顿的美生于天地的思想并不是一种臆造，它不仅有进化论的支撑，而且这种思想在一定程度上是对中国老庄天地有大美的思想的一种回归。

二　美在创化与流变

当人们以审美之眼去面对自然环境时，自然就打开了它美丽的宝库，显示出了丰富的审美形象。在热带雨林，有最为丰富多彩的动植物，在印度尼西亚的海底世界，有最为美丽多姿的生态环境。洁白而神圣的珠穆朗玛峰、遥远而神秘的银河系、辽阔而荒凉的撒哈拉是美的；飘摇而轻盈的水母、巨大而笨拙的蓝鲸、神奇而多姿的珊瑚是美的，更不用说那五彩缤纷的海星、海葵

① 转引自［美］霍尔姆斯·罗尔斯顿《哲学走向荒野》，第178页。

了……它们各有其美而又契合无间。无怪乎有人惊叹：宇宙——美的源泉。罗尔斯顿把审美体验及审美属性都归属于大自然进化的思路，必然导致他在天地间寻找美的源头。

美生于天地，美生于天地的何处呢？在大自然永不停息的进化中，罗尔斯顿看到了生态系统强大的自我调适、摧枯拉朽的创生能力。他指出："荒野既使各个物种繁荣昌盛，但同时又是数百个物种的大墓场。"他还指出："荒野看似一个无序的大舞台，但同时也是一个消除无序的大舞台，确实，我们得这样来理解大自然的'深谋远虑'。生命总是不停地争斗，但毕竟也有所收获：从泥土中产生，并与后来的物种一道组成了延绵不绝的生命之流。"[①] 在荒野中，一些物种的退化总是与另一些新物种的有序产生相伴而行。在自然中，"尽管一些物体变坏了并且消灭了，可是在自然中是什么也没有丧失的。一个物体在解体中的各种产物，就成了另一些物体的形成、增长、保存的元素、材料和基础。整个自然，只是由于物质之不可感觉的分子和原子或可感觉的部分之永恒不断的流通、转移、交换和变更位置，才得以存在和保存的"。[②] 自然界的一切现象，无论小的还是大的，寻常的还是不寻常的，已知的还是未知的，简单的还是复杂的，都应归因于这些连续不断的变易。自然的过去、现在和未来，永远都在创化与流变中存在。没有创化，就没有自然，没有变化，也没有自然。正是因为创化与流变，才形成了今天丰富多彩的自然。

传统美学认为自然之所以美是因为它具有人的生命意味，是人的精神的象征，人是自然美的创造者。其实，在自然美的形成中，自然本身作出了巨大的贡献。美好的宇宙不是人的创造，也不是神的创造。因为它早在人类诞生之前和人还没有创造出神的

---

① ［美］霍尔姆斯·罗尔斯顿：《环境伦理学》，第 298 页。

② ［法］霍尔巴赫：《自然的体系》下，商务印书馆 1977 年版，第 148 页。

偶像时，就客观存在了亿万年。自然界的美并不是为了人类而创造的，也不是由人类创造的，它是自然界自身运动变化发展的结果。达尔文说过："美的物体，如果全然为了取悦于人类才能创造出来，那末在未有人类以前，地球上的生物，应该没有人类出现以后的那么美好。这样说来，那始新纪所产生的美丽的涡卷形和圆形贝壳，中生代所产生的精致刻纹的菊石，难道是预先创造了以供人在许多年代以后可以在室内鉴赏的吗？矽藻科的微小的矽质的壳，恐怕没有比它更美丽的了，难道它也是早先创造了以后供人类在高倍显微镜下观察和欣赏的吗？其实，矽藻及许多其他物体的美观，显然完全是由于对称生长的缘故。"① 陈望衡先生认为："生态运动有一种力量在推动着，这种力，我们可以叫做'生态力'；生态的调节似乎有一种意志在支配着，这种意志不是人的意志，也不是神的意志，它似乎是盲目的却有一种客观必然性的存在，我们可以将它叫做'生态意志'。正是这种生态意志与生态力造就了自然的审美潜能。"②

在罗尔斯顿看来，自然美就存在于大自然的创化之中，并必然存在于创化之中。"自然是一个巨大的场景，里面有着生与死、春天的播种和秋天的收获、永恒与变化，有着发芽、开花、结果和凋谢，有着生命过程的逐渐展示，有着苦与乐、成功与失败，有时是丑让位于美，有时又是美让位于丑。"③ 不过，纵观历史长河，"在漫长的自然史中，建设性力量对破坏性力量的征服才是进化的基调；对人的审美能力而言，这一基本的进化基调是至关重要的；它创造出了那些具有美感属性的事物，当人类产生并发现这些事物时，他们就由此产生了一种积极的审美体

① 达尔文：《物种起源》，商务印书馆1963年版，第125页。

② 陈望衡：《自然至美》，载《美与当代生活方式》，第124页。

③ ［美］霍尔姆斯·罗尔斯顿：《哲学走向荒野》，第76页。

验——这种体验还时常进一步使人们产生某种宗教体验。对创生万物的自然的这种实质性的美的欣赏，就是来自荒野大学的缪尔所要教给苏格拉底的智慧”。[1]

美在创化的观念使罗尔斯顿与西方环境美学中的“自然全美”者的浪漫想法区别开来，使他能够更理智地对待自然中存在着的丑。

“自然全美”者认为，全部自然世界都是美的、自然总是美的、自然中的所有东西具有全面的肯定的审美价值、自然无丑、自然从来就不丑、自然中的丑是不可能的。约翰·缪尔曾说：大地只给我们提供美，从不提供丑。只要处于荒野状态，大地风景都是美的。莫里斯（M. Morris）亦附和道：“‘毫无疑问，地球上那些无人居住的地方，无一寸土地不具有其独特的美，只要我们人类能克制自己，不随意去破坏这种美。’”[2] 艾伦·卡尔松不仅肯定了自然全美，并且力图对自然全美进行科学证明。

与自然全美者以浪漫的情怀否定自然丑不同，罗尔斯顿主张：“大自然中也存在着具体的个别的丑；从审美的角度看，原始自然的每一个角落并非都是美好的：想想一条刚刚从短吻鳄的利牙下死里逃生的遍体鳞伤的小鱼。那些对大自然不是抱着顽固的罗曼谛克想法的人将承认这一点；他们得到别处去寻找大自然的美。”[3]“我并不认为自然中的一切都是有意义的，或美丽的、或有价值的、或有教育意义的，对于疟疾、肠道寄生虫和遗传畸形，我也感到恐惧。”[4]

为了更进一步说清楚大地上的所有自然物是否都具有积极的

① ［美］霍尔姆斯·罗尔斯顿：《环境伦理学》，第 333 页。
② 同上书，第 322 页。
③ 同上书，第 327 页。
④ ［美］霍尔姆斯·罗尔斯顿：《美学走向荒野》，第 75 页。

审美价值，罗尔斯顿将这个问题一分为三进行追问：即风景带中各种不同事物的美感属性、生态过程的美感属性、整个生态系统的美感属性。

罗尔斯顿认为，只要仔细观察，任何一片风景带都不可能是全美的、如画的。有时，人们还会碰见机体残缺，甚至令人恐怖的动物。但是，如果我们把观察的视野扩大到整个生态过程来看，我们就会发现丑也在发生变化。麋鹿的腐尸是令人不愉快的，但是它会消融到腐殖土壤中去，它身上的营养物质将得到循环；蛆是令人恶心的，但它将变成昆虫并成为鸟类的食物。“自然是一个巨大的场景，里面有着生与死、春天的播种和秋天的收获、永恒与变化，有着发芽、开发、结果和凋谢，有着生命过程的逐渐展示，有着苦与乐、成功与失败，有时是丑让位于美，有时又是美让位于丑。从对自然的沉思中，我们能感受到生命是一种维持在混沌之上的短暂的美。可以说，整个生命过程都有着一种音乐感。”① 生命过程有一种节奏感，整个生命过程具有美的特性。因此在欣赏自然时，我们不能把某个事物当作孤立的东西来欣赏，而应把它放置于其环境中来加以理解。如画式欣赏在这里是不受欢迎的，我们欣赏的是构成画面的精彩的生命故事。

在罗尔斯顿看来，从某种角度看，有些自然物是丑的。但是，从大地整体的角度看，即从地球生态系统的角度看，所有的自然物都具有正价值。在生态过程中，丑是必然存在的。如一场森林火灾、一种植物疾病、一次雪崩、一次火山爆发、一场飓风等造成的自然灾害的痕迹。但如果把它们置于一个更宽广的背景下，把它们看作自然运动过程中的一个阶段的话，丑不再丑陋。虽然从局部来看，自然中存在着丑，但是，大自然中还存在着把丑转化为美的恒常的力量：存在着以熵为代表的破坏性的力量，

① ［美］霍尔姆斯·罗尔斯顿：《哲学走向荒野》，第 76 页。

也存在着与之抗衡的以负熵为代表的积极的建设性力量。个体的死亡，并不是生命的结束。衰老生命的毁灭，常常导致年轻生命的复兴。无序和衰朽是创造的序曲，而永不停息的重新创造将带来更高级的美。也就是说，丑虽然不时地以特殊的形式表现出来，但这并不是大自然的全相。大自然是生生不息的，它一定能从丑中创造出美来。某个丑的自然物，如果在生态系统的演变过程中发挥了作用，它的丑就结出了甜美的果实，而且，它还对生态系统的美和后来产生的个体的美作出了贡献。如此看来，哪怕是力量凶猛的溶流和海啸，也不能说不具有美感特征，因为，在灾难过后，植物和动物群落都会尽力重新繁荣，而在它们的这种再繁殖的努力中就存在着一种重要的美。生命死而复生，美逝去还来；因此在某种意义上，生命的死亡，只要把它视为生命再生的序曲，就不再像人们以往所认为的那样丑了。[①] 丑在空间的当下展开，美在时间上延续。“在生命之‘流’不断向前涌动的过程中，我们可以看到：实存和潜在，自我和他人，人与自然，现在与历史，以及‘是’与‘应该’都融会到一起了。”[②] 所以，罗尔斯顿说：“大自然是诞生与死亡、耕耘与收获、恒常与流变的一个大舞台；是发育、开花、结果和枯败的舞台，是自然过程自我展开的舞台；是痛苦与欢乐、成功与失败的舞台，是丑让位给美、美又复归于丑的舞台。通过凝思大自然，我们便会感受到生命在持续的混乱中所拥有的那份短暂的美。”[③] 因此，我们不能向自然界的整体去抱怨部分的无序。

可见，罗尔斯顿与自然全美者对自然美的肯定不同。在罗尔斯顿看来，原始自然并不是每一部分都毫无例外地具有积极的审

① 参见［美］霍尔姆斯·罗尔斯顿《环境伦理学》，第 327—330 页。

② ［美］霍尔姆斯·罗尔斯顿：《哲学走向荒野》，第 96 页。

③ ［美］霍尔姆斯·罗尔斯顿：《环境伦理学》，第 57 页。

美价值，而是说它本质上具有这种价值。罗尔斯顿就曾断言，森林从来也不是丑陋的，它都或多或少地体现着美。当树木生长成熟并占有足够空间的时候，其可用部分从根到梢没有一点可扔掉的东西，还有自身再生的森林，都有积极的美学特性。在森林中，人类体验了令人崇敬的意义，一种在别处社会中几乎享受不到的利益。当风景带中千奇百怪的事物被整合到进化的动态生态系统中去时，丑的部分不但没有消失，反而增进了整体的丰富性。丑被整体接纳了，战胜了，被整合进了具有正面价值的复杂的美之中。也就是说，大自然中虽然存在着丑，但大自然仍然是美的场所。我们不仅带着审美的愉悦来看待日落、春花、鸟鸣、瀑布，而且对寄生生物、烧焦的森林也不能采取蔑视的态度。即从大地整体的角度看，从地球生态系统的角度看，所有的自然物都具有正价值。真正美的是创生万物的生态系统。罗尔斯顿的荒野审美价值观把我们从个体主义的、自我中心的狭隘视野中解救出来，使我们关心生态系统的大美。

罗尔斯顿的美在创化与流变的思想与庄子的思想具有相通之处。庄子认为，“物无非彼，物无非是”[①]。其分也，成也；其成也，毁也。“此”也就是“彼”，“彼”也就是“此”。凡物无成与毁，复通为一。在天地之间，彼与此（或美与丑）不用进行严格的区分，如此才可以合于道。

三 荒野美的存在与显现

我们之所以通过自然美的存在与显现来谈论荒野，是因为：一方面，传统文化中，荒野更多的是在否定意义上提及的。罗尔斯顿的“哲学走向荒野”、“美学走向荒野”应该说是对荒野的第一次全面系统地论述。另一方面，由于我们是在宇宙意义论和

---

① 陈鼓应注译：《庄子今注今译》，中华书局1983年版，第54页。

生机论角度使用自然这一概念，而没有把自然客观化为数学、物理学上的一个对象。如此，自然是一个活生生的世界，自然包容荒野。故而我们对自然美的存在与显现的论述是通向荒野美的存在与显现的。

自然美的把握上有两种对立的观念：一种认为自然美在事物的客观属性，自然美的根源是自然事物本身。也就是说，主体可以认识客体，客体却并不依赖主体而存在。另一种观点认为自然美在主观的心灵，自然美是主体的一种心意状态，它不受制于客观的对象而存在。前者主张在客观事物本身中寻找美，而不是在先验的理式和人心中寻找美。后者主张美并不是事物本身的一种属性，它只存在于观照事物者的心灵里。对于克罗齐而言，美的河流或美的树木纯粹是修辞学的说法。对他来说，与艺术相比，自然是麻木不仁的，沉默不语的。美不是物理的事实，它不属于事物，而属于人的活动，属于心灵的力量。

其实，自然美既不在事物的客观属性，也不在主体的心意状态。自然对象的美既不能单单归结为客体的客观属性，不能单单归结为主体的主观精神特质，自然美是审美对象与审美知觉的“合谋”。自然美显现于人的欣赏活动中。正如中国当代著名画家蔡如虹所说：人欣赏自然，赞美自然，往往结合着生活的想象和联想；自然风物的特点，往往被看作是人的精神拟态。人们赞颂山的雄伟，海的壮阔，松的坚贞，鹤的傲岸，同时也是赞颂着人，赞美与自然特点相吻合的人的精神。我们知道，仅有自然，自然美无法彰显，仅有审美知觉，自然美空无所依。自然美就其所具有的物性而言是自在的、遮蔽的。当它与人相遇时，自然属性所承载的美才可能呈现或揭示出来。可以说，自然美是人发现的，没有人，没有人的发现，也就没有自然美。人不观花时，人是人、花是花。一旦人以审美之眼观花时，花与人一同“明白”起来。也就是说，美是离不开人的感受体验的，自然美也不例外，自然美显现于人与物的审美关系中。在罗尔斯顿那里，荒野具有美的可能性，这种可能性是不依赖于人的意识而存在的，但是这种可能性必须依靠人才能实现出来，成为一种具有现实性的美。当荒野的自然的律动与人的情感律动相应和时，美就产生了。

因此，卡西尔认为，美就是一种主客体间的构造（构形）活动。审美者的眼光不是被动地接受和记录事物的印象，而是构造性的，并且只有靠着构造活动，我们才能发现自然事物的美。美感就是对各种形式的动态生命力的敏感性，而这种生命力只有靠我们自身中的一种相应的动态过程才可能把握。在贝尔纳·拉絮斯看来，景观作为一种环境美，不仅仅是人们对场所的发现，更是一种创造。这种创造需要人与世界（自然）之间的调和，这种调和就是"inflexus"，也就是人灵活地根据世界（自然）的变化和人们相应的感知的变化来进行对场所的创造。景观不是一个封闭的世界。景观是有关人类与自然的过去与现在的一面镜子，景观向过去与未来敞开。景观不仅是一片自然，景观也是一种敞开的文化形式。当我们步行穿越乡下、置身于群山、沿海岸线步行时，景观就是我们称之为自然的物质实体，一个可以感知的物质世界——景观也是一种流动不居、永远变化的文化形态，这种形态由身处其中的人类赋予周边的环境以意义而被不断地重塑。[①]

美是一种开放性的概念，它需要主体与对象的不断融入。在杜夫海纳看来，不论是自然物还是艺术品，只有当我们用审美知觉去感知时，它们才变成审美对象，它们的美才会呈现出来。杜夫海纳说："当登山运动员既攀登又观赏高山时，他才最好地与

① ［法］米歇尔·柯南：《穿越岩石景观——贝尔纳·拉絮斯的景观言说方式》，第11页。

高山交流。”又说：“自然也要求——人类的出现，以便审美对象能被认为是审美对象：给审美情感以活力的再现性想象所承认的东西，就是创造性想象在人身上或自然身上所产生的东西。人必须和自然一道才能充分发挥想象的意义，使它同时成为做的能力和看的能力。如果说，看是专属于人的，那么做只有按照自然做的形象和在自然做的基础上才是属于人的。”① 与康德将自然界的崇高视之为主体心灵的回声不同，杜夫海纳认为，康德哲学的二元论性质从根本上消解了自然的感性特质，自然在康德的主体性哲学中成了现象，自然失去了自己本真的面貌。杜夫海纳认为，崇高的诞生既有赖于自然的感性，同时也依赖于主体的精神心理，因此，崇高是一种关系活动中的产物，不能简单地归结于对象或者主体。本着这一美学原则，杜夫海纳对康德的崇高进行了修正：“我们不说：‘真正的崇高仅存在于判断者的精神之中，而不存在于产生这种素质的自然对象之中。’我们说：真正的崇高存在于这二者之中。在这个条件下，自然把我自己的形象反射给我，对我来说，它的深渊就是我的地狱，它的风暴就是我的激情，它的天空就是我的高尚，它的鲜花就是我的纯洁。”他还指出：“审美对象既是自在的，又是为我们的。”②

自然不是艺术，自然美的存在与显现也与艺术美的存在与显现有别。虽然亚里士多德认为，艺术可以纠正自然。但这并不是说自然等同于艺术。卡西尔也明确地区分机体的美（organic beauty）和审美的美（aesthetic beauty），认为一处风景的机体美与我们在风景画大师们的作品里所感到的审美的美，并不是一回事。正如环境美学家阿诺德·伯林特所说：“不同于对自然的再现，自然本身没有边框，我们能够从一种丰富性和连续性中获得

① ［法］米盖尔·杜夫海纳：《美学与哲学》，第214、72页。

② 同上书，第41、61页。

审美的愉悦……自然美的欣赏部分在于它复杂的细节、微妙的气氛、无尽的变化所具有的魅力，在于带给人富于想象力的愉悦，在于神奇的创造。”① 但是在美学史上，真正意识到自然美不同于艺术美，并给予自然美应有地位的人寥寥无几。正如杜夫海纳所言：“不幸的是，在有关自然的审美性质问题上，几乎没有专家，也没有传统。”② 事实上，人们在美的把握中往往从艺术美出发，把自然美视为可以忽略或可用艺术美来代替的对象。

虽然自然美从来没有获得过与艺术美相同的地位，但是，我们不能不承认这个事实：自然不是艺术，自然美不是艺术美。爱米莉·布拉迪认为，自然环境的特性是环境而不是风景或物体。③ 自然美是自然环境美。美的自然只有置于一定的环境才可能美起来。人们欣赏自然，总是置身在特定的具体的环境中，也就是在一个有限的空间中，无论多么空旷，也不能漫无边际，因此人们感受到的自然美，都是环境美。既然环境是有限的、具体的，自然美也就有具体的特定的要素。无论是山道上的清丽，还是庐山中的雄奇；无论是桂林山水的俊秀，还是黄河昆仑的苍莽，都是某一处或某几处具体环境给人的具体感受，自然美来源于典型的环境选择得当。皓月当空，似乎可以无限，但人的环境仍然有限。水边看月，有“江流宛转绕芳甸，月照花林皆似霰”，“江天一色无纤尘，皎皎空中孤月轮”的感受；登楼看月，又可以有“寂寞梧桐深院锁清秋”的感受。似乎还没有见到脱离了具体环境只讲山水花月之美的诗文。自然美是由具体环境中体现出来的意境之美，自然环境是美的自然的边框。艺术需要边

① ［美］阿诺德·伯林特：《环境美学》，湖南科学技术出版社 2006 年版，第 154 页。

② ［法］米盖尔·杜夫海纳：《美学与哲学》，第 39 页。

③ Emily Brady, *Aesthetics of the Nntural Environment*, Edinburgh University Press, 2003, p. 3.

框使它成为艺术，自然美也需要环境为它加上边框。

自然美属于整体性的美。作为美的形象的自然不能脱离其环境而存在。只有当虎啸深山时，虎的壮美才能毕显无遗；只有当鱼游潭底时，鱼才显示出无限的生机；只有当驼走大漠时，骆驼才能显示出自己的力量；只有当雁排长空时，大雁才显示出一种特别的美。自然物的美离不开它所在的环境，美的自然环境依存于自然中的各种事物。在清人朱彝尊所写的《游晋祠记》中，我们就可见到这种美："草香泉洌，灌木森沉，倏鱼群游，鸣鸟不已。"可见，在美的自然环境中，美不是一枝独秀式的而是互相依存着的。郭熙在《林泉高致》中曾说道："山以水为血脉，以草木为毛发，以烟云为神采。故山得水而活，得草木而华，得烟云而秀媚。"山的美离不开美的草木、美的云霞、美的水。

自然环境美不是一种个体化的美，它是一种依存性的美。"山本静水流则动，石本顽树活则灵。"[①] 所以，当我们构筑身边的自然环境时，不能孤立地美化某一个对象，把某个对象的美视为整个环境的美；相反，应把各个对象放入整个环境中来思考、来美化。比如在美化居住环境时，要注意周边环境的美化，只有当房舍与周边环境相得益彰时，美的自然环境才会出现。传统的理想居住环境以田园山水、青山绿野为背景，以与自然环境融为一体为旨归。《宅经》中写道："宅以形势为骨体，以泉水为血脉，以土地为皮肉，以草木为发，屋舍为衣服，门户为衬带，得如斯是俨雅，为上吉。"《宅经》表达了一种与自然相谐的传统居住环境，这种居住环境将房舍与山、草、木视为一个不可缺少的整体。中国园林之所以被称之为理想居住之所，是因为中国园林的居住环境是美的，那里建筑、山水、花木为一体。中国园林注重建筑、山水、花木的总体性渗透布局，注重建筑、山水、花

---

① 笪重光：《画筌》。

木的景区性渗透组合，注重建筑、山水、花木的园林化渗透处理，形成了建筑、山水、花木高度渗透统一的环境。河北承德避暑山庄之所以成为旅游胜地，是因为那里是一个移天缩地、荟萃名胜的集山水、建筑、园林于一体的大观园。

与艺术美不同，自然美具有明显的季节性。与艺术作品相比，自然环境充满了变化；与人工环境相比，自然环境充盈着活力。自然环境美是一种动态的美，这种美通过季节的变化而显现出来。面对一幅艺术作品，我们没有明显的季节感。艺术作品也不会通过季节的变化表现出不同的美来。但是自然环境不同，自然环境的美具有强烈的季节性，这也使得自然环境美呈现出更多的丰富性来。宋代韩拙在《山水纯全集·论林木》中写道："梁元帝云：木有四时，春英，夏荫，秋毛，冬骨。春英者，谓叶细而花繁也；夏荫者，谓叶密而茂盛也；秋毛者，谓叶疏而飘零也；冬骨者，谓枝枯而叶槁也。"同是观山，季节不同，山的美就不同。"春山如笑，夏山如怒，秋山如妆，冬山如睡。"[①] 天下名山黄山更是因四季变化而展现出不同的美来。"春天的黄山，分外娇媚迷人：'和风吹初服，正及桃花时。花开十万树，峰似绛霞披。'（明，王寅）""夏天的黄山，是听泉观瀑、避暑寻幽的胜地：'半溪鸣玉泻，一片绿云寒。'（明，黄汝亨）""秋天的黄山，层林尽染，风霜高洁，山容水色格外明净：'秋深醉叶红于火，疑是丹砂遍地来。'（明，吴钟峦）""冬天，瑞雪纷飞，黄山成了'玻璃世界'、'水晶仙宫'，奇妙无比：'万树光连峰尽白，六花飞点鬓先斑。眼空银海三千里，四顾茫茫雪满山。'（明，程珊）"[②] 同是赏云，季节不同，云的美也就不同。"春云如白鹤，其体闲逸，和而舒畅也；夏云如奇峰，其势阴郁，浓淡

① 恽格：《瓯香馆画跋》。

② 常秀峰等著：《黄山纵横谈》，上海人民出版社 1985 年版，第 140 页。

速而无定也；秋云如轻浪飘零，或若兜罗之状，廓静而清明；冬云澄墨惨翳，亦其玄溟之色，昏寒而深重。”① 同是赏湖，季节不同，西湖给人的美也不同。春天的西湖：“湖山佳处那些儿，恰到轻寒微雨时，东风懒倦催春事。嗔垂杨袅绿丝，海棠花偷抹胭脂。任吴岫眉尖恨，厌钱塘江上词。是个妒色的西施。”夏天的西湖：“朱帘画舫那人儿，林影荷香雨霁时，樽前歌舞多才思。紫云英、琼树枝，对波光山色参差。切香脆江瑶脍，擘轻红新荔枝。是个好客的西施。”秋天的西湖：“苏堤鞭影半痕儿，常记吴山月上时，闪寻灵鹫西岩寺。冷泉亭偏费诗，看烟鬟尘外丰姿。染绛绡裁霜叶，酿清香飘桂子。是个百巧的西施。”冬天的西湖：“梅梢雪霁月芽儿，点破湖烟雪落时，朝来亭树琼瑶似。笑渔蓑学鹭鸶，照歌台玉镜冰姿……是个淡净的西施。”② 四季就如一个魔术师不断地变换着西湖的美景。

自然环境美不同于艺术作品的美，还在于这种美是美与有用性的结合，属于功能性的美。在大自然中，有用的不一定美，但美的往往是有用的。飞鸟都有流线形或纺锤形的优美体型、紧贴全身而油光闪亮的羽毛、对称而均衡的双翼。但这些并不仅仅是出于好看而存在的，它的形状与它的生存关系重大。世界上奔跑速度最快的动物当数非洲猎豹，它的时速最快可达到 110 公里。奔跑中的猎豹整个身体呈现出美丽的流线形，而只有当它的身体在奔跑中呈现出美丽的流线形时，它的速度才达到一个高度，才能为它获得猎物提供保障；蝴蝶翅膀上的眼睛图案使蝴蝶看起来更加美丽神奇，但这两只眼睛不仅是为了炫耀的，它也是为了吓唬天敌——小鸟。一旦小鸟来临，这两只酷似猫头鹰的眼睛就亮出来，把小鸟吓得掉头就跑。萤火虫的亮光装点了夏日的夜空，

① 韩纯全：《山水纯全集》。

② 卢挚：《湘妃怨·西湖》。

但是萤火虫的亮光也是它用来宣传自己的广告。正是利用一闪一闪的温柔亮光，萤火虫为自己吸引来了食物。蜘蛛的起居室——蜘蛛网透明而美丽，但蜘蛛织这张网不是用来欣赏的，而是作为捕食器来抓获猎物的。雄性孔雀的尾部羽毛开屏时如一把巨大而绚丽的扇子。虽然这把“扇子”有吸引雌孔雀的作用，但是它也是威吓其他物种的武器。在高海拔的山上，不仅气温低、空气稀薄，而且劲风频繁、光照强烈，尤其紫外线辐射厉害。有的地方还常年积雪。生活在这里的高山植物长得又矮又小，但是它们的花却非常鲜艳，姹紫嫣红。这是因为高山上昆虫少，为了招引昆虫为它们传粉，高山植物利用强烈的紫外线把自己打扮得漂亮异常。浩瀚的大海里，有一群群玲珑剔透、像一把把小伞、柔弱而美丽的生物——水母。水母在海水中飘飘悠悠，拖着透明的、长长的丝线，美丽极了。但是，你可千万不能触摸这些如丝的长须。因为水母大多有毒，被它们的触须蹭一下，身上就会留下可怕的伤痕。有些水母甚至比眼镜蛇还毒，像澳大利亚的“海黄蜂”，被它的触手蹭一下后，两分钟内，人的器官就会功能衰竭。

第三节　美与善的汇通

一　荒野审美价值的存在状态

（一）善与美的共同前提：健康的生态环境

罗尔斯顿的环境伦理学不仅关注荒野的价值、自然善的问题，而且也重视荒野的审美价值、自然美的问题。在《环境伦理学》一书中，罗尔斯顿不仅在自然所承载的价值中罗列出荒野的审美价值，而且还对自然的审美评价提出独到的见解。在罗尔斯顿那里，自然美与自然善关系密切，它们的存在有着共同的前提：健康的生态环境。

在罗尔斯顿眼里，自然不应理解为僵死的物质实体（physics）、物理学意义上的对象，自然与生长相关，如一个橡子的“自然”（性质）就是要长成为一棵橡树。虽然一个橡子自身有长成一棵橡树的内在原因和动力，但是它能不能实现这个潜能，则与外部环境相关。也就是说橡子生长的状态如何直接与其生长的环境相关，自然要实现它的善和它的美也与其所处的环境相关。在罗尔斯顿看来，健康的生态环境是一个生命力旺盛的环境：土壤肥沃、气候宜人、水源丰富、物种多样，并且具有较强的自我修复能力。在这种健康的生态环境中，自然的善与自然的美才可以充分地表现出来。为什么“健康”的生态环境与自然“善”、自然“美”相关呢？

其一，从文字学角度看。

据竺原仲二考证，“健”与“壮”同义，“健”有“高壮”之意，“高壮”貌被认为是“善”（美）。“康”可训为“美”。可见，“健康”是一个与善、美相连的概念，人们可以从健康的事物的姿态中得到美的感受，人们往往也认为具有健康姿态的事物就是善的事物、美的事物。同样，“健康”的生态环境由于各种物种健康发展、生态系统健康运行而显现出勃勃生机，荒野所承载的各种价值才得以实现出来。

其二，从显现的角度看。

“每一种有机体都有属于其物种的善（good-of-its-kind），它把自己当做一个好的物种来加以维护。”[①] 在维护与追求自身善的过程中，荒野成功地表现自身，展现出勃勃生机，就显现出美来。生命是美的重要性质，美是对生命的肯定形态。美学中所讲的生命，大致有两种看法，一种认为，对于美来说，其生命只能是人的生命，自然本无所谓美，自然美是移情所致，是人将自

① ［美］霍尔姆斯·罗尔斯顿：《环境伦理学》，第137页。

己的思想感情移给自然物，于是自然就美了。欣赏自然美本质上是欣赏人自己的美。另一种看法认为，美在生命，其生命不只是指人的生命，也指自然界的生命。整个自然界都是充满生命的，因此整个自然界是充满美的。罗尔斯顿更多的是从后者的角度来肯定生与美的关系的。“生”这个字眼在汉语言中指的是“活着”的意思，后又扩展为“生命”，“生”还兼有“产生”、“发生”之意，也就是说“生”尚有发展自身、扩张自身的含义在内。因此，显现出勃勃生机的自然事物都有美与善的趋向，自然事物的生长过程，就是美与善的显现过程。自然善的显现离不开健康的生态环境。不管是工具性的自然善还是自然本身的善，它的价值的实现都离不开健康的生态环境。狮子的生态环境是广袤的原野、适当的食物链。当狮子的生活领地被无限制地缩小、食物链条被人为破坏后，狮子的价值表达能力就会受到影响，无论是作为生态系统的一员、百兽之王，还是作为基因多样化价值的承担者。狭隘的功利态度，往往使人们在满足自身的欲望时破坏了物种的生存环境，生态环境的破坏影响了自然善的发挥。如阔叶林的生长期比针叶林的生长期长，人们为了木材生产的需要往往把阔叶林地带改变为针叶林。针叶林虽然可以带来较快的经济效益，比如用来生产纸浆和新闻纸。但是原有的阔叶林为野生动物提供了丰富的果实并形成了有序的食物链。如果把阔叶林移走，就会损害原有的野生动物种群的利益。如果原有生物种群的生存都受到影响，那它们又怎么能显现出自身的善呢？

同样，自然美的显现也离不开健康的生态环境。歌德认为：“自然往往展示出一种可望而不可攀的魅力，但是我并不认为自然的一切表现都是美的。自然的意图固然总是好的，但是使自然能完全显现出来的条件却不尽是好的。”以“橡树为例来说，这种树可以很美。但是需要多少有利的环境配合在一起，自然才会产生一棵真正美的橡树呀”![1] 首先，自然物有属于自身的小环境。如雁排长空、驼走大漠、鱼游潭底、虎啸深渊……只有在适合于它的、健康的小环境中，自然万物才能各得其所。其次，自然美即自然环境美，它是整体性的美。醉翁亭的环境是美的，这种美不仅依存于优美的林壑与秀丽的诸峰、野花的芳香与鸟儿的鸣叫，而且依存于清澈的酿泉、肥美的鱼和甜美的山肴。正如王维在《山水论》中所说：“山藉树而衣，树藉山而为骨。树不可繁，要见山之秀丽；山不可乱，须显树之精神。”山因树而显“秀丽”，树因山而显“精神”。山的美离不开茂盛的草木、清澈的泉水。在利奥波德眼里，埃斯库迪拉山与黑熊之间是不可分离的。当黑熊统治着埃斯库迪拉山时，埃斯库迪拉山给人一种神秘的美，当人类消灭了黑熊，埃斯库迪拉山就失去它的灵魂，变得不再神圣，它的审美价值也大打折扣。

（二）环境善与环境美的标尺：整体和谐

罗尔斯顿的环境保护主张不同于动物权利/动物解放论者的地方就在于：他不仅关注动植物的价值与利益，而且也关注人类的生存与权利；面对自然，罗尔斯顿强调自然的法则，面对人类社会，罗尔斯顿强调文化的力量，并力图将二者统一起来；罗尔斯顿寻找自然价值不仅为自然环境的保护提供了理论依据（不能随意虐杀动物），而且也为人类的生存提供了理论说明（人类为了生存必须要吃掉一部分动物）；罗尔斯顿不仅强调个体的价值，同时也强调系统的价值，并且系统价值在罗尔斯顿这里具有绝对的优先性。在生态系统中，各种善往往彼此冲突，相互缠绕在一起，而痛苦也总是与善的捍卫和攫取——这是所有有感觉的生命的特征——相伴而行。没有任何生物是完全自主地生活着，即使自养生物（植物）也不是。所有的生物都要与其周围的生

[1] 北京大学哲学系美学教研室编：《西方美学家论美和美感》，第169页。

命生活在一起并相互竞争。在每一个生态系统中，不同的善总是相互竞争、相互交换和相互结合；这意味着，有机体的善是存在于特定环境中的。所有的有机体都是在与其他事物的联系中保持其自身的存在的，但每一个有机体又只是它自发地力求保持的那种存在物。无论是否存在作为整体的自然，但是可以肯定，存在着许多被整合进每一个物种中、在个体或有机体那里得到体现的特殊的自然；因此，每一个有机体都有它自己的善。这些善就是要求我们给予尊重的价值。“在生态系统中，无论什么物种，都很难从产生和供养它的母体中分离出来。在绵延不绝的漫长进化过程中，个体和物种所具有的价值，在某种程度上只可能是它们的生存环境所能给予它们的价值。”① 即使每一个生命都只为自己而存在，但没有一个生命能够做到只靠自己而生存。通过对罗尔斯顿有关环境思想的梳理，我们发现，整体的和谐在他这里得到强调，并且这种强调源于对利奥波德思想的继承：一件事情，只有当它有助于保持生物共同体的和谐、稳定和美丽时，它才是正确的。反之就是错误的。在罗尔斯顿这里，整体和谐不仅是环境保护的最终目的，而且也是环境美与环境善的标尺。罗尔斯顿有关整体和谐的思想包括以下两个方面：

一是共生。“共生”是万物生存选择的一种结果。共生不仅包括自然物种间的共生，而且包括人与自然的共生，人与人的共生。

其一，人与人的共生。人与人的共生是和谐环境的关键。人类生存环境的破坏在很大程度上是因为人类之间不和谐造成的，人与人之间的纷争使环境美、环境善成为不可能。据有关资料统计，造成环境破坏的最大力量是战争，如伊拉克战争引发的石油大火极为严重地污染了中东地区的环境。

① ［美］霍尔姆斯·罗尔斯顿：《环境伦理学》，第213页。

其二，物种间的共生。虽然物种都有追求与维护自身善的本能，但物种的生存都是通过共生而得以繁衍至今的。狼力图维护自身的善，鹿也力图维护自身的善，他们都是拥有自身的“善”的有机体。狼与鹿之间既存在竞争，也存在共生之处。狼过多，鹿群就难以生存下来。反之，没有狼，鹿就会泛滥成灾以至威胁到自身的生存。狼与鹿在追逐与逃避中得以生存。有些植物为了生存，往往以减少竞争的方式来达到相互适应，如植物生长的时间和开花的时间错开、植物对阳光、温度和土壤环境的适应力各不相同、不同的动物食用不同的食物，或以前后相继的方式使用同一食物资源等。个体的善应符合系统的善。“事实上，具有扩张能力的生物个体虽然推动着生态系统，但生态系统却限制着生物个体的这种扩张行为；生态系统的所有成员都有着足够的但却是受到限制的生存空间。系统从更高的组织层面来限制有机体，系统强迫个体相互合作，并使所有的个体都密不可分地相互联系在一起。”①

其三，人与自然的共生。不仅自然物种在竞争中学会共生，人与自然也是这样。人体内的细菌种类众多，但很多细菌是有益于人体的。在帮助人类消化食物的过程中，这些细菌得以生存下来。即使是那些引起疾病的细菌，也确实拥有它们自己的“善”，而且在生态系统中发挥着一定的功能。但是“一个好的（强壮的）癌细胞不是某种好的物种。……癌细胞不属于任何自然物种，它只是一个失去控制的好细胞，一种不适应人的身体的细胞。而且，在多细胞有机体那里，细胞的‘善’对整体来说只具有工具价值。物种的内在善不仅出现在物种层面，也出现在有机体层面。从细胞或个体的观点看，‘一个好的癌细胞’是一

① ［美］霍尔姆斯·罗尔斯顿：《环境伦理学》，第221页。

个自相矛盾的词语，一个旺盛生长的癌细胞是在走向自身的灭亡”。[1] 同样，一个只知道把自然视为征服对象、只能从经济的角度来利用大自然的人类，也只是一个强调个体善的物种，他最终会造成系统善的丧失而自食其果。

罗尔斯顿认为和谐的环境有赖于人与人、人与自然以及物种之间的共生，而且认为和谐的环境有赖于个体善对系统善的臣服。

二是动态变化。共生是物种间相互适应后的结果，它包括选择与被选择、淘汰与被淘汰的过程。与共生相比，罗尔斯顿似乎更强调的是存在于生态系统中的生生不息的冲突过程。他认为，生态系统须依赖竞争才能兴旺繁荣起来。

通过选择与竞争，有机体都能很好地适应它们生存于其中的小环境，并各自追求自身的善。但是，生态系统中，各种不同的善总是以互相补充、彼此交换的方式永不停息地相互竞争着。美洲狮在追求自身善的过程中消除了有疾病的鹿；快速敏捷的鹿在追求自身善的过程中剔除了体弱迟钝的美洲狮；衣原体微生物在追求自身善的过程中导致了黄石公园的加拿大盘羊角膜炎，红眼病的流行使加拿大盘羊的数量减少，但却使金雕的数量得到了前所未有的增加。因为大量的盘羊尸体满足了金雕这一物种的生存需要；云杉蚜虫在追求善的过程中造成了对森林的毁坏，但是它的数量却在短尾刺嘴莺追求自身善的过程中被大量削减。一种物种的善被其他物种的善所代替。也就是说，和谐的环境不是一成不变的环境，和谐环境的实现是在动态变化中完成的。这种变化一方面表现为物种之间“善”的交替，另一方面通过这种交替表现为美丑的转化。生命死而复生，美逝去还来；因此在某种意义上，生命的死亡，只要把它视为生命再生的序曲，就不再像人

① ［美］霍尔姆斯·罗尔斯顿：《环境伦理学》，第141页。

们以往所认为的那样丑了。

正是立足于这种动态变化的伦理观与审美观，罗尔斯顿一方面反对物种的“非善即恶”的二分观念，另一方面也反对“自然全美”或“自然全丑”的独断论。环境的美与善均来自于环境中各物种的相互争斗与相互适应。

二 罗尔斯顿环境伦理思想的美学情结

在一般学者的眼里，罗尔斯顿是标准的环境伦理学家。事实上，罗尔斯顿也是以其环境伦理学思想而享誉学术界。然而，如果我们不想犯“先入为主”的错误，我们就得认真去反思充溢于这位著名的环境伦理学家思想当中的美学情结。这种美学情结表现为：他不仅强调环境伦理的对象具有美感属性，环境伦理的主体具有审美能力，而且强调在环境价值的把握上注重情感体验。实际上，罗尔斯顿绝对不是一般意义上的环境伦理学家。试想一想，他的《哲学走向荒野》恰是以“环境的体验与欣赏”结束；他的《环境伦理学》恰是以“诗意地栖息于地球”结尾；在“从美到责任：自然的美学与环境伦理学”一文中，他甚至提出了“美学走向荒野”的命题，试图构筑起环境美学与环境伦理学之间的牢固联系。考虑到他的美学情结是那样深沉，他的审美体验是那样丰厚，我们完全有理由相信，他也是一位不折不扣的环境美学家。在某种程度上甚至可以说，正是他那特有的美学情怀搭建了他环境伦理的思想平台。立足于他的这一美学平台，我们或许可以更好地去解读他的环境伦理学思想。也许，在罗尔斯顿那里，环境美学与环境伦理学就是环境美学家阿诺德·伯林特所期待的那种一而二、二而一的关系。事实上，罗尔斯顿自己曾经说过：“尽管环境伦理学也要把资源配置、人类使用资源时的价值转换、环境污染、后代的权利等问题作为重要的问题来加以考虑，但环境伦理学最深远的目标却是这种伴随着恰当行为的对大自然的这种全面欣赏。”[1] 在罗尔斯顿那里，环境美学和环境伦理学是深刻关联着的。

（一）环境伦理对象的美感属性

罗尔斯顿环境伦理学思想的美学情结最明显地表现在，他强调生态环境具有美感属性（aesthetic property）。他说：“大自然具有美的特征，正如它具有数的特征。……若从生物学角度欣赏大自然，我们也会发现，大自然是美的。……创生万物的大自然有规则地创造出了风景带和生态系统——山脉、海洋、草原、沼泽——它们的属性中包含美的因素，这些美感属性是客观地附丽在大自然之上的。具有生态学眼光的人将发现，美是创生万物的自然的一个奇妙作品，它具有客观的美感属性。……客观地存在于自然界中的形式、对称和复杂性都具有美学价值。”[2] 他还以诗情画意的笔调写道：“自然的历史本身就是一部虽有些汪洋恣肆但仍令人叹为观止的史诗，一部值得阅读和欣赏的小说。”[3] 在罗尔斯顿看来，在整个生态系统，美无处不在。尽管大自然也存在着具体的个别的丑，尽管原始自然的每一个角落并非都是美好的，但是大自然是生生不息的，它一定能从丑中创造出美来。某个内在地丑的自然物，如果在生态系统的演变过程中发挥了工具性的作用，那么它的丑就结出甜美的果实。不过，生态环境有两种不同的美：一是崇高，一是优美。所谓崇高就是指生态环境表现出来的怪异、神秘、突兀、粗犷、巨大等美感属性；所谓优美就是指生态环境表现出来的和谐、对称、整一、秩序等美感属性。

一方面，他肯定生态环境是有优美的一面：“我们赞赏科罗

① ［美］霍尔姆斯·罗尔斯顿：《环境伦理学》，第41页。

② 同上书，第319—320页。

③ 同上书，第13页。

拉多大峡谷的弓形风景带的理由，与我们赞赏萨摩亚群岛的'自由女神像'的理由是一样的：它们都是优美的。特顿山脉或美洲楼斗菜的敬仰者都承认大自然所承载的审美价值。"[1] 他还说："在大自然中，生态系统有规则地自发地产生着秩序；在丰富、美丽、完整和动态平衡方面，这种秩序要比该系统任一组成部分的秩序高出一筹；它维持着这些组成部分的丰富、美丽与完整。"[2] 可见，优美是某种漂亮的或色彩优美的东西，是感官的美，是令人赏心悦目的风景。面对原始纯洁的自然之美，我们宁愿沉浸其中，我们无不感到心旷神怡。

另一方面，他又肯定生态环境有崇高的一面："在枯死的树上、在地下、在黑夜中，都有许多的奇迹正在发生。它们当然构不成优美的风景，但对它们的观察却能给我们带来美感。"[3] 当我们俯瞰峡谷或凝望天空时，峡谷的深渊和天空的浩瀚都能给人们带来审美上强烈的刺激反应。[4] 在《森林的审美体验》中，罗尔斯顿强调，人类正是在原始森林中懂得了什么是最真实的荒野情感，一种崇高的感觉。这种崇高的感觉与在室内、在艺术博物馆、在时尚购物中心以及在城市公园获得的体验是截然不同的。[5] 大自然幽暗的山林、怪异的岩石、荒芜的原野、奇巧的线条、阴郁的情调、紊乱的排列，以其对和谐、比例、纯净、规则、理性的颠覆与破坏，令人惊奇赞叹、头晕目眩，具有一种超乎寻常的刺激效应，造成一种"畸形的美"。这种"畸形的美"在深度和强度上远远超出"常规的美"，带给我们的快感比大千

① ［美］霍尔姆斯·罗尔斯顿：《环境伦理学》，第13页。

② 同上书，第235页。

③ 同上书，第325页。

④ 同上书，第318—319页。

⑤ 参见 H. Rolston, Aesthetic Experience in Forests, Journal of Aesthetics and Art Criticism 56 (no. 2, spring 1998)。

世界的和谐静穆之美多得多。这甚至是一种更高形式的美。罗尔斯顿绝对不甘心把生态系统仅仅理解成为一张风景明信片。实际上，大自然经常以它的怒吼、飞沙、寒冷的荒原以及令人茫然的永无止境的生存竞争和创造力打乱我们平静的生活，使我们无法停留于感官的享受。人们既要发现在大自然中优美如画的景色，也要被生生不息的地球总是显得如此壮美而感动。也就是说，要努力地去欣赏进化的生态系统在向生命奔进的过程中所表现出来的崇高的美。"真正美的是创生万物的生态系统；除非认识到这一点，否则，我们就会对大自然中那些崇高的东西视而不见。"①

环境伦理对象的美感属性要求我们承认环境自身的价值。罗尔斯顿在《从美到责任：自然的美学与环境伦理学》中说："面临雄伟壮丽的高山或绚丽多姿的物种时，人们几乎不需要什么戒律就很容易从'是'走向'应该'。"当我们发现，在大自然永不枯竭的创造力面前，我们显得多么贫乏的时候，我们开始懂得去承认并尊重环境自身的道德权利。"荒野自然是人与自然的交会之地，我们不是要走到那里去行动，而是要到那里去沉思；不是把它纳入我们的存在秩序中，而是把我们自己纳入它的存在秩序中。我们需要荒野自然，恰如我们需要生活中其他那些我们欣赏其内在价值的事物一样；此外，荒野自然还使我们能够直接接触那些独立于人的活动的价值。荒野自然拥有某种完整性。如果我们不承认并欣赏它的这种完整性，我们就会变成精神上的穷人。"②

（二）环境伦理主体的审美能力

罗尔斯顿认为，审美体验具有两个要素，一是存在于自然物身上的美感属性，一是存在于观察者身上的审美能力（aesthetic

---

① ［美］霍尔姆斯·罗尔斯顿：《环境伦理学》，第331页。

② 同上书，第53—54页。

capacity)。尽管在某种意义上甚至可以说，自然生态系统也有审美力（aesthetic power），因为它能够创造出具有美感属性的事物，但严格说来，大自然却不具有美感体验的能力，只是在人那里才造就出这种能力，这是一种理解、欣赏和享受大自然的能力。在《森林里的审美体验》一文中，罗尔斯顿说："从根本上说，森林自身并不包含任何审美体验，只有当人类与森林相遇的时候，审美体验才得以构建起来。……我们倾向于认为，在无人光临过的自然中根本不存在审美体验，树木肯定不会有审美经验，而鸟类和兽类也几乎没有审美体验。"①

就此而言，具有审美能力，构成了人与自然物的巨大差异，并且这种差异从某个侧面恰好标示出人的完美。而人展现其完美的一个途径就是能够以高度的责任心和义务感去看护地球，看护地球上所有完美的生命形式。罗尔斯顿指出，生存于文明社会中的每一个人都应学会诗意地栖息于地球。"人类的文化有助于人类在地球上的诗意的栖居；这种文化是智人这个智慧物种的文化。存在着许多各有千秋的栖居方式。诗意地栖居是精神的产物；它要体现在每一个具体的环境中；它将把人类带向希望之乡。"②

环境伦理主体的审美能力要求我们承担起对环境的道德义务。罗尔斯顿认为，从美学的角度看，大自然是一个神奇之地。"大自然内在地就是一个神奇之地。当道德代理人与之相遇时，这样一种自然的神奇之地就会导出某些义务。"③ 在罗尔斯顿看来，生态系统之所以本身就是我们的道德义务的恰当对象，根本

① 参见 H. Rolston, Aesthetic Experience in Forests, Journal of Aesthetics and Art Criticism 56 (no. 2, spring 1998)。

② ［美］霍尔姆斯·罗尔斯顿：《环境伦理学》，第484页。

③ 同上书，第35页。

上是因为具有审美能力的人能够以其超越功利的道德境界，达到对环境的全面欣赏。罗尔斯顿关于人对自然存在物的义务的价值论论证，事实上是以关于人的存在的人性论论证为基础的，他的自然价值论以人性论为其归宿。人应该有一种伟大的情怀：对大自然永远怀有感激之情。这种伟大的情感有助于稀释和冲淡人们对个人自我利益的过分关注，有助于把人们从对物质利益的永无休止的算计和纠纷中解放出来。只有当人们能够诗意地面向生活时，人们才能走出那种卑微的尔虞我诈和斤斤计较，人类才能培养出真正的利他主义精神和恻隐之心。为什么现代人在开发利用自然方面变得越来越有能耐，而对大自然自身的价值和意义却越来越麻木无知？究其原因，不外乎是由于我们总是以一种工具主义的态度看待大自然，而缺少了一种审美能力。在《从美到责任：自然的美学与环境伦理学》中，罗尔斯顿指出："哪儿能使人产生悦人的审美体验，此地便更容易受到保护。"他还指出："动物被它们所如此完美地适应了的小生境所同化；但人却能站在这个世界之外并根据他与世界的关系来思考自己。在这个意义上，人对这个世界来说是古怪的——既生存于其中又超出于其外。在生物学和生态学的意义上，人只是这个世界的一部分；但他也是这个世界中唯一能够用关于这个世界的理论来指导其行为的一部分。因此，人能够去理解那些可用来理解他们的事物；他们的困惑和责任都根源于此。他们有着一个独特的形而上的形象，因为只有他们才研究形而上学。他们所研究的形而上学也许能引导他们获得一种与自然合一的体验，使他们以高度的责任感去关怀其他物种；但是，这种合一却诡谲地使他们超越自然，而大自然中是没有任何事物能够获得这种体验并作出这种关怀的。"①

① ［美］霍尔姆斯·罗尔斯顿：《环境伦理学》，第96页。

（三）对环境价值的情感体验

罗尔斯顿环境伦理学强调人对维护和促进具有内在价值的生态系统的完整和稳定负有不可推卸的道德义务。那么承担义务的根据在哪里？我们认为，其一，源自自然本身的内在价值；其二，源于在生物共同体中形成的某种情感。罗尔斯顿是这样说的："对我们最有帮助且具有导向作用的基本词汇是价值。我们将从价值中推导出我们的（环境）义务。"① 然而，与一般价值论者仅仅立足于主客观论来谈论价值不同，罗尔斯顿把体验与价值相连，认为只有通过体验的通道才能了解事物的价值属性。人们所知道的价值是通过体验整理过的，是由体验来传递的。价值评价要求认知者全身心地投入其中，伴随着内在的兴奋体验和情感表达。所以，罗尔斯顿在《森林的审美体验》中说："对森林和山上风景这些自然物的审美体验要求参观者全身心地参与、沉浸并挣扎于其中……森林需要进入而不是远观……只有完全进入森林，才能真正体验森林。"他还说："如果我们想谈论自然价值，那我们就必须主动地'介入'到这些价值之中；也就是说，必须要以个人体验的方式分享这些价值，这样才能对它们作出恰当的判断。"② 罗尔斯顿指出，尽管评价所描述和揭示的价值并不就是这些体验，但对大自然的所有评价都是建立在体验之上的；尽管评价并不就是我们所感觉的东西，但如果没有对大自然的感受，我们人类就不可能知道自然界的价值。③ 罗尔斯顿对价值概念的把握之所以让人普遍感觉到是开放的、不确定的，就是因为他对价值的理解总是伴随着不确定性的情感体验。

情感体验的确充满了太多的模糊性和不确定性。"就千姿百

① ［美］霍尔姆斯·罗尔斯顿：《环境伦理学》，第 2 页。

② 同上书，第 35 页。

③ 参见［美］霍尔姆斯·罗尔斯顿《环境伦理学》，第 37—38 页。

态的地表和海洋风貌而言，我们可以恰当地说，它们是优美的、吸引人的、完整的、丰富的、轮廓清晰的、具有生命力的、辽阔的、令人敬畏的、壮观的，或者是荒凉的、凶猛的、凛冽的、粗鲁的。这些词汇是那些描述了人们的审美体验的词汇和那些揭示了自然物的美感属性的词汇的混合。”[①] 不过，与美大致可以区分为崇高与优美两种类型相对应，在罗尔斯顿那里，情感体验还是可以大致区分为两种类型：一种是崇高感，一种是优美感。当罗尔斯顿把这两种情感体验引向环境伦理学时，他发现优美感让人们产生对生态环境的伦理学意义上的爱怜之情；崇高感让人们产生对生态环境的伦理学意义上的敬畏之心。所以尤金·哈格罗夫（Eugene Hargrove）认为，环境伦理学是从雄伟的风景开始的，“自然保存的最终历史根据是审美”。[②] 难怪罗尔斯顿在《从美到责任：自然的美学与环境伦理学》一文中指出：“对于一种环境道德来说，审美体验是最常见的出发点之一。”

优美感是罗尔斯顿环境伦理学强调爱护自然的审美心理基础，正是在这一审美心理基础上，罗尔斯顿强调要带着责任心在人与自然之间建立一种友好关系，使人对大自然充满情谊和热爱。由于是以审美心理为基础，这种责任不是令人生厌的约束，而是令人愉悦的担当。但人们不会满足于从某些可用镜头捕捉的美景中所获得的愉悦性体验，而是向往一种当我们把自己遗忘于大自然的创造力之中并与这种创造力融为一体时所获得的更高的体验。这就是崇高感。

崇高感是罗尔斯顿环境伦理学强调敬畏自然的审美心理基础。正是在这一审美心理基础上，罗尔斯顿总是对大自然抱有一

① ［美］霍尔姆斯·罗尔斯顿：《环境伦理学》，第 323 页。

② 转引自 H. Rolston，*From beauty to duty*：*Aesthetics of Nature and Environmental Ethics*，*Environment and the Arts*，Ashgate，2002。

种敬重之情。他说："丰富多彩的整部自然史只是一系列令人赞叹的'奇迹般的'偶然事件的一个短小片断，是各种潜能的显露过程；当地球最复杂的作品—智人—获得了足够的智慧来反思宇宙中的这片神奇之地时，我们对那个创造出价值的、由偶然和必然交织而成的自然过程，除了惊奇，似乎就只有赞叹的份了。……这些天文过程和地质过程的登峰造极之作——生命——更是令人钦佩……自然环境是生养我们、我们须臾不可离的生命母体。自然一词的最初含义是生命母体。……唯一负责的做法，是以一种感激的心情看待这个生养了我们的自然环境。"[①] 生态环境蕴涵了一种更宏大、更刺激的力量，这是一种超越我们甚至又威胁我们的宗教力量。然而也正是这种力量深深地无限地吸引着我们，并让我们对其肃然起敬，最终我们就成了草地、森林和山川的爱慕者。

总之，在罗尔斯顿眼里，环境伦理学与环境美学不是隔绝的。环境伦理学是一种涵盖了责任的扩展了的美学，而环境美学就是一种变得富有同情心的伦理学[②]。因为当审美由静观变成参与，当审美由外在形式走向历史深度，客观的美感属性就变成了激烈的审美体验，轻松闲适的优美感觉就变成了肃然起敬的崇高感觉，快乐的美感就通向了凝重的责任，美学就成为了环境伦理学坚实的基础，环境伦理学与环境美学的关联就被必然构建起来。在《从美到责任：自然的美学与环境伦理学》一文的结尾，罗尔斯顿写道："美学能否成为环境伦理学坚实的基础？这取决于你的美学思想的深刻程度。大多数的美学家一开始相当肤浅地认为，美学不能成为环境伦理学的基础。不过，随着人类对自然

① ［美］霍尔姆斯·罗尔斯顿：《环境伦理学》，第265—269页。

② 参见 H. Rolston , *From beauty to duty*: *Aesthetics of Nature and Environmental Ethics*, *Environment and the Arts*, Ashgate , 2002.

的适当渗入，当人们发现美学自身与自然史之间存在着一种发现与被发现的关系时，他们就会逐渐地认为美学是能够成为环境伦理学的基础的。环境伦理学需要这种美学来成为它坚实的基础吗？是的，确实需要。”

第五章　荒野审美模式的重新厘定

《雪人》[①]

我们要有冬天的心，
去观看冰霜，
和厚盖白雪的松枝。
我们要冷冻好久，
才能观看壮松带冰，
针枞在一月阳光遥射中的粗糙。
而不去想，
风声和叶声中的任何悲伤。
这也是大地之声，吹着相同的风，
在裸露的老地方吹着。
为雪中聆听的人而吹，
那人，
虚静无虑，
观看
无中之有和无中之无。

---

① 转引自［法］米·杜夫海纳《审美经验现象学》上，文化艺术出版社 1996 年版，第 36 页。

罗尔斯顿以前，中西自然荒野的欣赏模式主要表现为认知式、如画式和比德式。认知式的欣赏模式把自然荒野视为认识的对象，侧重于对荒野自然的理解性把握。如画式欣赏最为普遍的方式是从“如画”的角度对荒野自然进行把握，立足于风景画或摄影的角度来欣赏荒野自然。比德式欣赏就是以荒野自然景物的某些特征来比附、象征人的道德情操，就是在对荒野自然的审美把握中，着重去发掘自然荒野事物中与人的品德类似的某种性质，通过审美主体的联想，建立起自然荒野与人的精神联系。在西方审美文化中，认知式与如画式的审美模式占据主导地位，在中国审美文化中，比德式的审美模式占据主导地位。

罗尔斯顿认为荒野自然的欣赏不是如画式的静观，而是一种对生命的沉浸与体悟。自然荒野的欣赏也不仅是获得一种科学认知，而是一种对生命大美的沉醉。自然荒野的欣赏中，科学的视角有助于我们了解欣赏的对象，但认知不能等同于审美。荒野的欣赏需要主体身体性的介入与精神性的沉浸。

第一节 中西自然审美史一瞥

一 中国自然审美史一瞥

如果说天人相分的观念压抑了西方人对荒野自然的审美情感的话，那么天人不分的观念在一定程度上则引导着中国人对荒野自然的欣赏。有人说，中国自古就有登高赋诗、对景抒怀的文化情结。朱光潜先生也认为：中国文人喜游名山大川，一则增长阅历，一则吸纳自然界瑰奇壮丽之气与幽深玄妙之趣。事实上，大山长水确能扩人心胸。这一点可从袁枚的诗中得到佐证。袁枚在年事已高时游黄山，面对弟弟的劝阻，他曾作六言绝句回答道：“看书多摘几页，游山多走几步。若非博见广闻，总觉光阴虚度。”[①] 山水，不仅是人类赖以生存的极其重要的自然环境，而且人们的精神生活也需要山水。烟云吐纳，如鼻间呼吸，美是自由的呼吸。湖山一岛、桃浪一叶，皆含妙灵。一山一湖总关情，山水以各种生命姿态给人以种种美的滋养。

先秦时期的孔子是喜欢自然审美的：他观天俯地品松柏，他遇大水必观，他喜欢登高望远，“孔子登东山而小鲁，登泰山而小天下”。[②] 正是通过这些自然审美，孔子在《论语》中说道：“智者乐水，仁者乐山。智者动，仁者静。智者乐，仁者寿。”虽然孔子在这里是通过山与水的不同特征来比附智者与仁者两种不同的品质。但是我们在这种比德中发现水能让智者喜，山能让仁者乐，智者喜欢水的活泼，仁者喜欢山的沉静，一句话，自然山水与人是相亲的。孟子欣赏长满了树木的牛山，提倡“五亩之宅，树之以桑”。老子钟情于水，认为水“不争”、“处下”，“至柔”。老子认为：“江海所以能为百谷王者，以其善下之。”江河湖海因为比地面的其他地方低下，所以它能容纳百谷，成为百谷之王。因为江河湖海的“处下”现象合乎“道”，所以江河湖海在老子眼中是美的。崇尚自然的庄子更是寄情于天地万物，庄子认为“天地有大美”，“山林与，皋埌与，使我欣欣然而乐与!”[③] 庄子欣赏那“十步一啄、百步一饮”的“泽雉”，那“陆居则食草饮水，喜则交颈相靡，怒则分背相踶”的马，那“栖之深林，游之坛陆，浮之江湖”的鸟。庄子对大自然的向往与审美，拓展了人的审美领域，对于人的自然美的意识的形成和沉淀，有着重大的影响。

湖北省云梦睡虎地出土的秦汉漆器以实物的形式证明了自然

① 袁枚：《随园诗话》卷四。

② 《孟子·尽心上》。

③ 《庄子·知北游》。

物在中国早期审美文化中的地位。20世纪70年代，湖北省云梦睡虎地出土了大量秦汉时期的漆器，这些漆器绝大部分都有彩绘优美的花纹图案。漆器的花纹样式主要有动物纹样、植物纹样、自然景象等。动物纹样包括凤、鸟、鱼、牛、马等。如扁壶正面外壁绘有鸟和奔马、背面绘有牛；双鱼单鹭盂上的鱼游动自如，鹭单足伫立；椭圆奁的下盖面外壁绘有鸟；耳杯的内底绘有双鱼。凤形勺本身就是一只栩栩如生的凤。植物纹样，多是花、蕾、瓣和枝叶的变形。花主要有梅花、菊花、四瓣花及折枝变形花卉等。植物纹样是漆器上的主要纹样。自然景象的纹样是云、雷、电、雨和水波的变形，它们的主要作用是用作衬托的边花。

与西方的古希腊时期相比，自然物在中国的审美文化中占据着不可忽略的位置，但是，先秦时期人们对自然的欣赏是不充分的。主要表现在：其一，自然景物的欣赏往往受限于"比德"与"体道"的框框中，如孔子贵玉而贱珉，老子贵水之阴柔而忽视水之迅猛都是因为同样的道理；其二，在主流文化中，自然景物还没有成为独立的审美对象，它们多作为人物背景、比兴的前提而出现。在《诗经》里，并不缺少对自然景物的描写，如清澈的河水、灼灼的桃花等，但是，它们大多是作为"喻类之言"的"比"和"托事于物"的"兴"，还不是以独立的姿态出现，自然环境的审美价值还没有独立出来。如《诗经·蒹葭》篇中，诗人虽然描绘了"蒹葭苍苍，白露为霜"的秋天景色，但却是为了起兴一种思慕佳人而不得的怅惘之情而服务的。《诗经·采薇》篇描写了"杨柳依依"的景象，但却是为了衬托离别之人的思念之情。但不管怎么说，这个时期的人们已经开始把审美的眼光投射到自然界的山川草木身上，朦胧地意识到自然景物中蕴藏着美的因素，有着使人产生乐趣的东西。

三国魏晋南北朝时期，"比德"、"比兴"的自然审美观虽然在继续发展，但却出现了"畅神"说。自然物不只是因"比德"

而美，还可以因“畅神”而美。“畅神”观由于更多的强调的是自然与人的情感关系，较之“比兴”、“比德”更具有美学色彩，故而人们认为自然审美开始进入自觉的时期。当此之时，国家的分裂，政治上的昏乱，使一大批胸怀济世之志的人报国无门，他们或浪迹山林，或归隐田园。在谈玄、吃药、喝酒之余，他们只好把过盛的精力寄情于山水和田园，沉浸于大自然的怀抱，忘了名利、忘了自己，自然成为慰藉他们的忠挚情人。与先秦时期相比，这个时期的人们在对自然环境进行审美时，不再拘泥于孔孟之道处处进行比德，他们开始对自然山水进行较为细致的描绘，注意自然环境的典型形象的创造与把握，显示出一种摆脱山水景物的道德比附，要求进行独立的山水审美的倾向。自然开始以一个独立的审美对象出现。画绝、痴绝和才绝的顾恺之一生写过大量表现山水之美的诗赋。如《雷电赋》、《冰赋》、《风赋》、《水赞》等，游会稽后，人们问他的印象如何，他回答：“千岩竞秀，万壑争流，草木蒙茸，其上若云兴霞蔚”，给人们展现了一片美丽的自然风光。“书圣”王羲之一生钟爱游历与书法，他曾写信告诉友人:“要欲及卿在彼登汶岭、峨眉而旋，实不朽之盛事。”[①] 面对人生的短暂，他沉浸于自然之中。他在《兰亭序》里写道：“仰观宇宙之大，俯察品类之盛，所以游目骋怀，足以极视听之娱，信可乐也。”书法成了他案前的山水，山水成了他案前的书法。有人说，中国书法艺术的韵律和形式，有很多都是来自于大自然。有的书法家从枯藤中发现美，有的书法家从松树上发现美，有的书法家从竹叶上发现美，有的书法家从大蛇相斗中发现美……于是就有了所谓的“枯藤”笔法和“劲松”笔法、“六分半体”和“斗蛇体”。“书圣”王羲之在谈论书法艺术时，处处借用自然之物：每作一横画，如列阵之排云；每作一戈，如

① 《全晋文》卷22。

百钧之弩发；每作一点，如高峰坠石；每作一折，如屈折钢钧；每作一牵，如万岁枯藤；每作一放纵，如足行之趋骤。他著名的书法作品《兰亭集序》就是在佳日、友朋、美景、美酒共同作用下的产物，在那个“有崇山峻岭，茂林修竹，又有清流激湍，映带左右”的会稽，王羲之“仰观宇宙之大，俯察品类之盛”，写下了“矫如游龙，惊如翩鸿”的不朽之作。西晋时，嵇康、阮籍等“竹林七贤”为了避世而逃向山林。他们把山水看作避难所及精神的乐园。嵇康在《与山巨源绝交书》中写道：“游山泽，观鱼鸟，心甚乐之。”南朝时陶景弘甚至把自然山川视为仙境。他在《答谢中书书》中说道：“高峰入云，清流见底。两岸石壁，五色交辉。青林翠竹，四时俱备。晓雾将歇，猿鸟乱鸣。夕日欲颓，沉鳞竞跃。实是欲界之仙都。”

在两晋南北朝时期，真正把游历自然山水，欣赏自然风光当作“不朽之盛事”，并乐在山水之间，而不是暂避一时的当推陶渊明和谢灵运。他们的田园山水诗，展示了田园山水之美，表现了诗人对自然美的自觉意识。陶渊明一生几次出仕，又数次归隐，最后在归隐的田园中得到了人性的自由。陶渊明躬耕田园，乐在其中，自然田园成了自己精神的寄托之地。无论是“草盛豆苗稀”的荒芜田地，还是“道狭草木长”的荒僻小径，都是陶渊明的心爱之物。“方宅十余亩，草屋八九间”就是陶渊明眼中的理想居所。“平畴交远风，良苗亦怀新”的农田成了陶渊明审美的对象。就连“狗吠深巷中，鸡鸣桑树巅”的喧嚣与杂乱，也被陶渊明作为怡人的环境而接受。陶渊明对自己隐居生活的描写，成了对自然美的赞歌。“采菊东篱下，悠然见南山。山气日夕佳，飞鸟相与还。”一切自然景象都被归为一种宁静的素朴之美。谢灵运酷爱山水，曾特制木屐，为登山之用。他认为自然山水与衣食同等重要，“夫衣食，人生之所资；山水，性兮之所适”。他“出为永嘉太守，郡有名山水，素所爱好，遂肆意游傲；遍历诸县，动逾旬朔。民间听讼，不复关怀。所至辄为诗咏，以致其意焉”。他寻山涉岭，“窥情风景之上，钻貌草木之中”，写了大量的山水诗，描写了会稽、永嘉、庐山之美。他的山水诗对后世影响盛大，如“池塘生春草，园柳变鸣禽”、“野旷沙岸净，天高秋月明”、“明月照积雪，朔风劲且哀”至今被人传诵。与陶渊明和谢灵运对自然的欣赏方式不同，北魏的郦道元的《水经注》给我们展示了一种将地理描述与环境审美相结合的自然欣赏方式。如《縠水注》先写明地理方位，再写水的生动形态：“水悬百余丈，濑声飞注，状如瀑布。濑边有石床……其水分纳众流，混波东逝，……夹岸绿溪，悉生支竹及芳枳木连，杂以霜菊金橙。白沙细石，状若凝雪，石溜湍波，浮响无辍。山水之趣，尤深人情。”

魏晋南北朝时期，文人们开始自觉地对自然环境进行审美，并且表现出一种“模山范水”的倾向。不论是郦道元的散文，陶渊明的田园诗，还是顾恺之的绘画，都注重对景物的实录。如陶渊明的“榆柳荫后檐，桃李罗堂前。暧暧远人村，依依墟里烟”就是如此。

唐宋时期是自然审美的大发展时期，一是人们的眼界看得更远更广，把更多的自然景观纳入审美范围。如大漠孤烟、剑门蜀道、长江黄河、西湖美景等；二是自然山水走上画坛的前台，山水居首，人物次之，山水不再是人物的附属。相反，人物退居到山水之后，甚至成为“点景”之用；三是拥有更多的审美主体。有欣赏田园生活的孟浩然，有依恋幽静恬然的自然环境的王维，也有欣赏边塞风光的诗人王昌龄、高适和岑参，还有漫游四方、留下无数描绘自然之美丽、黄河之雄壮的诗篇的李白，再加上善写山水游记的柳宗元，还有众多的观潮民众……。这是一个把自然审美推向一个新的高度的时期。李白周游四海，饱览名山，蕴涵了他豪迈奔放的诗风。“黄河之水天上来，奔流到海不复回。”

“黄河西来决昆仑，咆哮万里触龙门。”黄河经由李白之口成为千古审美意象。孟浩然的田园诗使我们感受到农村的生活方式和农家居住环境之美。“绿树村边合，青山郭外斜”的优美环境令人心醉。泛舟汉江，临江远眺，王维陶醉于“楚塞三湘接，荆门九派通”的气势，同时迷恋于“江流天地外，山色有无中”的景色。在幽静的月夜、在鸟鸣的山涧，王维总是以他画家的眼光、音乐家的悟性，来表现他对自然美的感受以及他所追求的虚静境界。“西塞山前白鹭飞，桃花流水鳜鱼肥。青箬笠，绿蓑衣，斜风细雨不须归。”展示给我们一幅流芳千古的渔舟风雨图。与前代对自然环境的欣赏重自然描述不同，唐宋诗人与词人重意境的把握。柳宗元的游记与郦道元的《水经注》不同，他不再重一山一水一树一石的美，而是重寄兴写意。在《钴鉧潭西小丘记》中，柳宗元欣赏小丘之美——“嘉木立，美竹露，奇石显”、更留恋小丘的自然环境——“由其中以望，则山之高，云之浮，溪之流，鸟兽鱼之遨游，举熙熙然回巧献技，以效兹丘之下。枕席而卧，则清泠之状与目谋，瀯瀯之声与耳谋，悠然而虚者与神谋，渊然而静者与心谋。”但柳宗元对小丘的欣赏更多的是从同是天涯沦落人的角度出发，抒发的是自己怀才不遇的愁绪。春夏秋冬皆有其美，宋人郭熙《山水训》认为：“春山烟云连绵，人欣欣；夏山嘉木繁阴，人坦坦；秋山明净摇落，人肃肃；冬山昏霾翳塞，人寂寂。”才气通神的苏轼多次游览长江赤壁，尽情地享受造物者的赐予。“江上之清风，与山间之明月”，以及“乱石穿空、惊涛拍岸”的长江都是令人神往的美景。这些自然美景“耳得之而为声，目遇之而成色，取之无尽，用之不竭”。自然山水在人们的心目中，是生活的伴侣，人生的音乐，精神的寄托者。辛弃疾对自然山水有着特殊的感情，他常与朋友游历山水间，“几个相知可喜，才厮见、说山说水。颠倒烂熟只这是。怎奈何，一回说，一回美”。[①] 他曾说自己“好山如好色”，一生不负溪山债。陆游以“青山白云过一生”而自慰和自豪。在浙江，观潮成了士大夫与百姓们的一大盛事。浙江之潮，成了天下奇观。“方其远出海门，仅如银线；既而渐近，则玉城雪岭，际天而来，大声如雷霆，震撼激射，吞天沃日，势极雄豪。”南宋诗人杨万里曾以“海涌银为郭，江横玉系腰”来描绘钱塘盛景。

唐宋以降，自然审美发生了一个明显的变化，这就是自然审美与人们的现实生活越走越近。特别是建筑园林的兴盛，拉近了人们与自然的审美距离。自然审美不再仅是对居住环境以外的自然的欣赏。建筑园林把美丽的自然移至自己身边，对自然的审美可以在周边环境中进行，人居环境里的自然也可以成为欣赏的对象。人们关注自己周边自然环境美的营造，将自然环境的审美与现实生活环境美的创造融为一体。郑板桥与孟浩然一样爱自然田园风光，与孟浩然云游四方、到农舍“把酒话桑麻”不同的是，郑板桥在自己居室周边稍加修葺，营造一种朴素自然的田园山水美。“三间茆屋，十里春风，窗里幽兰，窗外修竹。”“十笏茅斋，一方天井，修竹数竿，石笋数尺，其地无多，其费亦无多也。而风中雨中有声，日中月中有影，诗中酒中有情，闲中闷中有伴。非唯我爱竹石，即竹石亦爱我也。彼千金万金造亭，或游宦四方，终其身不能归享，而吾辈欲游名山大川，又一时不得即往，何如一室小景，有情有味，历久弥新乎！”计成的《园冶》、李渔的《闲情偶寄·居室部》都是对人居环境的审美营构。建筑园林把山林的质朴自然与楼阁的人工雕镂、自然景观与人文景观相结合，把自然环境的审美落到实处。对此种变化，李泽厚在《美的历程》中分析认为，魏晋时期，自然界实际就没能真正构成他们生活和抒发心情的一部分，自然在他们的艺术中大都只是

① 辛弃疾：《夜游宫·几个相知可喜》。

徒供描画、错彩镂金的僵化死物……谢灵运尽管刻画得如何繁复细腻，自然景物却并未能活起来。

正是通过建筑园林，自然美由情感化的幻想变成实际生活中的自然环境美，自然美由外在的对象变成人居于其中的环境美，至此，人与自然之间的精神和谐在居住层面得到体现。在建筑园林里，人与自然融为一体，自然是我们的另一体，我们在自然中居住。在这里，自然美不是被艺术美扬弃，自然美成为了艺术美中不可缺少的一个契机。自然美与艺术美不再是二元的、割裂的关系，自然与艺术、人与环境之间是一个持续性关系。人是自然秩序中的一个居住者，尊重自然同时又营造着自己的居住环境，人通过自己的创造活动把自然美留在身边，留在人文的居住环境中。

二　西方自然审美史一瞥

在先秦时期的虎座飞鸟、鹿座飞鸟、镇墓兽、卧鹿、凤形勺等漆器中，在先秦时期的青铜器上，我们看到大量的凤鸟鱼马、花蕾枝叶、龙蛇虎豹、星云鸟兽等自然物的形状。在曾侯乙墓出土的殉葬品中，除了常见的象征云龙的纹饰外，还有单独的、精美的鹿角立鹤以及数不清的青铜蛇缠绕着的铜建鼓座，更不用说铜鉴缶上的虎狮座了。而在古希腊罗马时期，我们看到的却是不同的景象。在这里，人成为艺术的主题。美丽的人与人的生活世界成为审美的对象，自然世界不值一提。古希腊的建筑是献给神化的人或人化的神，而雕塑是以人为蓝本来歌颂美的肉体的。在西方，人体雕塑与人像艺术盛行，充满力量的人与人的身体成为艺术家不竭的创作源泉。《克里奥比斯裸体立像》、《着衣少女像》、《阿波罗神像》、《掷铁饼者》、《雅典娜与马尔斯亚》、《命运女神像》、《和平女神像》、《农神德美特尔》等塑造的都是健康的人体。古希腊的雅典卫城是古代世界建筑艺术中的杰作。帕特农神庙是雅典卫城中的精华部分，在这里，雅典娜雕像占据着整个卫城的制高点。在这里，无论是女神雅典娜的雕像，还是帕特农神庙回廊上的浮雕，都传达出这样一种信息：与人同形的神在这里占据着永久位置。《拉奥孔》虽然展现了蛇的形象，但它主要是为表现拉奥孔的痛苦服务的。《法兰西斯哥陶瓶》中虽然描绘了马，但更多地再现了驾驭它的人及其现实生活。《燕子喻春图》中虽然画有一只飞燕，但占据器物大部分的是三个人物。可见，古希腊人对自然的赞美是与中国人不同的。古希腊人赞美的自然是作为自然的人，在希腊人的眼中，血统好、发育好，身体矫健、擅长各种运动的裸体胜过人世间一切的美。美学家鲍桑葵甚至在《美学史》中暗示出，无生物界的神态，从来就没有映入希腊艺术家和批评家的眼帘。

古希腊罗马时期，西方人还来不及对外在自然进行审美，外在自然仅仅是作为认知的对象而存在。中世纪，自然美继续被忽略，并且呈现出人类中心论的倾向。基督教把自然视为上帝的作品，上帝是自然和超自然的共同根源。上帝创造了世界并把自然交由人类来管理。造出一种“上帝驾驭人，人驾驭万物”的等级序列来。基督教一方面把人的精神与肉体对立起来，使人与内在自然对立；另一方面，赞许人对万物的统治，使人与外在自然对立。在基督教的影响下，山、泉、湖泊成为邪恶驻存之所。荒芜、恐怖、野蛮、无理性、无序和邪恶的自然与安全、有序的城市形成对比。亚当和夏娃被逐出伊甸园后，上帝给予他们的不是“福地”，而是“受诅咒”的荒野。荒野之于他们是荒凉的，荒野是残酷的与危险的。在格林童话中，在但丁的诗歌里，森林与死寂、黑暗、寒冷、郁闷相连，森林是野兽与强盗的所在地。直到中世纪的最后阶段，我们才见到一些有关自然的健康气息。如诗人对于新鲜的空气、森林、暴风雨给予了审美的关注。当西方绘画开始观察自然时，当奇马布埃为绘画艺术投下了一线新的曙光时，中国的山水画已历经几变，高度成熟。当西方幼稚的、粗浅的风景画作为人物活动的背景出现时，中国的山水画已将山水置于前台。

文艺复兴时期，伴随着人的觉醒，人对自然的恐惧渐趋减退，自然开始被人欣赏，不过，荒野依然不在欣赏之列。贝多芬把自然视为唯一的知己，他说：我爱一株树甚于爱一个人。达·芬奇更是与自然结下了不解之缘。他赞叹道：自然是那么博人欢心，那么形形色色取之不尽，以至在同一品种的树木中也不会遇到这一棵和另一棵完全相似的树木……也不会碰到这一个和另一个丝毫不差的东西。但是，文艺复兴时期艺术家们对自然的欣赏，是不纯粹的，他们欣赏自然是为了通过模仿自然、寻找出美的规律，运用到对人体、人像的描绘上。这与中国的画家欣赏山水目的在于更好地描绘出山水的神韵是不同的。“据说达·芬奇的杰作《蒙娜丽莎》那富有魅力的微笑就直接来自自然界的启迪……他在创作《蒙娜丽莎》的时候就细心地观察过许多自然现象。一天，他在入神地欣赏微风吹拂的湖面，觉得那微微荡漾的涟漪有一种奇妙的难以表达的韵味。这种韵味好些日子在他心中激荡。终于他将这种从涟漪获得的情感体验表达到蒙娜丽莎的微笑上面去了。”[①] 确实，达·芬奇、拉斐尔、米开朗基罗、提香等人，主要欣赏的是人物，画的也是人物而不是风景。对此，普列汉诺夫曾经说过：米开朗基罗和他的同时代人是轻视风景的。此外，文艺复兴时期，人们更多地欣赏的是自然创造力，而不是自然创造物。《十日谈》中的故事讲述者侥幸逃脱瘟疫，来到一处草木青葱、泉水叮咚的仙境。在此美景中，经过劫难的十个青年男女并不像庄子一样与万物同化，也不像老子一样与万物同春。自然美景只是为他们提供了一个背景，一个展现自然人性

① 陈望衡：《山水美与心理学》，见范阳主编《山水美论》，广西教育出版社1993年版，第1007—1008页。

的舞台，这里，人的本能与自然创造力才是欣赏的对象。故而，在文艺复兴时期，自然虽然没有像中世纪那样可恶，自然与人的距离拉近了许多，但是自然依然是低等的。诗人和文艺批评家锡德尼就认为："自然从来没有比得上许多诗人把大地打扮成那样富丽的花毡，或是陈设出那样怡人的河流，丰产的果树，芬芳的花草，以及其他可使这个已被人笃爱的大地更加可爱的东西。自然是黄铜世界，只有诗人才交出黄金世界。"① 只是到了文艺复兴后期，西方才出现了一些以自然风景为独立的反映对象的绘画。并且西方的山水诗也出现得较晚，远不像中国的山水诗那么发达。

启蒙主义时期，人的理性受到绝对推崇，自然依然处于被轻视的地位，自然美没有获得独立的地位，即使在康德那里，自然的崇高也是为印证主体的伟大而存在的。在美学大师黑格尔与谢林看来，美是艺术的专利。美学就是艺术哲学。黑格尔认为："在日常生活中我们固然常说美的颜色，美的天空，美的河流，以及美的花卉，美的动物，尤其常说的是美的人。我们在这里姑且不去争辩在什么程度上可以把美的性质加到这些对象上去，以及自然美是否可以和艺术美相提并论，不过我们可以肯定地说，艺术美高于自然美。因为艺术美是由心灵产生和再生的美，心灵和它的产品比自然和它的现象高多少，艺术美也就比自然美高多少。从形式看，任何一个无聊的幻想，它既然是经过了人的头脑，也就比任何一个自然的产品要高些，因为这种幻想见出心灵活动和自由。就内容来说，例如太阳确实像是一种绝对必然的东西，而一个古怪的幻想却是偶然的，一纵即逝的；但是像太阳这种自然物，对它本身是无足轻重的，它本身不是自由的，没有自

① 北京大学哲学系美学教研室编：《西方美学家论美和美感》，商务印书馆1980年版，第71页。

我意识的；我们只就它和其他事物的必然关系来看待它，并不把它作为独立自为的东西来看待，这就是，不把它作为美的东西来看待。"[①] 在黑格尔眼里，自然美是不真实的，就像月亮会发光一样不真实。"只有心灵才是真实的，只有心灵才涵盖一切，所以一切美只有在涉及这较高境界而且由这较高境界产生出来的，才真正是美的。就这个意义来说，自然美只是属于心灵的那种美的反映，它所反映的只是一种不完全不完善的形态，而按照它的实体，这种形态原已包涵在心灵里。"[②] 黑格尔承认艺术与自然的区别，认为"艺术作品本身没有生命，不能运动。自然界活的东西在内外一切大小部分都形成一种有机的组织"，但是艺术作品受过心灵的洗礼，能够比自然世界更纯粹更鲜明地表现人的旨趣和精神价值，艺术可以表现神圣的理想，自然却不能。"例如夜莺的歌声，只有在从莺自己的生命源泉中不在意地自然流露出来，而同时又酷似人的情感的声音时，才能使人感到兴趣。"[③] 古典主义时代，人们对于田野与山陵无动于衷，因为他们没有真正地知觉到这些对象，没有将之视为审美对象。

与黑格尔把绝对精神视为至高的存在从而导致对自然的轻视不同，卢梭主张"回到大自然中去"，把大自然作为其思想的出发点与归宿处。他认为，只有在自然中才能恢复人追求自由的本性，在卢梭看来，大自然是美的源泉。"在人做的东西中所表现的美完全是模仿的。一切真正的美的典型是存在在大自然中的。我们愈是违背这个老师的指导，我们所做的东西便愈不像样了。因此，我们要从我们所喜欢的事物中选择我们的模特儿；至于臆造的美之所以为美，完全是由人的兴之所至和凭借权威来断定

① ［德］黑格尔：《美学》第 1 卷，商务印书馆 1979 年版，第 4 页。
② 同上书，第 4 页。
③ 同上书，第 54 页。

的，因此，只不过是因为那些支配我们的人喜欢它，所以才说它是美。”① 卢梭认为，正月间，在壁炉架上摆满了人工培养的绿色植物和暗淡而没有香味的花，这不仅没有把冬天装扮起来，反而剥夺了春天的美；这等于是不让自己到森林中去寻找那初开的紫罗兰，不让自己去窥看那胚芽的生长，不让自己欢天喜地地喊出大自然还活着的声音。卢梭认为，人与自然之间有着一种息息相通的密切关系，对大自然美丽景象的深沉热爱，是人所具有的天性。卢梭迷恋于自然风光的美，赞美翠绿的田野、清澈的溪泉和巍峨的峰峦。他的《忏悔录》里不乏对自然美的审美体验。在《新爱洛伊丝》中，随处可见他对大自然迷人景色的描写。“你想象那些变化多样的风光，广阔的天地和千百处使人感到惊骇不已的景观，看到周围都是鲜艳的东西、奇异的鸟和奇奇怪怪叫不出名字的草木，处处另有一番天地，另有一个世界，心里真是快乐极了。眼中所看到的这一切，五色斑斓，远非言词所能形容；它们的美，在清新的空气中显得更加迷人……总之，山区的风光有一种难以名之的神奇和巧夺天工之美，使人心旷神怡，忘掉了一切，甚至忘掉了自己，连自己在什么地方都不知道了。”② 在作品中，卢梭将美丽的自然与美丽的爱情相融，激发了西方人崇尚自然、热爱自然、赞美自然的情感，也培养与影响了后来的浪漫主义者。卢梭为浪漫主义文学运动树起了一面大旗——“回到大自然去”。

自然美的欣赏与浪漫主义文学运动关系很大、很直接。浪漫主义文学的重要特征之一就是着力描写大自然景色。无论是消极浪漫主义，还是积极浪漫主义，它们都视自然为“美”以与现实的“丑”对比。浪漫主义者推崇自然的激情，热衷于展现各

① ［法］卢梭：《爱弥尔》下，商务印书馆 1978 年版，第 482 页。
② ［法］卢梭：《新爱洛伊丝》，译林出版社 1993 年版，第 44 页。

种自然的景象。夏多布里昂赞美粗犷蛮莽的原始丛林；拜伦赞美神奇壮丽的自然风光；雪莱赞美意大利美丽的海岸与河川；穆尔赞美爱尔兰岛国的美；华兹华斯赞美自己生活的湖区。风景作为风景赢得了大家的关注，诗人们乐意成为写景诗人，画家乐意成为风景画家。英国画家特纳的那幅题为《金枝》的画，展现了内米林中小湖美丽的景象。他笔下的那片被包围在阿尔巴群山中的一块绿色洼地里的静静的湖水，任何人只要看见过它就绝不会再忘记它。让·巴蒂斯特·卡米尔·柯罗，从城市走入农村，热烈地歌颂大自然的美丽，他创作出许多杰出的风景画。卡斯帕·达维·弗里德里希，不屑于画那种把自己关在画室里凭空完成的"历史风景画"，而乐于表现德国北部的自然风光。深受浪漫主义思想影响的美国思想家梭罗摒弃了用科学经验主义和理性分析来理解自然的方式，提倡通过直觉与想象，通过诗歌与文学的方式来面对自然。他来到瓦尔登湖，一住就是两年，用心感受着瓦尔登湖的美丽与宁静，写下了《瓦尔登湖》一书。自此，自然作为突出的审美对象开始出现在人们的视野里。人们不再把自然视为可怕的、低劣的对象。拉普卜特说："在美国初期十三州时代普遍存在的城镇（好的）和森林（野蛮的、坏的）的相对意义与现在森林（好的）和城镇（坏的）的意义颠倒了。"又说："山野景观的意义随着浪漫主义运动所导致的重大变化。相似的，在美国的过去的200年里，城市与野外的含义之间发生了完全的倒转。曾有积极意义的前者变成了消极的，反之亦然。"①在浪漫主义精神的鼓动下，19世纪后半叶，以莫奈为代表的一批年轻的法国画家走出画室，奔向大自然的怀抱。《日出》、《柳树下的女人》的作者莫奈着迷于大自然中光与色的游戏，成为

① ［美］拉普卜特：《建成环境的意义——非言语表达方法》，中国建筑工业出版社1992年版，第29、145—146页。

印象派的重要代表人物。后印象派凡·高通过《向日葵》、《星空》等作品把充满激情的画笔指向大自然，原始主义画派的中坚人物卢梭沉迷于一个个未受污染的美丽自然世界，表现出一股浓浓的原始气息。

与中国人欣赏自然美时与万物融为一体的方式不同，西方人在自然美的欣赏中难以割舍主体突出的情结。陈望衡先生指出："西方近代的浪漫主义文学思潮中也一度出现对自然顶礼膜拜的现象，但崇拜自然不是目的，浪漫主义的作家们只不过是借歌颂自然来歌颂人的创造精神。只要比较深入地审视西方美学史，我们就会发现，在西方美学的主流话语中，自然美从来没有获得过与艺术相同的地位。"[①] 卢梭虽然热爱大自然，但是，面对大自然，一个平原，不管那儿多么美丽，在他看来绝不是美丽的地方。他所需要的是激流、巉岩、苍翠的松杉、幽暗的树林、高山、崎岖的山路以及在他两侧使他感到胆战心惊的深谷。无论是在柯尔雷基、华兹华斯的诗里，还是在康斯坦伯、特纳的画中，自然都受到关注。在华兹华斯的诗中，不仅日常生活的自然环境受到关注，而且荒野也受到关注。即便是这样，在浪漫主义者这里，自然的欣赏与评价仍然是人类中心论的，自然不是作为自身而是作为满足人类自由的需要而被欣赏的。西方人对自然的审美晚于中国人、不同于中国人，一个重要的原因就是人类中心论的影响。人类中心论一方面造成了审美活动中人对自然的忽略，另一方面人类中心论推崇人的理性，为忽略自然审美提供了理论前提。自然意味着杂多，西方人的思维方式重逻辑、重体系，他们执著于自然万物后面的共相、本质，追求一个理解一切的美的概念与理论。自然的杂多难以入围。

① 陈望衡：《自然至美》，载《美与当代生活方式》，第121页。

第二节　自然欣赏的几种模式

一　认知式

西方传统美学基本上是从认识论的角度来看待审美的。“美学之父”鲍姆嘉通认为，美学是研究感性知识的科学。既然把美学看做一种科学知识，必然将审美看成一种认识。在西方，科学主义精神的盛行为认知式的欣赏模式奠定了基础，使认知式的欣赏方式成为自然欣赏中的一大特色。认知式的欣赏模式把自然视为认识的对象，侧重于对自然的理解性把握。如伽利略声称，自然这部大书是用数学语言写的，是人们可能获得的最完美知识。

现代环境美学推崇认知模式的人虽然观点彼此有所不同，但是他们都强调欣赏的认知性基础，强调以科学为基础的欣赏方式，强调生态学、地质学以及其他科学之于环境欣赏的重要性。在他们看来，科学知识是荒野欣赏的一个重要条件。有知识的人在荒野中可以看到图案和和谐，而没有知识的人看到的只是一片没有意义的混乱。认知型模式最大的特点就是认为自然科学为环境欣赏提供了最终的解释标准。

在认知型模式中，环境美学家艾伦·卡尔松的“自然环境模式”是最有影响力的。“自然环境模式”是艾伦·卡尔松20世纪70年代提出来的，并在2000年出版的论文集中得到完善。艾伦·卡尔松之所以提出“自然环境的模式”，目的是想为自然环境的欣赏提供指导，同时，他想证明自然的审美判断不是任意的和主观的，自然环境的欣赏有其普遍性的依据。艾伦·卡尔松认为，传统的自然欣赏模式过于肤浅与随意，而要实现严肃的、恰当的审美欣赏，必须通过自然史知识和自然科学知识在认知层面上加以塑造。

首先，自然环境模式提倡“如其所是”式的欣赏办法，如按岩石本身来欣赏岩石而不是把它变成雕塑。也就是说这种欣赏方式一方面反对对欣赏对象进行扭曲变形、幻化演绎，要求尊重对象本身的存在。另一方面，这种欣赏方式更多的是要求人们从认知的角度欣赏对象，冷静客观地把握对象，较少地考虑到同情、移情、通感在欣赏中的作用。事实上，欣赏是离不开情感的投入，也离不开通感的作用的。如朱自清的《荷塘月色》一文中自然景色之所以美不胜收，是因为通感在其中起到了不可低估的作用。

其次，自然环境模式强调自然环境的欣赏需要借助自然科学所能提供的知识。艾伦·卡尔松强调，在自然审美欣赏中占据中心位置的知识应是地理学、植物学和生态学方面的知识。“这些知识为我们提供美学意义的合适焦点与环境的合适边界，以及相对应的‘观的行为’。如果对艺术进行审美欣赏，我们必须具有艺术传统和艺术风格这些相关知识，而对自然进行审美欣赏时，则必须知晓不同自然环境类型的性质、体系和构成要素这些相关知识。如同艺术批评家和艺术史家使得我们能够审美欣赏艺术，博物学者和生态学者以及自然史学家也能够使得我们审美欣赏自然。因此，自然科学和环境科学是自然审美欣赏的关键所在。”[①] 自然环境欣赏模式与科学紧密相连，科学知识为自然欣赏的客观性与普遍性奠定了基础。

艾伦·卡尔松认为，自然的环境模式强调以对象为中心，突破了传统自然欣赏中的形式主义倾向，同时也超越了后现代模式。以对象为中心的欣赏要求一种限制，一种对于主观任意幻想的舍弃。以对象为中心的欣赏具有一种客观性，而科学特别是自

① ［加］艾伦·卡尔松：《自然与景观》，湖南科学技术出版社2006年版，第34页。

然科学为自然欣赏提供了保障，科学能客观地告诉我们对象是什么，有什么属性、有什么功能。通过自然科学提供给予我们的知识，我们进一步地对于自然进行欣赏。针对将审美与认知相区别的传统做法，卡尔松提出，审美与认知并不冲突。一名优秀的导航员即一名精通河流语言的导航员，一名掌握丰富的河流知识的导航员能把对河流的欣赏与对河流的认知统一起来。也就是说，科学认知有助于自然审美，而不是相反。正如欣赏艺术作品，需要相关的知识一样，欣赏自然也是一样。科学知识对于自然欣赏是必要的，没有科学知识，我们无法适当地欣赏自然，并且很可能漏掉了它的审美性。不过与艺术欣赏中艺术批评家与艺术史家提供的信息不同，自然欣赏中的信息是由博物学家、生态学家、地质学家和自然史学家提供的。科学提供了有关自然的知识，人们对自然的爱随知识的增长而增长。科学提高了、提升了我们对自然世界的欣赏。[①] 随着天文学、物理、地质学、地理学等方面的发展，人们对自然的了解越来越多，渐渐地人们摆脱了中世纪对自然敬畏与害怕的心理，开始欣赏天空与星夜。随着自然科学的发展，风景变成了审美的对象。罗曼科（Romanenko）声称：19 世纪风景欣赏达到一个繁荣阶段是与科学的进步有关的，尤其与地质学、生物学与地理学有关。卡利奥拉在他的《芬兰自然之书》的序言中如此强调道："的确，自然风光，夏夜的星光灿烂，冬季北极的霞光，云朵之诗与小鸟的歌声，草地上的鲜花烂漫，已经把我们对自然的感觉点燃成了熊熊火焰，尤其为一个艺术性的心灵提供了大量的灵感和愉悦。但只有对于也知晓自然的细节，它的地理形态和生物群以及它们的生物学的人来说，一个新的世界才充分展

① Allen Carlson , *Aesthetics and The Environment.* , Londen：Routledge，2000，p. 60.

现出它的丰富与美好。”[①] 一个人越拥有科学知识，就越有可能肯定地欣赏事物。叶秀山认为：“‘知识’与‘信仰’之间有一种辩证的关系。‘知识’的进展是无限的，因而并不能设想有哪一天‘知识’可以完全取代信仰，但‘知识’的发展，却可以使原先‘信仰’的对象，转化为‘欣赏’的对象。图腾作为信仰的标识，随着知识的进步，转化为艺术的作品，就是一个明显的例子。”[②] 不过，与艾伦·卡尔松不同的是，叶秀山先生这里的知识并不一定是自然科学知识。

认知型欣赏模式与肯定美学密切相关，因为前者为后者的欣赏提供了理论基础。当人们依据自然科学和环境科学知识对自然进行审美欣赏时，肯定美学式的结论便显得十分适当。因为，在推崇认知型模式的人看来，只要依据科学，随着科学的日益发展，自然中的整一性、秩序性、和谐性乃至自然本身的美，都会一一得到认证。在环境欣赏中，认知模式较多地强调客体的存在，很少考虑到欣赏者的主观体验。面对自己提出的自然审美模式，艾伦·卡尔松自己就明确指出：客观性意义非常明显，“它关注于对象及其性质，并反对在主体及其性质上所体现的主观性。它反对主观地欣赏对象……将某些不是对象所具有的东西强加于对象之上”。[③] 因此，以科学知识为基础、以对象为导向的欣赏方法，使认知模式呈现出一种强烈的客观主义色彩。

二 如画式

认知式的欣赏模式注重的是对欣赏对象的认知，它倚重的是

① 转引自［芬］约·瑟帕玛《环境之美》，湖南科学技术出版社 2006 年版，第 139—140 页。

② 叶秀山：《美的哲学》，人民出版社 1991 年版，第 122—123 页。

③ Allen Carlson, *Aesthetics and The Environment*, Londen: Routledge, 2000, p. 106.

科学知识。如画式的欣赏模式注重的是对自然进行画意的把握。

18 世纪末 19 世纪初，自然的审美范畴一变而为三：美、崇高与画意。如果说，美与宁静、光滑、和谐、规则、简单、渐变相关，崇高与力的巨大与数量的众多有关，而画意则与粗糙、突变、复杂无规则相关。画意位于美与崇高之间，既不像美那么有序，又不像崇高那么令人生畏。画意为自然欣赏提供了新的途径，即明确地以艺术的方式面对自然，如画式地进行欣赏。在整个 19 世纪，如画性逐渐成为景观欣赏的主流模式。此后，莱特的长诗《景观》、威廉·吉尔平的《如画性之旅》都赋予如画性一种特别关键的地位，并将之作为欣赏英国湖泊地区与苏格兰高地的标准模式。如画式欣赏最为典型的特征就是在自然欣赏中把对象视为一种画意派作品。

如画式欣赏最为普遍的方式是从“如画”的角度对自然风景进行把握。在他们看来，自然的欣赏应立足于风景画或摄影的角度，否则就不纯粹。风景就像一幅画一样应该有边框，是选择和框定造就了风景。正如希尔德伽德·宾德尔·约翰森所说：“并不存在自在意义上的风景，它是无定形的——地球表面的一片无定形的区域和感知系统无法理解的一堆混乱细节。一片风景需要有选择地观看和一个框架。”① 比如说如画的日落景色，是人们在特定的时间以特定的角度通过框定自然的一部分观赏到的。如画式欣赏最为鲜明的表现是对“克劳德玻璃”的借用。这是一种以景观艺术家克劳德·洛兰（Lorrain Claude）命名的彩色凸镜，通过这种彩色凸镜，自然景观被框在一个矩形的框里。观赏者在欣赏自然时就像欣赏克劳德的绘画一样。“在对象过于逼近或巨大之处，这种玻璃可将它们置于合适的距离，以柔和的自然的色彩及非常规则的透视图来呈现它们，以此吻合我们

① ［芬］约·瑟帕玛：《环境之美》，第 61 页。

眼睛的感知，艺术的赋予，或者科学的例证……这个玻璃就是通过极端的赋色还有正确的透视来完成一幅绘画。”① “克劳德玻璃”为人们如画般地欣赏自然提供了便利。如画式欣赏带来了一种评价上的变化，在一定程度上改变了人们对自然的看法。如画式欣赏提高了人们对自然的兴趣。此后，辨别与欣赏如画景观变成中上层阶级的一种爱好。

如画式欣赏的依据是看自然景观在多大程度上符合画意派绘画。这种欣赏方式极为狭隘，且带有强烈的人类中心论的色彩。“克劳德玻璃”确实提供了一种欣赏自然的方法，但是这种方式是，自然的欣赏按照图画的范畴来进行，把自然视为二维的风景画，或者是二维的明信片来欣赏，好像自然景观是两维的，是帆布上的固定形象。如画式欣赏法多注意欣赏对象的似画性质，如颜色与外形。自然摄影与风景绘画也因形式化和视觉化引发了对形式的强调。在这里，自然不再被视为一个整体，自然本身的特性被忽略了。

在西方环境美学家看来，自然环境不同于艺术作品。艺术品常常是虚构的和想象的，是对现实的省略、微缩、抽象或者模型，而自然环境则是真实的，就是其自身；艺术品是有限的、固定的整体，常常有一定的边界，而环境是不断生成的、变动不居的，环境时时刻刻都在发生变化，不是僵死不动的。环境是一个活的事物，在自然规律和社会规律共同影响下发生变化；艺术品注重原创性，自然环境在变化中重复其自身；环境的背后蕴涵着千百年来生态演进的历史和文化发展的历史，它是人与自然共同的作品。自然环境不像艺术品那样有确切的作者，自然环境的形成很少是单个人的作品，而更多的是集体和自然共同创造的结晶。自然环境不同于艺术作品，对一片星云的体验也不同于对一

① 转引自［加］艾伦·卡尔松《自然与景观》，第28页。

幅画的体验，因此，自然的欣赏需要新的审美方式。自然作为环境是三维的，自然的欣赏所要求的多重感知性的动态空间不同于艺术作品的欣赏结构。艺术评价与判断的概念不能照搬到自然环境的评价与判断中。“首先，审美评价条件之一是如何看待艺术品，是把它当做有意图的物品，还是人造物，或者是带有作者意图与设计的东西。评价艺术品，首先对作者的意图做出解释与判断。其次，把作品放在作者的主体作品内。最后，确定其传统与某个特殊背景。然而，虽然艺术品在很大程度上可能看起来非常像自然物，但自然毕竟不是艺术作品。”[①]

艺术的感知需要一种或者两种感官，而自然环境需要多种感官共同参与；艺术的欣赏需要一定的审美距离和无利害的审美态度，而环境的观者就是环境的一部分，人们在欣赏中直接与环境相接触；艺术的欣赏可以有否定性判断，而自然环境的欣赏是肯定判断；艺术的欣赏大多以静观的方式进行，而环境欣赏更需要以动观的方式进行。[②] 因此，如画式自然欣赏模式有明显的局限，如画式欣赏强调从艺术的角度来欣赏自然，缺少对自然应有的尊重。卡尔松认为，这种欣赏模式重的都是自然的形式，忽略了自然环境本身的丰富性，不利于对环境进行审美。[③]

三　比德式

如果说西方的自然欣赏模式重认知、重画意的话，那么，中国主流的自然欣赏模式历来重比德。所谓“比德”，就是以自然景物的某些特征来比附、象征人的道德情操，就是在对自然的审

① 罗伯特·艾略特：《打造自然》，载《环境哲学前沿》第一辑第282—283页。

② See Steven C. Bourassa , *The Aesthetics of Landscape* , London : Belhaven Press, 1991 , pp. 11—15.

③ See Allen Carlson , *Aesthetics and The Environment*, Routledge, 2000 , p. 6.

美把握中，着重去发掘自然事物与人的品德类似的某种性质，通过审美主体的联想，建立起自然与人的精神联系，实现自然与人的和谐统一。如“地”是《周易》中“坤”卦的基本形象，“坤”卦“六二”爻曰：“直方大，不习无不利。”“直”、“方”、“大”是“地”的基本形象，它与人的三种品格相连：正直、端方、博大。在传统中国人看来，自然只有在具有某种伦理性质、精神品质时才是美的。人们喜欢松，因为松可以“比德”，即所谓“岁寒而知松柏之后凋也”、“万松排寒烟，幽异渺难测。千年育其光，空翠助其色。生无草木心，及冬见高德”；人们喜欢雪，是因为雪可以“比德”，即所谓冰清玉洁、一尘不染；人们喜欢菊花，是因为菊花可以“比德”，即所谓宁肯枝头抱香死，不曾飘落北风中；人们喜欢梅花，是因为梅花可以“比德”，即所谓傲霜斗雪、临寒独开。有人认为，“梅除了经济价值外，它有十分丰富的文化内涵，二十四番花信风，梅信为第一”①；人们喜欢竹，是因为竹可以“比德”，即所谓“中通外直”；人们喜欢荷花，是因为它具有纯洁、正直、出污泥而不染的品格。宋代周敦颐的散文名篇《爱莲说》曾经这样赞美荷花：“予独爱莲之出于淤泥而不染，濯清涟而不妖，中通外直，不蔓不枝，香远溢清，亭亭净植。”中国文人之所以喜欢画松、梅、兰、竹等自然物，就是因为这几种自然物可以成为君子人格的象征。

中国历史上，孔子是倡导“比德”说的重要人物。《荀子·宥坐》记载：“孔子观于东流之水。子贡问于孔子曰：‘君子之所以见大水必观焉者，是何?’孔子曰：‘夫水，偏与诸生而无为也，似德。其流也埤下，裾拘必循其理，似义。其洸洸乎不尽，似道。若有决行之，其应佚若声响，其赴百仞之谷不惧，似勇。主量必平，似法。盈不求概，似正。淖约微达，似察。以出

① 王稼句：《苏州山水》，苏州大学出版社 2000 年版，第 237 页。

以入，以就鲜絜，似善化。其万折也必东，似志。是故君子见大水必观焉。”孔子喜欢观大水，不仅仅是水的自然属性引起了他的直观感受，更是因为水符合孔子的道德比附。《论语·雍也》中写道：“子曰：‘知者乐水，仁者乐山；知者动，仁者静；知者乐，仁者寿。’”知者为什么乐水，仁者为什么乐山呢？朱熹解释道：“知者达于事理而周流无滞，有似于水，故乐水；仁者安于义理而厚重不迁，有似山，故乐山。”[①] 孔子对山水的欣赏，是从道德角度来展开的。与其说他是醉心于自然山水本身，不如说他欣赏的是由眼前的山水引起的对一种道德品质的联想。孔子的“比德”观对后世影响很大。屈原的作品到处充斥着“比德”，他常常用香草比忠臣，以恶禽比佞臣。刘向从比德说的角度解析玉之美。他认为：“玉有六美，君子贵之：望之温润，近之栗理，声近除而闻远，折而不挠，阙而不荏，廉而不刿，有瑕必示之于外，是以贵之。望之温润者，君子比德焉；近之栗理者，君子比智焉；声近除而闻远者，君子比义焉；折而不挠，阙而不荏者，君子比勇焉；廉而不刿者，君子比仁焉；有瑕必见之于外者，君子比情焉。”[②] 玉之六美与君子六德构成比附关系。白居易甚至作《养竹记》来表达文人的“比德”思想。他说：“竹以贤，何哉？竹本固，固以树德，君子见其本，则思善建不拔者；竹性直，直以立身，君子见其性，则思中立不倚者；竹以空，空以体道，君子见其心，则思应虚受者；竹节贞，贞以立志，君子见其节，则思砥砺名行夷险一致者。”白居易《题李次云窗竹》：“不用裁为凤鸣管，不须截作钓鱼竿。千花百草凋零后，留向纷纷雪里看。”四季不变颜色，严寒愈加葱茏。它唤起的审美心理感受，是一种庄重、敬畏、向上、充满生命力、朝气

① 《四书章句集注》，中华书局1983年版，第90页。

② 刘向：《说苑·杂言》。

蓬勃、无所畏惧、一往无前的人生冲动。竹之所以成为众人的审美对象，是因为它与一般草木不同。一般草木，秋冬凋零，而竹则终年郁郁青青。它虽然比不上百花的美丽芳香，却有一种永恒的东西——四季常青。中国的士大夫所追求的伦理理想，人生志向，就在于他们希望自己保持节操，不为名利所惑，不为荣华所诱，始终如一，历坎坷而不变，经挫折而弥坚。

传统中国人对自然美的欣赏，往往立足于主体的移德于物，然后在物我交融的和谐统一中见出人的品德、人的情感来，并且认为这就是自然美的原因。可以说，自然界的一草一木，在中国文人眼中无不关涉伦理道德。自然界的一草一木，只有具备了某种可比的德性之后，才会被人们格外看重。西方对自然美的认识一般侧重于自然物本身的性质，也就是说，不是从审美主体而是从审美客体去寻找自然美之所在。西方人的自然审美观表现出重形式的倾向。中国人的自然审美观因为比德而表现出重内容、重精神的倾向。比德与重神是紧密相连的。比德中注重发掘的是自然与人相通、相似的精神气质而不是外形特质，注重的是神而不是形。重神轻形观念不仅表现在对自然的欣赏中，而且也表现在对自然的描绘上。中国山水画中，形与神是一对非常重要的概念，如“以形传神”、“以形寄情”、“形似”、“神似”等。但神是高于形的。写意传神、不求形似的作品是高于“以形写形、以色貌色”的作品的。五代西蜀翰林图画院待诏黄荃注重“格物象真”，他画的鹤形态逼真，竟使真鹤引为同类，舞之画旁。但在苏轼眼里，这类画不过“见与儿童邻”的“形似画”。真正占据高位的是文人画。文人画不重摹形，而重写神与抒情。文人画兰花，是取其高洁的品质；画梅花，是取其傲骨。徐渭喜欢把梅花和芭蕉放在一起来画。徐渭喜欢画雪中芭蕉，是因为只有这样才能表现其清白的精神。他在《蔷薇芭蕉梅花图》中题诗道：“芭蕉雪中尽，那得配梅花？吾取青和白，霜毫染素麻。”蕉青梅白，以写心中的“清白”坦然。他画《芭蕉梅花图轴》，以水墨写两株参天遮地的芭蕉，有白梅秀垂。郑板桥喜欢画竹，但是他画的竹不是自然主义者眼中的竹，而是情中竹。郑板桥曾把对竹子的欣赏分为三个阶段：第一是眼中之竹，第二是胸中之竹，第三是手中之竹。眼中竹人人大致相同，但胸中竹却各不相同，由于人的境遇不同、修养不同、情感不同，相似的竹子在不同的人那里呈现出不同的竹相，人们对它们的体验也不同。

第三节　对传统自然欣赏模式的反思

一　科学化的欣赏模式

西方哲学的自然观与中国哲学的自然观不同。西方哲学对人与自然关系的处理偏重于认识论，古希腊哲学从探究世界本质开始，它最初主要是对外在的自然感兴趣，古希腊的哲学家基本上是从认识论的角度出发去探索自然的本质的。从认识论角度观察自然、探索自然，主要靠理智思维，情感因素遭到压抑、排斥。对认知的过分倚重往往把审美过程变成了理解过程，如环境美学家艾伦·卡尔松的自然环境模式就是如此。为了给自然环境的欣赏寻找可靠的客观根据，艾伦·卡尔松在对各种欣赏模式进行分析后，把以对象为中心、以知识为后盾的自然的环境模式作为自己的最终选择。虽然艾伦·卡尔松自信已为自然环境的欣赏寻找到了可靠根据，但是，我们对艾伦·卡尔松的这种寻找结果仍持怀疑态度。

在自然环境的欣赏中，艾伦·卡尔松对客观知识的过分倚重，使他成为认知型欣赏模式的典型代表。环境美学家爱米莉·布拉迪认为，艾伦·卡尔松、伊顿（Marcia Eaton）等都属于推崇认知模式的人，认知模式阵营的人虽然观点有不同之处，但是他们都强调欣赏的认知性基础，强调生态学、地质学以及其他科学对环境欣赏的重要性。认知模式的最大特点就是认为科学提供了欣赏的最终解释标准。我们知道，科学知识是具体的、有限的，而自然界的生命是广漠无边的，以有限的科学知识去衡量无限的自然生命、广漠宇宙，只会落得力不从心、捉襟见肘。这也是为什么卡尔松的观点一再遭到人们的反对，质疑他没能说明为什么科学在欣赏中更为合适的原因。

具备丰富的自然科学知识确实有助于我们更好地理解自然、更深地敬重自然。可以说，在自然环境中，深层理解是以知识背景为前提的。但是，这些知识都是作为自然欣赏的背景而出现的，它们不能与审美活动本身混为一谈。虽然科学对各种各样的生命现象描写十分明确，使我们在以前以为没有生命的地方发现了生命。但生命是什么，则不是任何科学所能说明的。科学使我们同世界发生关系，但它并不能告诉我们关于世界的意义。雅斯贝尔斯认为："总的说来，科学在研究世界的问题上是失败的。对于科学认识来说，在我们面前的世界是支离破碎的，科学的认识越是真纯，支离破碎的程度就越严重。"① 有人认为"过于执著或一味沉浸于对物的科学考察，是会妨碍审美情感的。当然，完全排斥对自然物的科学认识，也不可能建立人与自然的审美关系，因为人与自然的审美关系的建立是立足于对自然一定的了解和认识基础之上的。对雷电一无所知的人，大概很难欣赏雷电的美；对江潮浑然不晓的人，江潮的威猛气势只会令他恐惧，也不能欣赏它的美。欣赏自然山水美，既需要对自然山水有一定的了解、认识，又不能全然沉浸于对自然规律的探求中，而应保持一个适当的心理距离。"② 科学知识能增强人们对某些事物如裸露的地质层、从地下涌出的泉水等的感受力，但科学认知不能等同

① 雅斯贝尔斯：《宇宙和生命》，载《哲学译丛》1965 年第 12 期。

② 陈望衡：《交游风月——山水美学谈》，第 117 页。

于审美活动。因此，博物学家、植物学家、生物学家的科学认知活动不能与审美欣赏活动相等同，除非他在面对自然时以审美者的身份出现，否则他所拥有的自然科学知识不仅无助于自然审美，反而会阻碍审美活动的进行。在罗尔斯顿看来，由于自己对于地质板块、岩浆、玄武岩熔岩、盾状火山等知晓得多一些，面对火山就不会像夏威夷本土人那样进行万物有灵论的解释。但是，当看到熔岩从地球深处涌出并在海边创造出新景观时，自己体验到的是一种具有宗教体验的崇高感。也就是说，只有当科学认知转化为体验，人与世界的关系才能由外在变成内在。审美才能得以发生。也正是在此意义上，有人认为，一个无知识的人由于看到一棵生意茂盛的树木而体会到他周围充沛流行着的求生意志的秘密时，这个无知识的人就比一个有知识的人更有知识得多。在审美活动中，有知识的人与无知识的人之间的差别完全是一种相对的差别。正是基于对审美活动的理解，爱米莉·布拉迪认为，认知模式有助于获得一种关于环境的理解而不是最大程度的娱乐与审美。在生活中，我们处处可以发现不需要科学知识也能进行欣赏的例子。例如，虽然我们不知道海浪是如何形成的，但是这一点也不妨碍我们对海浪的欣赏。[①]

爱米莉·布拉迪反对艾伦·卡尔松将科学知识唯一化的欣赏方法，提倡一种多元化的欣赏途径。她认为，科学知识可能被利用于欣赏中，并且科学知识有可能使欣赏变得更引人入胜，但是，她并不将科学知识视为欣赏必需的、唯一正确的知识框架。她还用实例来说明，审美价值并不依赖知识，审美价值依赖于对此地的感性趣味和沉浸。[②] 面对环境审美中的认知倾向，齐藤百

---

① Emily Brady, *Aesthetics of the Natural Environment*, Edinburgh University Press, 2003. p. 98.

② Ibid, p. 127.

合子认为，没有理由可以证明自然科学的范畴在审美上总是比其他的范畴更恰当一些。对一个自然物而言，历史的、文学的和优美的范畴时常与科学的范畴一样满足了审美的条件。而且，有时以非科学的范畴来观看一个自然物在审美上也许更有趣一些。比如说，一个破碎的石块、被毁坏的风景、植被贫乏的战场对过去的暴力就有着意味深长的表现力，但用科学的观点来看，它也许只是一片不怎么重要的平淡无奇的土地。[①] 中国人欣赏自然，并不依赖于科学知识，相反，中国人认为过于依赖科学知识反而会妨碍对自然的欣赏。在中国人看来，自然之所以是美的，是因为自然是自己的亲人、朋友、知己。“一松一竹真朋友，山鸟山花好弟兄。”（辛弃疾：《鹧鸪天·不向长安路上行》）人与自然的关系是“目既往还，心亦吐纳”，“情往似赠，兴来如答”的亲切关系。北宋科学家沈括批评杜甫的《古柏行》：“霜皮溜雨四十围，黛色参天三千尺”，说“四十围乃是径七尺，无乃太细长乎”？沈括过于依赖科学的尺度而不能对自然加以审美的把握，给后人留下了一个嘲弄的话柄。同样的笑话也出现在明朝诗评家杨慎那里，杨慎批评杜牧的《江南春》，说：“千里莺啼，谁人听得？千里绿映红，谁人见得？若作十里，则莺啼绿红气景、村郭、楼台、僧寺酒旗皆在其中矣。”

我们知道，西方传统美学曾因主客二分而将“美”视为“物”、“客体”、“对象”，把审美过程理解为对对象的感知与认识过程，并因此步入美学的误途。在卡尔松这里，我们又一次地看到这种传统审美观点的重复。把美的欣赏建立在对知识的把握、对范畴的确立上，这一点可以说并没有触及审美的本质特性。立足于具体的审美实践，我们发现：拥有对审美对象的知识，并不一定就能确保你能从中发现出美来。在审美过程中，知

① 转引自［芬］约·瑟帕玛《环境之美》，第138页。

识、技能并不一定能帮上忙，有时它们甚至会影响你的审美活动的顺利开展。面对柔嫩的柳枝，如果你仅拥有有关柳枝的知识，而缺乏充盈的情感与想象力，即使你能按照正确的知识范畴来欣赏柳枝，恐怕得出的也不是什么审美意象，而是“千人一面”的关于柳枝的科学认知而已。如果杨万里与贺知章按照卡尔松的审美模式来面对柳枝，他们就不会留下千古传诵的咏柳诗篇。正是因为他们没有受固于艾伦·卡尔松的自然欣赏模式，所以同是欣赏柳树，审美意象却互不相同。杨万里借助想象，形成的审美意象是:“柳条百尺拂银塘，且莫深青只浅黄。未必柳条能蘸水，水中柳影引他长。”贺知章借助想象，形成的审美意象是：“碧玉妆成一树高，万条垂下绿丝绦。不知细叶谁裁出，二月春风似剪刀。”

在中国美学中，自然审美不是通过认知而更多的是通过互渗与相通来达到的，即通过“化”、“游”、“悟”、“忘”等方式达于对自然之美的欣赏。身与物化，与物同游。庄周梦蝶，最为形象地说明了身与物化、物我为一的审美态度。“昔者庄周梦为蝴蝶，栩栩然蝴蝶也，自喻适志与，不知周也，俄然觉，则蘧蘧然周也。不知周之梦为蝴蝶与？蝴蝶之梦为周与？周与蝴蝶则必有分矣，此之谓物化。”[1] 通过互渗达到物我两忘是中国式的自然欣赏模式。宋代曾无疑的“不知我之为草虫耶，草虫之为我耶”，就是“物我为一”的体现。清代石涛的“山川使予代山川而言也。山川脱胎于予也，予脱胎于山川也”，“山川与予神遇而迹化也”，也是这种审美态度的体现。欣赏自然，与自然神游。张彦远在《历代名画记》中提出了“妙悟自然”的审美态度。他说：“凝神遐想，妙悟自然，物我两忘，离形去智。身固可使如槁木，心固可使如死灰，不亦臻于妙理哉？”“妙悟自然”

① 《庄子·齐物论》。

是我国进行自然环境审美时使用的方法，它强调通过妙悟达到主客体的统一。顾恺之的“迁想妙得”，“悟对通神”，宗炳的“澄怀观道”，刘勰的“神与物游”，都是万变不离其宗，强调在对自然的欣赏活动中，主客体的互动，最后达到一个情景交融、物我不分的境界。可见，依赖于科学知识的自然欣赏在中国是不受欢迎的。中国人欣赏自然不喜欢依赖科学知识，中国人对自然的亲近也不是因为自然可以提供科学知识。

对中国自然审美方式的陈述与对西方自然欣赏模式的质疑，目的并不在于对西方美学中对审美的客观性、普遍性的追求的否定，也不是指责在审美模式的筛选中求助于知识，我们质疑的是在对审美模式的筛选中滞于科学知识而不能从中超越出来。我们质疑艾伦·卡尔松，是因为艾伦·卡尔松的审美模式在对科学知识的借助中沦为一般的认识模式，消解了审美模式应有的特性。知识成为目的，审美成为附属品，那是科学家所走的路；审美成为目的，知识成为辅助手段，那是美学家所走的路。在审美中，我们不能简单地反对知识的储备，实际上我们的审美往往因知识的丰富而获得了深化。正如《塞巴斯蒂安·奈特的真实生活》中所言：“就像一个旅行者认识到他所看到的荒野农村不是自然现象的一个偶然集合，而是一本书中的一页，这里山脉与森林、田野、河流以形成一个连贯的句子的方式被安排；湖水发出的元音融合了斜井发出的和谐的嗞嗞的辅音；道德的迂回曲折用巨大的手来书写它的预言，写得像谁的父亲的信那样清晰晓畅；树木们哑剧表演般地交谈，谁懂得了它们的语言手势便能了解其中的含义。”① 罗尔斯顿通过审美实践发现，借助生态学的描述，人们可以在先前看不到美的地方发现美。在罗尔斯顿看来，人们之所以能看到从前没看到的完整和美丽，是因为人们对事实有了新

① 转引自［芬］约·瑟帕玛《环境之美》，第130—131页。

的认识。如对相互依存、环境的健康、水循环、种群的律动和反馈回路的认识，而这些认识有赖于生态学知识。他甚至断言："随着生态学的进步，我们越来越多地看到自然所有的稳定、美丽和完整。"① 因此，罗尔斯顿认为，一个具有诗心的科学家很适合欣赏自然美。"人们往往以为科学家应该是很理智的，不会用审美的眼光去看世界。其实，科学家有意识地加以培养的那种超脱实用的眼光，加上其喜欢仔细观察的习惯，使他们正适合于欣赏自然的美。"②

在荒野欣赏中，罗尔斯顿一方面认为科学承担着重要的责任。科学，通过极大地扩展人类感官的各种能力，并通过把它们综合成理论，教会我们知道了客观发生在那里的一切。我们知道了黑暗中、地底下或过去时间里所发生的一切。没有科学，将没有深沉的时间感，也没有对地理或进化史的体验，更没有生态学的鉴赏。科学培养了近观的习惯，也培养了回溯历史以及展望未来的习惯。没有科学的帮助，"印第安人的各种传说仅仅能引起人们对古物的兴趣，除非在地质学家的帮助下，人们对红砂岩、'红墙'石灰石悬崖、大峡谷内部的前寒武纪小峡谷等略有所知，没有人能明白真实的大峡谷是什么样子"。③ 有了地质学知识后，我们更有可能如同威廉·华兹华斯那样去走进森林，把森林当作体现自然无常变化中永恒不变的品质的一个极好的例子看待。但另一方面罗尔斯顿又认为："我母亲从来不知道什么是地形学或景观生态学。但她却能欣赏那些她熟悉的、美国南部的乡村风景。父亲能欣赏弗吉尼亚施南多流域

① ［美］霍尔姆斯·罗尔斯顿：《哲学走向荒野》，第 33 页。

② 同上书，第 133 页。

③ H. Rolston, Does aesthetics appreciation of landscapes need to be science—based? British Journal of Aesthetics, 1995, 35 (4).

肥沃的土地。”[①] 可见，对风景的知觉不仅需要以科学为基础，也要人的积极参与。一种以科学为基础的风景美学的出现是必要的，但它也必须是一种超科学的、参与性的美学。“对于那些能数清松叶簇生花序并能准确判断树木种类的人来说，如果他们没有体验过微风吹过松林时身上被松针刺出小疙瘩的感觉，他们的审美体验是失败的。”[②] 因此，在罗尔斯顿这里，“无论科学多么重要，但仅有科学是远远不够的。森林需要体验。自然构造了森林，科学向我们揭示了自然构造森林的原理。但是，从根本上说，森林自身并不包含任何审美体验……关于把森林看作一个客观生物群落的知识并不能确保我们获得完整的森林审美体验”。[③] 另外，罗尔斯顿认为，荒野的价值，既在于它生发出人类各种奇特的体验，也在于它在各种荒野地上不断的生发出多种多样的地形特征与独特故事。虽然我们常常求助于科学，以获得对荒野的洞见，但说到底，荒野中还是有一种科学所不能把握的价值。荒野中充满了我们无法通过科学知识把握的神秘性，对于这种神秘性的态度，我们可以借用海德格尔的一句话。他认为“我们决不能通过揭露和分析去知道一种神秘，而是惟当我们把神秘当作神秘来守护，我们才能知道神秘。”[④]

只有超越科学，才能进入更深层次的审美体验。在审美欣赏中，罗尔斯顿对科学所持的态度使他与艾伦·卡尔松区别开来并超越了过分倚重科学的认知模式。

---

① H. Rolston , Does aesthetics appreciation of landscapes need to be science—based? British Journal of Aesthetics, 1995, 35 (4).

② H. Rolston, Aesthetic Experience in Forests, Journal of Aesthetics and Art Criticism 56 (no. 2, spring 1998).

③ Ibid.

④ 海德格尔:《荷尔德林诗的阐释》，商务印书馆 2000 年版，第 25 页。

二　主观化的欣赏模式

罗尔斯顿认为，主观化的欣赏不适合于荒野。荒野的欣赏是对生命的欣赏，是对生命本原的沉思，如画式的欣赏是不合适的。面对荒野，那些持如画式欣赏态度的人往往会失望。对如画美景的强调“将使人们轻视那些不美的东西——腐烂的木头或人体、大火过后枯萎变形的树木、或伯林特所说的那些‘野蛮的、巨大的、杂乱的土石堆’”。人们向往能欣赏大草原、湿地、沙漠等美景，因为人们能拍出好的照片。但是我们却终止了对荒野生命的洞察。① 罗尔斯顿认为：“如果走进了苔原，就应该准备看到矮小的植物和大量由冰河作用而形成的大石头。当你理解了生长于贫瘠或高山之地的植物的不易时，你将会发现，那些执著于生命的植物非常能激发人的审美体验。这样，当人们面对那些匍匐于地面而生长的生命或那些在严寒和狂风中执著生存的弯腰驼背的大树时，人们就能更好地欣赏它们。”② 对如画式欣赏模式的反驳使罗尔斯顿的荒野审美观超越了主观派。

自然美的欣赏有社会本位与自然本位两种不同的美学观。如画式、比德式无疑是社会本位的审美观。这种审美模式带有极强的主观性。如“中国古代对自然美象征性的追求，主要是将美的自然作为道德的象征。当然，这种象征的意味一方面建立在对自然物生长特点有深刻理解的基础上，另一方面也是在一种主观意图的主使下对对象事物的有意误读。比如，中国人将梅、兰、竹、菊称为四君子，将松、梅、竹合称为岁寒三友，表达了对某

---

① H. Rolston, Does aesthetics appreciation of landscapes need to be science—based? British Journal of Aesthetics, 1995, 35 (4).

② Ibid.

种高洁而坚韧的道德人格的渴慕”。[①]

其实，自然美的欣赏还应、更应从其自然本身的角度出发。因为，在“如画式”与“比德式”的欣赏中，前者把自然荒野视为艺术作品来加以把握，后者把荒野当作道德比附的对象来把握。“如画式”的欣赏模式最大的不足是把荒野自然的欣赏还原为艺术欣赏，造成了欣赏中荒野自然的缺位；“比德”说的缺点是不能引导人们专注于自然景物本身的欣赏，而是用它们来比附人的德性。二者均带有一种欣赏模式上的人类中心论色彩。

欣赏模式上的人类中心论者，强调的是主体，并且往往对主观的想象与激情进行过分强调，而对欣赏对象的存在持漠视态度，或者说将欣赏对象的存在视之为次要的东西，让想象与激情四处飘荡、任意东西。如浪漫主义强调想象（imagination）与情感（feeling）。通过想象，人与自然的距离拉近了。无论是在柯尔雷基、华兹华斯的诗里，还是在康斯坦伯、特纳的画中，想象成为了解自然的一种方式。在华兹华斯的诗中，不仅日常生活的自然环境受到关注，而且荒野也受到关注。即便是这样，在浪漫主义者这里，自然的欣赏与评价仍然是人类中心论的，自然是作为满足人类自由的需要而被欣赏的。

如画式的欣赏主观地将对象视为一幅幅艺术作品，对自然本身进行主观捏造与团揉，使之符合主观的审美意象。在此过程中，只有那些符合美的标准的“类艺术作品”式的自然才会得到重视。这种欣赏模式仅仅将注意力放在环境中那些如画般的属性——感性外观与形式构图上，并且将自然环境分割成单个的场景，将自然的审美欣赏规定得如同它就是一系列的风景画一般，每一个场景都从特定的视点、适当的距离来进行欣赏。自然世界

① 刘成纪：《美丽的美学——艺术与生命的再发现》，河南大学出版社 2001 年版，第 143 页。

被分割成单个的具有艺术感的景色——这些景色要么指向某一主题，要么自身就成为艺术所想表达理念中的一部分。如画性鼓励我们去找寻和欣赏如画般的景色，而大量的非如画般的自然被忽略。如画式欣赏是重“形”的欣赏方式，它忽略了生命作为整体所具有的神韵。在如画式欣赏中，自然不再被视为一个生命整体，自然本身的特性被忽略。对如画性的反抗意味着对荒野之“神”的关注和对生命本身的珍视。

比德式的欣赏由于注意主体德性的比附，往往会忽略大量无法进行比德的自然对象，更有甚者，往往会因为道德比附而主观地贬损部分荒野自然。面对玉，刘向从玉之“六美”与君子的六种品德“德”、“智”、“义”、“勇”、“仁”、“情”一一对应，使之成为德性美的象征。在此，刘向因过于拘泥于“比德”而忽视了玉本身的存在。其实，“玉的美包含两个方面的含义：一是自身的天然素质美，令人悦耳悦目；二是它与人的高尚品德所构成的异质同构的关系美……这两个方面的美一为外在形式美，一为内在神韵美”。[①] 面对竹子，有人从比德的角度进行赞美，认为其“中通外直”，有人从比德的角度进行批驳，认为其“嘴尖皮厚腹内空”。两种说法各行其是，竹子本真的存在被遮蔽。面对流水，孔子读出的是君子的种种德行。其实，“流水的美，其本质在其自身的野性。它欢畅地奔流着，汹涌着，跳跃着。有风就动，不平就流。有阻遏，不管是高山巨石，就冲击它，百折不挠，直到山崩石裂……有出路，就顺势而折，哪怕九曲回肠，受尽委曲。这就是流水的本性、野性”。[②] 自然美只显现给向自己走近的人，它永远不会把自己的美显示给仅仅沉迷于自己主观

① 陈望衡：《心灵的冲突与和谐——伦理与审美》，湖北教育出版社 1992 年版，第 91 页。

② 陈望衡：《交游风月——山水美学谈》，第 5 页。

意念的人。

自然荒野不是艺术作品，我们不能把艺术式的欣赏照搬于此，不能仅从主观的意愿出发对自然荒野进行如画式的切割。正如罗尔斯顿所说："大自然并不能被当作某种我们将要收到的风景明信片那样的东西来对待。'丰收'一词属于农业用语的范畴；风景如画的'画'字亦属于艺术用语；二者都不适于用来理解自发的自然、大地景观和生态系统。试图用某种资源模型或绘画标准来理解荒野之地的美，势必要导致对它的误解。"又说："自然是那种人们应该去欣赏的美的'样式'，而不是只适于用照相机拍摄的僵死的存在物。我们所向往的审美体验，不是那种当我们发现了某些可用镜头捕捉的美景时所获得的愉悦性的体验（那可能会把大自然的美看成观察者的价值投射）；而是一种当我们把自己遗忘于大自然的创造力（它是客观地存在于大自然之中的）之中、并与这种创造力融为一体时所获得的体验。"① 在《哲学走向荒野》中，罗尔斯顿借他人之口说道："自然景观像人一样，如果我们只把它们作为手段来对待，就是侵犯，甚至是出卖它们；我们在很大程度上是就这些景观自身的价值来欣赏它们的。"② 在《环境伦理学》中，罗尔斯顿认为保护荒野的理由之一就是因为在人们看来，"在荒野中，大自然因其自身的缘故而被欣赏。荒野可被当作原始自然的一个活生生的象征或标本"。③ 如画式欣赏模式将环境简化为一幅场景或一个视图，把环境视为静态的、二维的存在。这种欣赏模式过于关注艺术和风景的特征，而将自然本身遗忘。

欣赏模式上的人类中心论的缺陷在于使审美对象处于一种被

① ［美］霍尔姆斯·罗尔斯顿：《环境伦理学》，第330、331页。

② ［美］霍尔姆斯·罗尔斯顿：《哲学走向荒野》，第23页。

③ ［美］霍尔姆斯·罗尔斯顿：《环境伦理学》，第310页。

遗忘的状态，使对象的美不能以其本来面目显现出来。只要我们在自然美的欣赏上摒弃人类中心论的眼光，采取一种平视的态度，我们就会发现自然美在天地、美在自然、美在无华、美在野性。自然美不在于它像画，而是美在自然的创化。正如李贽说的"画工"与"化工"之别。"画工"与"化工"的根本区别就在于画工再怎么工，也只是模仿自然；化工是天地之工，即自然之工，造化之工。"天之所生，地之所长，百卉具在，人见而爱之矣，至觅其工，了不可得。"①

欣赏模式的如画式、比德式由于其主观化的色彩而使欣赏对象置于被遮蔽的状态，而欣赏模式的科学化使欣赏变成了一种理解而不是审美。特别是如画式的欣赏模式受艺术欣赏模式的影响，将荒野欣赏等同于艺术欣赏，没有注意到二者之间的区别。其实，欣赏的构成不仅需要有一可欣赏之物，还需要有一个善于欣赏、敏于欣赏的主体。欣赏是一个不断建构的过程，是敏感之心与自然的互动，是生命与生命之间的相互激荡与启示。正如环境美学家陈望衡所说："自然风物，不管是有机物还是无机物，静态的物还是动态的物，只要它的形象与人的感知、情感、理解……概而言之，与人的生命意义相契合，它就与人建立起了一种审美关系，就产生了一种审美情境，处在审美情境中的自然山水就有了生机，也就有了美。"②

第四节　罗尔斯顿的荒野欣赏模式

罗尔斯顿不反对欣赏中对自然科学的借用，但他不停留于此；在自然美的欣赏中，罗尔斯顿不反对从自然美的客观属性中

① 李贽：《焚书》卷三，《杂述杂说》。

② 陈望衡：《交游风月——山水美学谈》，第17页。

去解读，但他也不停留于此。罗尔斯顿对认知模式与如画模式的反思，使他的荒野欣赏模式具有极大的综合性。他认为，自然科学尤其是生态学极大地帮助了我们对自然的解读，但没有生态学知识的背景并不妨碍一个人审美活动的进行。面对生生不息、流转变化的大自然，罗尔斯顿不主张采取传统的如画式的欣赏方式，把大自然视为二维的、静止的风景画来欣赏，也不主张把欣赏对象从它所属的背景中剥离出来，只聚焦于对象的感性特征，而是提倡沉浸与体验。他主张在观察大自然，在面对创生万物的宇宙，面对生生不息的地球时，我们应"手之舞之，足之蹈之"，通过身体性与精神性的介入与沉浸以获得美的感受。罗尔斯顿面对自然的态度与19世纪末20世纪初的自然文学作家约翰·巴勒斯相近，约翰·巴勒斯最倾心的事业就是"体验自然，书写自然，""他立志要把自然中的鸟从科学家的束缚中解放出来，形成一种独特的自然之文学，使其既符合自然史的事实，又带有林地生活的诗情画意"。[①]

一　身体性介入

在罗尔斯顿看来，森林的欣赏，虽然需要科学的支持，但还远远不够。科学知识作为一种客观的存在，不能保证丰富的审美经验的产生。因为"我们评价荒野地是在荒野中慢慢地品味它，是跟环境发生亲密的接触，这远非仅是摄入很多风景。"[②] 罗尔斯顿认为，森林的欣赏还需要身体性相遇。身体是我们表情动作发生的场所，也是我们在这世界中得以存在的中介。身体性相遇是审美的前提。森林是被自然塑造的，但当我们与森林相遇时，我们与森林的审美关系就建构起来了。森林中的审美经验是一种

① ［美］约翰·巴勒斯：《醒来的森林》，译序，三联书店2004年版。

② ［美］霍尔姆斯·罗尔斯顿：《哲学走向荒野》，第335页。

互动现象，在此森林美是被建构而成的。在罗尔斯顿看来，一个人能通过看路边的防风林或电视画面来体验森林的说法是不可信的。森林吸引了我们所有的感官：视觉、听觉、嗅觉、触觉甚至味觉。森林需要欣赏者全身地投入。与艺术品欣赏强调静观不同，森林欣赏要求人们参与其中。“这种体验是难以向尚未参与的人言传的。不论是在纯科学领域还是在对自然的审美上，敏感都能使我们看得很远。”[①] 森林中的审美欣赏需要具体的参与。森林是供人进入的，而不是供人观看的。从路边欣赏森林是令人置疑的，更不用说在电视里欣赏森林了。我们关于动物园里的鹿的审美经验不同于我们面对野生鹿时的审美经验，因为笼子将现实与我们隔离开来。在森林中，各种存在物刺激我们所有的感觉器官，视觉、听觉、嗅觉、触觉甚至味觉。在森林里，你会闻到松树和野玫瑰的芳香、听到麋鹿的声音、感受到风的力量……这里，我们感受四季，而艺术很少是多感官途径的。艺术的欣赏可以远距离进行，但森林的欣赏必须要身体性地进入与多感知器官的参与。[②] 在森林的欣赏中，虽然是五官感觉的具体参与，但是这种参与是无功利的，它的目的不是占有对象，因而也不受制于对象，而是游于对象之中，与对象一起分享生命的颤动。

罗尔斯顿对这种游于对象的身体式介入的欣赏方式进行了描述，他写道：在艾丽斯山下的这个水晶般的湖多可爱啊！这种审美体验既不是我的发明，也不是简单地由我发现的；而是产生于我与自然的关系性的遭遇。每一次攀登像朗氏峰那样的山峰时，登山者都要与山对抗；但当他爬到山顶，精疲力竭地躺下来时，他心中涌起的那种原始的感情既不是对自然的征服，也不是同自

① ［美］霍尔姆斯·罗尔斯顿：《哲学走向荒野》，第133页。

② H. Rolston, Aesthetic Experience in Forests, Journal of Aesthetics and Art Criticism 56 (no. 2, spring 1998).

然的疏离，而是跟自然的互相拥抱与感情交流。人为自己而活，但却不是靠自己而活。虽说我们是孤独的，但如果把价值都看做内在于我们，而否认我们周围的荒野也有价值，便是陷入了错置价值的谬误。逗留在荒野中，即使是与环境对立，我们也必须谦卑地承认，我们是对自然作出响应者，是价值的接受者。这些山脉的能量不仅流注到我们的物质生命中，也流注到我们的精神生命中。在这湖边的荒野上，既有我的孤独，也有我与自然的互补。透过对自然环境欣赏的描述，我们发现在罗尔斯顿那里，欣赏不是漠然的静观，人不是自然的旁观者。人用心去观、听、触、嗅，他融身于自然，成为自然的一部分。自然的欣赏不是一种人为的推测，而是存在于山水、树木、花草、鸟兽之中。正如罗尔斯顿所言："当一位观察者进入一片风景地时，这片风景地也同时进入他的心灵。这种介入是相互的，并给观察者带来了满足。"① 罗尔斯顿认为，森林吸引着我们所有的感官：看，听，嗅，感，尝等。视觉虽然重要，但是没有松树或野花香味的森林是不适合于欣赏的。这是一种全身心的感知参与，是身体的在场。罗尔斯顿的环境审美理念与中国诗人范成大在《水调歌头序》中所记的游历经验相似："舣棹石湖，扳紫荆，坐千岩观下菊丛中。大金钱一种，已烂熳浓得，正午薰入酒杯，不待轰饮，已有醉意。其傍丹桂二亩，皆盛开，多栾枝，芳气尤不可耐。携壶度石梁，登姑苏后台，跻攀勇往。"在这里，有登游，有坐观，有赏景、有闻香，还有那饮酒饮香合一的醉意。只不过范成大的主客"无隔"、天人相合的游历还是有别于罗尔斯顿的主客"有隔"的游历。应该说，西方环境美学家阿诺德·伯林特的环境审美理论与罗尔斯顿的荒野审美理论更为相似。在阿诺德·伯林特看来，审美的环境不仅由视觉形象组成，它还能被脚感觉

---

① ［美］霍尔姆斯·罗尔斯顿：《环境伦理学》，第288页。

到，存在于身体的肌肉动觉，树枝拖曳衣服的触觉，皮肤被风和阳光抚摸的感觉，以及从四面八方传来、吸引注意力的听觉等等。还有脚底感受到的土地质感、松针的清香、潮湿河岸散发出的气息、踩着土地传来的舒适感、走过小路时的肌肉感受和伐木场、田地的空旷感等。我们能体会到当自己的身体与环境深深地融为一体时，那种虽然短暂却活生生的感觉。这正是审美的参与。“环境中审美参与的核心是感知力的持续在场。艺术中，通常由一到两种感觉主导，并借助想象力，让其他感觉参与进来。环境体验则不同，它调动了所有感知器官，不光要看、听、嗅和触，而且用手、脚去感受它们，在呼吸中品尝它们，甚至改变姿势以平衡身体去适应地势的起伏和土质的变化。”①

在荒野审美中，五官感觉的投入其实就是身体性的介入。荒野审美与艺术审美不同，它需要所有感官的努力，需要身体的融入。“表现为审美者作为参与者将注意力当下地、直接地集中在大片地域中的特色环境上。在此，感性的体验扮演着重要角色，它不是单独接受外来刺激的被动者，而是一个整合的感觉中枢，同样能接受和塑造感觉品质。感性体验不仅是神经或心理现象，而且让身体意识作为环境复合体的一部分作当下、直接的参与。”② 在审美中，人们常常试图将五官感觉各自割裂开来，针对此种做法，阿诺德·伯林特认为：“我们所分辨出的不同感知来源，实际上，仅仅存在于逻辑分析和实验状态中。现实生活并不如此。尤其在环境感知中，通感更为强烈，因为我们投入了全部的感官系统，它们互相作用。正是通过身体与空间的贯通，我们才成为环境的一分子。”“我们不光用眼观看这个活生生的世

① ［美］阿诺德·伯林特：《环境美学》，湖南科学技术出版社 2006 年版，第 28 页。

② 同上书，第 16 页。

界，而且随之运动，施加影响并且回应。我们熟悉一个地方，不光靠色彩、质地和形状，而且靠呼吸、气味、皮肤、肌肉运动和关节姿势，靠风中、水中和路上的各种声音。环境的方位、体量、容积、深度等属性，不光主要被眼睛，而且被运动中的身体来感知。"①

在西方传统美学中，视觉与听觉属于高级的审美感官，而嗅觉、味觉、肤觉等感官是被压制的对象。有人认为，审美时身体过于密切地投入，会损害对审美对象的无功利态度。听觉与视觉属于远感受器官，而触觉、嗅觉、味觉、肤觉等容易与对象相混合，是近感受器官。前者使主体对对象持一定距离而静观，属于高级感受器官。这种传统的划分在以艺术为中心的美学理论中占据着主流地位，以致有人力图把这种审美模式照搬于荒野的审美中。

我们知道，荒野不同于艺术，荒野的欣赏不能完全照搬艺术的欣赏模式。音乐和视觉艺术是典型的单一感觉艺术形式，但是荒野审美并不如此。对荒野的审美感知显然是更具整体性的，是各种感觉共同作用的结果，荒野环境的审美与体验需要全身心地投入与参与。在环境的欣赏中，我们需要各种感知的投入以及感知的融合。通过多途径的感知、身体性的介入，我们能体会到自己与环境深深地融为一体。通过审美参与、人与荒野的身体性相遇，超越主客观的二元对立，消融欣赏者与欣赏对象之间的距离感，使欣赏者以一种全方位、多感官的方式沉浸在欣赏对象中，从而恢复人与世界的全面的感性联系。在荒野的欣赏中，如果没有一点参与宇宙的观念，没有一点宇宙感的话，就不可能发现荒野的美。因为参与是通过有限的身体性的全面介入参与到宇宙内

---

① ［美］阿诺德·伯林特：《环境美学》，湖南科学技术出版社2006年版，第18—19页。

在的无限生命中，通过打开个性生存的界限而走向宇宙本身。

其实，自然环境的欣赏可以从中国传统审美中吸取营养。在中国古典美学中，“味”而不是“视”作为美感的核心范畴。当然，这里的“味”不光是用舌头去品尝，更是用心去品尝、用心去体悟。用心去“味”意味着主体与客体相接触，意味着对对象更为细微地把握和对其神韵的捕捉。为了画黄山，明代新安画派的著名人物渐江结庵于莲花峰下，卧云嚼雪三十年，黄山的一峰一壑，一草一木，都了解于胸中，而深得其精神。苏轼观庐山，发现的是：“横看成岭侧成峰，远近高低各不同，不识庐山真面目，只缘身在此山中。”可见，中国人在自然环境的欣赏中重的是对真“神”的把握，而不是对真“物”的把握。

二　精神性参与

在森林里，树木围绕着人；在山林里，山围绕着人；在沙漠里，黄沙围绕着人。人沉浸于自己的环境，环境不断地变化，他的感知体验也不断地更替。人身处于自然之中并且是自然的一部分，而不是像面对挂在墙上的一幅画一样外在于自然。正如阿诺德·伯林特所说：“无边无际的自然世界不仅只是环绕着我们；它还刺激着我们。不仅我们不能在本质感觉到自然世界的界限；而且我们也不能将其与我们自身相隔离……我们在环境之中去感知，宛若不是去看到它，而应身置其中，自然……被转变为一个领域，我们如同一个参与者生活其中，而非仅是一名旁观者……在此情形下，审美的标记就是全身心地参与，一种在自然世界之中的感官沉浸。”[①] 因此，自然中存在的美与其说是观察到的，不如说是体验到的。在荒野中，你的观赏与其说是对生命的一种

---

① 转引自［加］艾伦·卡尔松《自然与景观》，湖南科学技术出版社2006年版，第31页。

欣赏，不如说是对生命的一种深沉理解。对生命的最丰富的体验是难以用画布来描绘、难以用镜头来捕捉的。在罗尔斯顿看来，游览国家冰川公园时，人们的兴趣不应仅仅停留于站在山顶俯视沟壑纵横的群山，或通过照相机去拍摄一些照片。荒野不只适合于用照相机来拍摄，荒野不只适合于静观，荒野所提供的终极性存在的体验，是在城市中无法获得的。荒野的欣赏更适合于全身心地参与与体验。正如一首诗中说道：我们要有冬天的心/去观看冰霜/和厚盖白雪的松枝。我们要冷冻好久/才能观看壮松带冰。也就是说，审美体验不是那种发现某些可用镜头捕捉的美景时所获得的愉悦性的体验；而是一种把自己遗忘于大自然的创化之中、并与这种创化融为一体时所获得的体验。面对荒野环境“我们不再需要徒劳无益地认为环境的欣赏与艺术的满足相似，通过疏离方式对象化并静观一个自然对象或者一处风景，或者通过用自然的秩序取代对艺术构思的欣赏”。[①] 我们应该把无利害的静观模式保留在对艺术的欣赏中，发展出一种对于自然欣赏的不同的审美模式。

在荒野审美中，身体性的沉浸与精神性的沉思相呼应。是沉思而不是形式化的静观在荒野的审美体验中占据着重要的地位。面对被雷电击中的橡树，深受罗尔斯顿推崇的利奥波德思索的是它八十年的生命而不是它的形状，当锯子切割这棵橡树时，利奥波德看到的是锯子正沿着橡树走过的路在行进。锯树的过程，不是简单的物理过程，而是时间流逝的过程，是橡树在时间长河里生长的过程。当有着八十圈年轮的橡树在壁炉里熊熊燃烧，并传递给利奥波德热量时，它似乎向人证明八十年自己曾吸纳的阳光，这八十年的阳光通过利奥波德的沉思显现出来。这里，对时间的珍视、对生命的沉思甚于对橡树形式美的直观。面对荒野，

① ［美］阿诺德·伯林特：《环境美学》，第151—152页。

我们需要一种更深沉的审美鉴赏力。罗尔斯顿还通过举例来描述自己对这种深沉的审美鉴赏力的理解。“1986 年 4 月发生在爱达荷州的一场暴风雨摧毁了 1500 英亩的森林。被大火烧焦的土地应该被认为是丑陋的，如果这场火是由人们粗心大意地留下的营火引起的。假如这场火是由雷电引起的，那么，被火烧焦的土地还是丑陋的吗？要判断烧焦后的地表是丑还是美，我们就必须知道大火的起因吗？有时，自然灾害会使地球表面变得满目疮痍。那么，大自然造出的这些地方不是很丑吗？可以肯定，在某种意义上它们是丑的。没有人会把这些地方的景象画进风景画中去；这些地方不是风景如画。但是，我们所讨论的不是出现在生生不息的生态系统中的画面，而是发生在其中的事件，而这需要一种更深沉的审美鉴赏力。”①

在我们看来，这种更深沉的审美鉴赏力就是沉思。沉思意味着沉下去思考，不是目光向上，而是目光向下，平视与凝视。用心感受自然的脉动、呼吸与诉说，思索自然之于我们的重要性，思索自然的伟大与沉静。沉思是对如画式静观的超越。我们欣赏荒野，是在荒野中慢慢地品味，是跟荒野发生亲密的接触，这远非仅是摄入很多风景。正如罗尔斯顿所说：“我们到荒野去与自然遭遇时，不是要对自然采取什么行动，而是要对她进行沉思；是让自己纳入到自然的秩序中，而不是将自然纳入到我们的秩序。”② 因为，“当我欣喜地看着鹰在长风吹度的空中翱翔时，这里面的价值并不是我发明的，而是由我发现的。自然有着艺术所没有的一种自主性。要获得这种意义，我们必须遵循自然——这是说不要干涉自然，让它按自己的方式去运行。我们走入到自然中，去寻找和听取它以自然的形式表达自己。这些表达形式是由

① ［美］霍尔姆斯·罗尔斯顿：《环境伦理学》，第 328 页。
② ［美］霍尔姆斯·罗尔斯顿：《哲学走向荒野》，第 63 页。

一些并不由我们构建的价值形成的。我们不应该毁灭自然的完整性，而是应该保存它，对它进行沉思”。[①] 通过沉思，我们发现，“我们在自然面前不能过于自负，而应在冬至时抬头看看天空，为太阳不会在空中沉得更低而欢欣鼓舞，为地面上的影子不会拉得更长和最长的黑夜已经过去而高兴，而不能让这一天一闪而过。我们不能过于沉迷于人为的文化，而应在春分时好好感受这一天带给我们的春的希望，为白天变得比黑夜长、生命多过了死亡而喜悦。遇到春天第一朵白头翁花时，我们不应该匆匆忙忙地走过，而应该停下来，静静地沉思一下这个约定，它表示生命即使在冬天的风暴中也还会继续”。[②] 正是沉思，使罗尔斯顿发现面前的岩石与自己同宗，自己是从它雕刻出来的。“灵魂啊，原来你就栖于这些岩石上，一方面统治它们，另一方面又拜伏在它们面前。”[③]

罗尔斯顿虽然不是纯粹的环境美学家，但他的大地情怀仍然让他不时地从自然荒野中感悟到美。他不仅亲自投身于荒野之中，而且运思于荒野之中。虽然他对于环境中的审美体验多是通过描述而非分析的方式表达出来的。例如他对沉思的描述：“湖的表面静静的，像镜子一样映射着峡谷的曲线，映射着天空，也映射着夜晚和星星。人在宁静的沉思中时，不也能像镜子一样映射出天地间的事物吗？”[④] 沉思之于荒野审美是重要的，沉思能映照出荒野的本真存在，宁静的沉思类似于庄子的心斋、坐忘。只不过罗尔斯顿没有对之进行细分。环境美学家陈望衡先生曾对“心斋”做过精彩的解说：“庄子说有三种听：‘耳听’、‘心

---

① ［美］霍尔姆斯·罗尔斯顿：《哲学走向荒野》，第 68 页。

② 同上书，第 483 页。

③ 同上书，第 444 页。

④ 同上书，第 406 页。

听’、‘气听’。‘耳听’，听的是物象，所得有限。‘心听’听的是符号，符号是事物意义的标志，它脱出事物的外形，相当地抽象化了，到心听，听的已不是物象，而是精神的标志。‘气听’，精神的标志也消失了，直接地听‘气’。‘气’既不是事物的形象，也不是事物的标志（符号），而是事物的精神。……‘心斋’即为‘气听’即为直觉。”① 与带有中国文化特质的、具有诗性的环境美学家不同，罗尔斯顿的环境审美方式更为理性化。在罗尔斯顿看来，如果我们有足够的理解力，那么，大地就一定能给我们带来愉悦感受。那些认为沙漠、苔原或火山爆发是一种很丑的现象的人，是在提出一种错误的观点，是在做一件不恰当的事。生态系统（至少是其中的风景带）肯定包含着积极性的美感属性。云彩从来都不丑陋，只是其美丽的程度有高下之分；和云彩一样，山脉、森林、海洋、草原、悬崖峭壁、峡谷、瀑布、河流也是如此。

在罗尔斯顿看来，通过精神性沉思，我们将身体性的介入深入到精神层面，同时超越了身体性介入的物质局限。身体性介入与精神性沉思的关系正如彭富春对身体与思想关系的把握。彭富春认为：“思想和身体关系的复杂性表现为：对身体来说，思想不是身体自身，但思想是既内在又超越的。思想是内在于身体的。这是因为思维是人的大脑的机能。一块石头不思维，一棵树不思维，一只动物也不能在理性的意义上思维，惟有人思维。因此人是思维的动物和理性的动物。但思想也是超越于身体的。这是因为身体的界限并不是思想的界限。思想不仅思考身体及其相关物，而且思考身外之物，甚至思考天下万物。”②

---

① 陈望衡：《当代美学原理》，人民出版社2003年版，第98页。

② 彭富春：《哲学与美学问题——一种无原则的批判》，武汉大学出版社2005年版，第13页。

第五节　荒野的深度审美：从美到责任

承担荒野保护责任的动力在罗尔斯顿这里主要是因为荒野具有丰富的价值，这些不可忽略的价值本身要求着人类必须对残存的荒野进行保护。其实，承担荒野保护责任的原因还可以从人类本身说起。由于人不同于动物，人是具有道德良知、审美能力的人，人还具有同情心。特别是敏于判断与欣赏的人在面对残损的自然时，自然就会激发出一种保护的欲望。同时，由于荒野自然的美不同于艺术美，它是一种生机美、环境美、生态系统美，这种美不同于艺术为中心的形式美。以艺术为中心的形式美是可以反复修补的，而生态系统的荒野美一旦毁坏却难以恢复，后现代的一些艺术甚至把复制作为艺术创作的语言之一，而荒野美却难以复制。因此，荒野审美不同于艺术审美，它要求更多的责任的承担。

荒野审美不是一种如画式的静观，而是一种与天地同在的沉思。荒野审美不是一种轻松随意的欣赏，而是一种敬畏式的欣赏，其中惊奇与叹服、感激与钦佩相混。荒野的审美是一种深度审美。

其一，荒野与人文世界保持着较远的物理距离，人无法在荒野中长期居住。荒野对于人来说太遥远、太神秘。因而易使人对荒野产生敬畏之情。

其二，荒野中的各种生命是随宇宙时间而动的，“宇宙时间以圆周为特征，它与地球绕太阳的运动相关，与日、月、年的计算相关，与日历和钟表相关。这是圆周运动，其中经常发生复归，比如早晨和晚上，春天和秋天的到来”。在这种循环往复中，有一种轮回，轮回中有一种永恒。在这种生命演绎的永恒中，人们能够体验到的是敬畏。并且这种敬畏而生的崇高与因恐惧而生的崇高不同。

其三，虽然有学者认为只有人类才有历史，自然是没有历史的，自然即使有历史也是人类的征服与拓展史。其实，“历史”一词与“故事”相连。凡是故事，核心是有“一段历程”，“历程”不光体现在人身上，动物与植物、土地与天空都有。所有物种都是一部历史，每一种生物都是一种历史的存在。人生有四季，自然有春夏秋冬，自然是时间性的存在，人也是。人与自然之间有着应和的律动。正是在这种层面上，我们认为，荒野以不立文字的方式述说着荒野的故事。荒野“有存在了 20 亿年的一种遗传语言。这里有能量与生物进化，创造出多产与勇力、适应与创制、信息与生存战略、对抗与顺应、炫耀与天资的显示。这里有肌肉与脂肪、神经与汗水、规律与形式、结构与过程、美丽与聪明、和谐与庄严、灾祸与荣耀。荒野是一个有投射与选择能力的系统，编织出了一个内容丰富的故事。荒野是我们在现象世界中能经验到的生命最原初的基础，也是生命最原初的动力”。[①] 荒野是自然的原型状态，荒野是人类的生命之根，荒野是演绎生命故事的大舞台，荒野是悠久历史的感性显现形式。在罗尔斯顿看来，森林具有时间性与永恒性。森林可以使人回溯到数百年前，或者把史前时代呈现在进入者面前。[②] 陈望衡认为大树、古树的生命周期比单个人的生命长得多，它的阅历远远长于单个的人，它不是与一代人，而是与几代人共同着生命。森林的世界使人们真正了解不朽、悠久、延绵和归宿的真义。“逝者如斯夫，不舍昼夜。”在大自然中，最能给人以时间感、历史感的是河流。“在美洲大陆、在这个星

① ［美］霍尔姆斯·罗尔斯顿：《哲学走向荒野》，第 242 页。

② H. Rolston, Aesthetic Experience in Forests, Journal of Aesthetics and Art Criticism 56（no. 2, spring 1998）.

球上，都曾流淌过伟大的生命之流。生命之河已流淌过上千万年，人类只在其中走过上百万年，而有关人类历史足迹的记载只有数千年。如果把生命之河的长度按比例缩小成地球的周长，那么人类的历史在生命旅程中所占的长度只有一个国家的一半。”①在荒野中，不仅森林、河流能够让人产生历史感，就是山，也能让人产生历史感。“五岳归来不看山，黄山归来不看岳”是对黄山的称赞。黄山是自然的产物，它的形成具有悠久的历史。“在距今两三亿年前‘古生代’的时候，黄山原是一片汪洋大海。后来，海底由沉积岩和变质岩长期堆砌成一层厚厚的地壳，日积月累，慢慢地成了陆地，还出现了一些馒头状的丘陵，形成了黄山的胚胎。到了一亿多年前的‘中生长’时期，我们大陆发生了猛烈的地壳运动。由于地层断裂作用，地下岩浆强烈涌起，黄山不少地方裂口，喷出了大量的花岗岩浆，冷却后，成了黄山的基础。又经过若干万年地壳上升运动，以及风雨剥蚀，覆盖在山面上的杂质岩石和沙土，不断被淘汰，花岗岩体便如竹笋冒尖一样，冲天而出，形成了幼年的黄山。到了距今两三百万年前，地球上的温度大幅度下降，变得非常寒冷，黄山也受到‘冰期’的影响，冰水渗进了花岗岩缝隙，岩石纷纷被胀裂，形成了各种造型。山顶上积雪终年不化，愈积愈厚，愈压愈实，逐渐挤压成淡蓝透明的大冰块，沿着山坡下滑，形成‘冰川’。冰川像巨大的推土机，把山上大批岩石和沙土铲削推送下山。今天遍布黄山溪涧中的那些奇形怪状的巨石，就是当年冰川推送下来的。”②黄山松也是因势而成，在时空中留下了风的形状。黄山是大自然逐渐“生长”出来的，是大自然的杰作。

亚当·斯密在《道德情操论》中认为，把能感受痛苦与快

① [美] 霍尔姆斯·罗尔斯顿：《环境伦理学》，第 18 页。
② 常秀峰等著：《黄山纵横谈》，上海人民出版社 1985 年版，第 3—4 页。

乐的能力的动物作为感激的对象较之于将无生命的存在者作为感激的对象而言是合适的。但是我们认为，人不过是宇宙中的人员，人应对支撑其生存与演进的万物怀有感激之心。特别是我们的生命之根与灵魂之所——荒野。面对这样的生命长河，人们不再仅是关注其形式表象，而是沉思其内在意蕴。历史长河以其感性的生命史显现于观者眼前，使进入、体验它的人产生历史感。在约翰·巴勒斯眼中，铁杉木的历史颇具英雄气概。尽管被想要其树皮的制革工人掠夺蹂躏，被伐木工人乱砍滥伐，被移居者攻击践踏，然而其精神依存，其精力不垮。铁杉木不仅以物的形式显现历史的痕迹，而且它的历史表现出一种精神的力量。对于这样的荒野，观者往往感到一种来自心灵深处的震撼。正如约翰·巴勒斯所说："大自然热爱这样的林子，因此便给林子封上了她自己的封条。在这里，她向我表明怎样处置羊齿、苔藓和地衣。土壤肥沃，满目绿意。站在这些香气袭人的绿色通道中，我感到了植物王国的强盛，并对身边悄然发生着的深奥而神秘的生命进程深表敬畏。"① 荒野以其久远的历史激发了人的历史感，这种历史感使人产生敬畏之心，而这种敬畏又与崇高相通。正是基于对历史深度的认同，陈望衡先生认为："'崇高'是历史文化名城另一种重要的审美品格……具有崇高风格的历史遗存让人想起悠远的历史，想起人类走过的艰辛的道路。它们是肃穆的、庄严的、伟大的。"②

历史深度的挖掘离不开沉思，正是人的沉思将荒野蕴涵着的历史展现出来。当约翰·缪尔面对有几百万年而不是几千年历史的石化木时，他体验到一种亘古的时间感。"从早到晚，我独自一人默默地坐在那里，沉醉于古老而久远的石化木带来的深深的

---

① ［美］约翰·巴勒斯：《醒来的森林》，第41页。

② 陈望衡：《历史文化名城的美学魅力》，《三峡大学学报》2002年第1期。

静穆中。”[①] 传统美学认为，空间体积的巨大以及气势力量的宏大是构成崇高的两个条件，如广袤无垠的沙漠、奔腾澎湃的江河、气势压人的黑云……传统美学中的崇高是一种空间上的崇高，它通过震撼人的心灵，使人产生敬畏之心。其实，还有一种崇高是由时间的久远带来的。对具有历史性对象的欣赏是有别于具有表象性的对象的欣赏的，后者无形中具有一种因时间之流产生的深度。由历史深度而引起的惊异、由惊异引起的敬畏也是崇高感的一种来源。威廉·荷加斯在《美的分析》一书中指出，高大的树林、枝繁叶茂的老橡树以其体积的巨大而引起人们的尊敬。其实，一棵老树也会因为它的苍劲（经历了时间）震撼我们、一块顽石会因为它的悠远引人叹服。进入森林，就是进入历史隧道。“有洞察力的森林参观者会意识到森林长达数世纪之久的延续历史，它在大火与风暴的干扰中不断向着生命的顶点而前进，追踪生命顶点的各种变化，一个人面对的是森林的各种进化史。在岩石层里，在峡谷的岩壁上，在各种冰川中，人们可以看见各种腐蚀的、造山运动的以及地理学上的变化过程。石炭纪时代的森林是由各种苔类植物构成的整体；侏罗纪时代的森林由裸子植物构成——松柏科植物、苏铁类植物、银杏和蕨类植物等。森林的过去、现在和将来总在经历着不断的转化和变形。一片原始森林就是一个历史博物馆。”[②] 在这样的历史博物馆面前，参观者有的只是敬畏之心。具有“历史深度”的历史博物馆——荒野成为我们敬畏自然的原因之一，“历史深度”将成为荒野欣赏的重要尺度。历史深度引起的敬畏是与崇高相通的，只不过它需要的是沉思和由沉思而来的体悟。如当我们面对长寿的巨杉，

① H. Rolston, Aesthetic Experience in Forests, Journal of Aesthetics and Art Criticism 56 (no. 2, spring 1998).

② Ibid.

了解到“巨杉为何能如此长寿，为何能长得这么高大，以及为什么这个古老物种的亲戚都因地质变化而灭绝，而它却历经沧桑存活下来”[①] 时，我们的敬意就油然而生了。

如果说传统美学中的崇高因体积的巨大和力量的迅猛给人的心理形成一种压迫感，使人与自然对象处于相抗争的状态，尔后因主体激发出一种豪情、一种战胜对象而经历了由痛感到快感或者说化痛感为快感的话，荒野审美中的崇高不同。“在原始森林或沙漠、苔原……我们被可怕和不可抵御的力量震慑，被时间和永恒的标记震慑。”[②] 在荒野中，不仅有传统美学中人与对象相抗相争化痛为快的过程，而且还有一种源于历史深度而来的崇高，这种崇高以其绵延的历史吸引人慢慢地切入，人与对象之间不是处于对抗状态，主体也没有一种必胜对象的豪情，主体走进荒野被荒野的历史故事所吸引、在解读荒野悠久的历史故事中，人们惊叹大自然的神秘与古老，并对之持尊重与敬畏的态度。前者化痛为美，后者由敬畏走向欣赏。正因如此，罗尔斯顿认为：“大自然对诗歌、哲学和宗教的启发绝不亚于它对科学的启发，而且，就其最深层的教育功能而言，我们的敬畏和谦卑感可通过凝视滔滔巨浪、仰观午夜星空，或俯察蠕动的黏菌疟原虫身上反向回流的原生质流而获得。攀登山峰、观看落日、抚摸岩层、穿越紫罗兰草地都会使人产生‘运动和精神……贯穿于所有事物之中’的感觉。于是，荒野自然变成了某种类似于神圣的经文的存在物。对于那些纯正的荒野追求者而言，荒野是一座教堂。”[③] 对于这种类型的崇高，伯克曾在《关于崇高和美的观念的起源的哲学探索》一书中作出过描述。他认为：“如同度量的

① ［美］霍尔姆斯·罗尔斯顿：《哲学走向荒野》，第 238 页。

② 同上书，第 129 页。

③ ［美］霍尔姆斯·罗尔斯顿：《环境伦理学》，第 33 页。

极端巨大是崇高一样，极端渺小在一定程度上也是崇高。当我们注意物质的无限可分时，当我们苦心研究动物生命极小但有组织的机体，以致无法凭感官进行细微的探究时，当我们逐次研究和考察相当小但仍可以不断递减的生物时，此时不仅感官不起作用，连想象也不可能了，我们会对细微产生的奇观感到惊异与惶惑。”① 荒野自然是心灵源源不断的刺激物，只有无知者和麻木者才会对它感到厌恶。

对荒野的敬畏不只是一种感情，它也是一种理解方式，是对他者存在意义的洞察。当利奥波德怀着对生命的敬畏感来观察冰融之际的生物，感受他们对变幻世界的应对之策时，利奥波德正行走在环境保护者的道路上。1935 年，利奥波德与著名自然科学家罗伯特·马歇尔一道创建了“荒野协会”，旨在保护日益遭到损害的荒野。在利奥波德那里，美的审视与伦理的审视是统一的：“当一个事物有助于保护生物共同体的和谐、稳定与美丽的时候，它就是正确的，当它走向反面时，就是错误的。”② 陈望衡认为，环境伦理所倡导的对宇宙生命的爱，对动物、植物的爱这种道德情感是可以发展、转化为审美情感的。反过来，“对自然的审美情感也可以发展、转化为对自然的道德情感。尽管某一具体的对自然审美行为未必就真能影响到环境保护，但它可以在精神上起到强化环境保护的意识。一个爱好花木的人大概不会去践踏一片长得青葱可爱的人工草地吧”。③ 虽然并非所有的责任都依赖于美的存在，但美的存在在一定程度上要求责任的承担。美走在责任之前，自然美的存在亦是如此。“更准确地说，从

---

① 伯克：《崇高与美——伯克美学论文选》，李善庆译，上海三联书店 1990 年版，第 79 页。

② 利奥波德：《沙乡年鉴》，吉林人民出版社 1997 年版，第 213 页。

③ 陈望衡：《环境美学》，武汉大学出版社 2007 年版，第 76 页。

‘是’走向‘应该’似乎意味着从事实——‘存在着的提顿’，走向了审美价值——‘哇，它们好美哟！’和道德责任——‘我们应该保留提顿’。”① 对自然美的欣赏在一定程度上要求对自然环境的保护。因为审美的产生要求同情的存在，这种同情是心灵上的相互感应。但是，一旦人们将这种同情付之于实践，即实践上的同情，就会走向对自然荒野的保护。哪儿能使人产生悦人的审美体验，哪儿就更易唤起人们的保护之心。这就是审美的律令。

审美的律令不同于法律的律令，也不同于道德的律令。法律作为一种律令，追求的是真；道德作为一种律令，追求的是善；审美作为一种律令，追求的是美。法律是一种刚性的律令，而道德律令与审美律令是柔性的律令，二者都基于同情。道德律令与审美律令的相异之处是前者理占上风，后者情占上风。环境法律规范的存在，使人们不敢随意破坏环境；道德律令的存在要求人们尊重荒野的价值，使人们认识到不应该、不愿破坏环境；审美律令的存在要求人们敬畏荒野、不忍破坏环境。审美的律令要求人们在欣赏中打开心扉、敞开胸怀、空出我执，在悦纳万物中走向对荒野的保护。审美情感表示和准备了道德情感。无论是环境法律的律令，还是道德律令、审美律令，都要求人们对荒野加以保护。只不过有的是从求真的角度出发，有的是从求善的角度出发，而有的是从求美的角度出发而已。

荒野审美带来的敬畏之心，必然导致人们对荒野的关注与保护。正是基于这种认识，罗尔斯顿认为审美体验是环境道德的出发点之一。当然，这里的审美体验是指荒野自然的体验而不是对艺术作品的体验。也许正是因为这种来自生命深处的尊重与关

① H. Rolston , *From beauty to duty*: *Aesthetics of Nature and Environmental Ethics*, *Environment and the Arts*, Ashgate , 2002.

心，使环境的审美更为厚重、避免蜕变成一种文饰或矫情。正如价值哲学家G. E. 摩尔所说，对自然中存在的美的欣赏，是一种善。观察者的美德所反映的基本上是存在于被观察者身上的价值。人的完美的内在品性与野花的完美特点相映生辉。罗尔斯顿认为："要是缺了对自然荒野的尊重与欣赏，生命的道德意义就会大大萎缩。一个人如果没学会尊重我们称之为'野'的事物的完整性与价值的话，那他就还没有完全了解道德的全部含义。"[①] 美的欣赏与道德的完善紧相关联，正是这种关联促使着美与责任的结合。对物种的灭绝人们之所以痛心、对于虐杀动物人们之所以抨击，在罗尔斯顿看来："最后的辩辞还是说人们不应该毁灭美的生命形式。"[②] "伤害企鹅、破坏松树或地理奇迹的行为本身并不具有道德意义。要想说明这些行为的道德意义，人们必须进一步……主张：企鹅是重要的，因为它们在石头上的漫步令人赏心悦目。"[③] 不应该毁灭美，美的欣赏与物种的保护联系了起来。

荒野环境保护的动力不仅在于荒野价值的存在，而且也在于人自身的特质。从儒家的观点看，人是具有伦理自觉、伦理反思、伦理决定的存在者。人是道德的人，也是有爱心的人。爱有上升之爱和下降之爱，有缺损之爱与丰盈之爱。基督教强化了人对其他物种的征服意识，基督教伦理学强调对上帝的爱而不是对万物的爱。"对所有的被造物的爱，对动物的爱，对植物的爱，对矿物的爱，对大地的爱以及对星辰的爱在基督教伦理学中完全没有被揭示。……基督教是通过对待宇宙生命的禁欲主义态度，通过排斥自然的和被造的因素而获得稳固和胜利的，即使是自然

① ［美］霍尔姆斯·罗尔斯顿：《哲学走向荒野》，第69页。

② 同上书，第22页。

③ ［美］霍尔姆斯·罗尔斯顿：《环境伦理学》，第40页。

的和被造的人，因此，基督教宗教仪式全没有制定出对宇宙事物、对被造物、对一切生命的爱的伦理学。”① 与基督教伦理学所强调的上升之爱不同，人对不同物种的爱属于下降之爱，在这种爱中，人是丰盈的，人因自己的丰富性而向他物奉献爱心。这种爱不要求回报，也不强调爱的相互性或被爱者的价值与权利。也就是说这种爱要求他为善——保护物种而不是破坏物种。毁灭物种之所以是一种很大的恶，不仅因为毁灭物种是在毁灭一类生命形态，或减损物种的多样性。而且因为此类毁灭性行为显示的是人类的残忍而不是人类的仁慈。因为，对他者的关切是对自我关切的一部分，他者是我息息相关的伙伴，对他者的关心就是对我的关心。正是在对他者的关切中，我的爱、具有同情心的我显示了出来，我在维护他者的利益的同时维护了自己灵魂的完善。事实上，对其他物种的关心不仅不会使人类损失什么，相反会使人类的高贵性得到体现。虽说人有反思能力、人有理性这一事实使人高于其他物种，但这并不等于说人类拥有侵犯、践踏其他物种的权利。在荒野中，面对众多的林中居民，高贵的人更应尊重它们、温柔地对待它们。人高贵的身份使人拥有更多的义务。孟子的人皆有不忍人之心也应该应用到动物身上。罗尔斯顿也曾描述过这种责任。“在田纳西州，我看到一些稀有的蕨类植物分散地生长着，但我拒绝采集这些稀有蕨类。这并非仅仅是我想把这些植物留给别人观赏，而是我从道德的角度出发，不愿意危害一个物种。”②

事实上，当“一个面对鳉鱼及云石峡的超级层和红墙层沉思的人，或花费一个周末独自欣赏印第安山峰的冰河风景、并琢

① 别尔嘉耶夫：《美是自由的呼吸》，山东友谊出版社 2005 年版，第 201—202 页。

② ［美］霍尔姆斯·罗尔斯顿：《哲学走向荒野》，第 23 页。

磨着他的孙子辈在阿拉斯加的雪原中能否分享他的这种情感的人，已经逐渐地把他的关怀扩展到了源远流长的生命之流”。[①]罗尔斯顿说：“当人以一种欣赏的方式遵循大自然时，他们就超越了自然，因为大自然中的任何事物都不具有这种以欣赏的态度尊重生态系统及其中的其他存在物的能力。人是享有特权的资源使用者，但更重要的是，他们是自然界的得天独厚的辩护人。”[②]因为，在罗尔斯顿看来，人之为人而超越其他生物，不在于他具有高于其他生物的价值，而在于他可以使自己的行为越出对自己的呵护而爱惜大自然，这是自然对人类的偏爱，为了报答这种爱，人类就不应当把道德行为仅仅作为维护人类自身利益的工具，而应当同时用它来维护整个自然、维护所有完美的生命形式。这与其说是人类的慷慨付出，不如说是人类必须尽到的义务和责任。

自然审美可以开阔人的心胸，涤荡人的心灵，激发人们的感激之情，正是这种感激，使人们乐于承担和实施各种责任。因此，我们认为，对自然荒野的欣赏可以启迪人的善心，审美的无功利态度有助于自然荒野的保护。但是，我们也要看到，由于人的审美偏好的存在，也会在一定程度上影响道德责任的承担。比如，如画式的欣赏就会促使人们保护如画的风景区，比德式欣赏就会促使人们保护能进行比德的自然之物。这种选择如果仅仅停留在欣赏中，最多带来的只是欣赏中的褊狭。如果这种选择一旦付诸实践，就会导致对荒野的非保护性后果。如将自然荒野中的大树搬到城郊，或任意地砍伐荒野中树木或改种其他类的树种，从而改变其生存环境等。如早期的环境伦理学家利奥波德所保护的对象往往是能产生审美兴趣的自然，而在罗

① ［美］霍尔姆斯·罗尔斯顿：《环境伦理学》，第40页。

② 同上书，第105页。

尔斯顿那里，这种偏重有所淡化，罗尔斯顿所希望保护的不只是具有极高审美价值的自然景观，而且还包括整个生态系统以及其中的荒野。事实正是如此，只有对所有的欣赏对象抱有同情态度，超越因审美偏好带来的歧误，我们才能真正做到保护自然荒野。

我们认为，敬畏式欣赏不仅包括欣赏荒野自然以及荒野在内的生态系统这一具有时间性的历史画卷，而且还包括审丑，通过审美与审丑的结合，激发人的责任意识。在审美中，美景与审美之人相融无碍，审美之人表现出美的追求与品位，审美的无功利状态使人们乐意将美景留存下来，这种审美的留存之地就是人的精神栖息地。与审美相比，环境审丑也可以激发人们的环境保护意识。大熊猫标本，以前总是以憨态可掬的样子出现，但面对被人猎杀的大熊猫，熊猫标本制作人员希望展示大熊猫惨遭杀害的样态，通过千疮百孔的大熊猫标本，来激发人们对大熊猫的责任意识。1880 年，人们在约塞米蒂国家公园的一棵巨形杉树的树座上凿了一个门洞。数百万人或骑马或坐小马车、小汽车从大树下穿过。由于这个树洞减弱了该树的承载能力，在 1968 年、1969 年之交的一场大风雪中，这棵大树终于倒塌了。事后，有人曾建议公园管理部门开凿更多的树洞，但被管理人员拒绝了。他们说，开凿树洞是对壮美的红杉树的不敬。倒不如利用此机会教育参观者，使他们了解红杉树的巨大体积和延绵的寿命，了解红杉树抵御火灾、疾病和虫害的能力。最好是教育参观者，使他们敬佩这种坚韧、挺拔和奇妙的红杉树。

第六章　走向荒野的美学

当今世界，环境问题已经成为举世忧虑的问题，这直接推动了荒野保护运动的诞生与发展。荒野保护运动从表层看关注的是荒野保护，从深层看关注的是人性完满。在荒野保护运动产生之前，我们不知道如何评价荒野自然的价值，荒野自然的价值从地图上被抹去了。今天，我们主张美学走向荒野，实际上是从美学层面呼应荒野保护运动。美学走向荒野不仅意味着美学对荒野的关注，更意味着美学对可爱可敬的家园的回归，因此也意味着美学对完美人性的一种期待。因为荒野的本意乃是纯粹的自然状态、世界的本来面貌。走向荒野的美学是拥抱世界的美学，是拥抱家园的美学。过去，尽管我们的科学和文化驯服了荒野自然，但我们却反而失去了家园感，成为流浪者。在《环境伦理学》一书的“序言”中，罗尔斯顿就把自己喻为“荒野导游”，作为荒野导游的罗尔斯顿，他的学术目标就是要让作为流浪者的我们回到“我们的家园，并且将第一次真正地认识到我们身居何方”。为此，他指出：“我们必须要去开垦那些尚未被开垦的哲学理论园地……重新评价人们在公共生活和私人生活中所遇到的野生生命和荒野的价值。”

第一节　历史的反思与美学的重构

一　美学史的迷途

美是什么？美学是什么？历史上，“美是什么”的追问与

“美学是什么”的回答紧相关联。

当柏拉图把美视为“理念”、毕达哥拉斯把美视为“数的和谐比例”……美学就定位于对美的本质的追问及其把握之上。这类美学属于本体论美学。本体论美学最显著的特征就是对美进行本质追问，这种追问使美学上升到形而上的高度，很有哲学意味，故有学者直接主张应将美学称之为“哲学美学”。

然而，本体论美学的“滑铁卢”也蕴涵于美的本质追问之中。因为，在传统美学中，“美”的本质的追问方式与“美”的存在方式不仅不能协调一致，而且还相互悖逆。因为美生存于我们对世界的体验过程之中，而美的本质的追问实际上是要将这个过程凝固为一个抽象的点。结果，本体论式的美“是”什么的回答无法解决生存论式的“美”是什么的问题。本体论式的“美是什么”的追问，错误就在于相信美的存在与生成可以诉诸脱离感性直觉的纯粹理念来解决。本体论美学由于立足于现象与本质对立、主观与客观相分、美的本质与美的事物相别而使美学远离生活世界。在这种所谓的美学本体论视阈中，只有作为理念的感性显现的艺术不时成为美学家佐证的素材，而荒野自然、生活世界都没有进入美学的视野。美学面对的是一个“形而上”的世界。

与古代本体论美学追问“美是什么”不同，近代认识论美学追问的是“美如何可能”。与本体论美学力图超越现实世界（包括主体）来寻找美不同，认识论美学最大的特征就在于把美与人相连，透过人的审美感知、审美愉悦、审美情感来探讨美，显示出“形而下”的特征。理性主义的认识论美学代表人物鲍姆嘉通就把美视为“感性认识的完善”，经验主义的认识论美学代表人物休谟和博克也把美与丑和人的快乐与痛苦相连，努力寻找美的生理心理基础。康德通过《判断力批判》考察了人的审美反思判断力，并从质、量、关系与方式四个方面阐释了美感如何可能这一论题。认识论美学是对本体论美学的超越，它通过对审美主体心意状态的探讨深入到了人的主观精神世界，建立起美与人的关系。但是认识论美学在对本体论美学进行突破之时又陷入了另一种短视，那就是：虽然注意到审美主体的独特心意状态，但却于有意无意中将主体置于被剥离的状态，忽视了主体的社会特性；虽然注意到美与主体、美与主体精神世界（艺术作为其表征）的关系，但却忽略了美与环境、美与世界的联系。结果，美学演化为艺术哲学。正如黑格尔所强调的美学“这门科学的正当名称却是‘艺术哲学’”。①

美学曾经面对“形而上”的世界，又曾经面对“形而下”的世界，但美学面对的始终是一个“不完整”的世界，它缺少对生存者周边世界的关注。本体论美学往往把美作为一种抽象的认识对象来研究，从某种先验的观念出发寻求美的抽象本质。认识论美学（特别是经验论美学），常常以个体的审美经验作为美学的起点，专注于人内在的情感和心意状态，它仅仅从个体内部来体验美。在这两种情况下，美、美学与存在者的生存世界的关系都是残缺不全的。我们不禁想问：美、美学究竟是在开端处就与存在着的世界关系残缺呢，还是在发展的过程中将这种关系残缺化了呢？

反观西方美学发展史，我们发现：虽然美学是从“美是什么”的追问开始的，但是“美”所涵盖的内容并不是从这一刻才存在的。“美”这一概念源自人类，但“美”所蕴涵的内容却存在于宇宙世界之中。通过观察与思考，毕达哥拉斯认为，太阳和地球的距离是月亮和地球的距离的两倍，金星和地球的距离是月亮和地球的距离的三倍。每一个别的天体也都处在一定的比例中。天体的运行是和谐的，距离越大的天体运动越快，并发出高

① ［德］黑格尔：《美学》第1卷，第4页。

昂的音调。距离越小的天体运动越慢，并发出浑厚的音调。和距离成比例的音调组成和谐的声音，这就是宇宙谐音。毕达哥拉斯之所以把美定位于数的和谐，就是因为他在观察与体验宇宙时聆听到一种和谐，而这种和谐是宇宙和世界的本质特征。所以，在毕达哥拉斯学派那里，数不完全等同于现代人关于数的抽象概念。数不是机械的、无生命的数字，而是代表着事物的生成原则，数被看作一种来自世界的具有生命的力量。美是宇宙间的属性，人并不能创造美，而只能在宇宙中发现美，宇宙的美是所有人造的美的尺度。在德谟克里特和赫拉克利特眼里，宇宙是一个各种对立物相结合的整体。生与死、欢乐和痛苦、幸福和灾难的交替和平衡，是宇宙节奏的体现。“美”不过是均衡的宇宙本原的显现。柏拉图在《蒂迈欧篇》、亚里士多德在《论天》中也描述了宇宙世界的美。在柏拉图看来，广袤的苍穹中，各种星体有序地、交错地、多层次地做旋转运动。在亚里士多德看来，宇宙的球体是最美的。柏拉图之所以把美定位于“理式”，是因为面对杂多而纷乱的现实美，他想寻找一劳永逸的根由。开端时期的希腊人更多地重视实际生活，对美的衡量标准往往深受现实的事物的制约。古希腊的艺术被称为模仿的艺术，模仿性艺术的特点就是模仿现实事物，现实事物是衡量标准。[①] 开端时期的美学思想并不青睐艺术，相反，“如果我们回到早期希腊哲学家那里，或者哪怕是美的先知柏拉图那里的话，我们会大失所望地发现，早期希腊人的雕塑艺术和诗歌艺术并没有能在他们的著作中得到如实的反映和赞赏。……首先，他们自由地把目光转向世界”。[②]“对于古代希腊人来说，美是自然的一种属性，他们激叹世界的完善，惊叹世界的美。世界是美的，人的手工作品也是美的，而

① 参见张世英《美与真善》，载《学海》2000 年第 1 期。

② ［英］鲍桑葵：《美学史》，商务印书馆 1985 年版，第 15 页。

且应当是美的。关于世界的美的证明，早期和晚期的希腊人与罗马人都曾谈到过。普鲁塔克就曾写道，‘世界即是美，这可以从它的形状、色彩、规格以及环绕其间的繁星得到证明。’”[①] 诗人屈原也是在对自然之天进行不断追问中诠释着自己的美学思想的。开端时期的美学思想深深扎根于周边环境，美的观念与存在着的世界之间互相阐释。

但是美学与世界的这种关系在美学日益精纯化的过程中失去了，美学与世界的分离不可避免地导致美学的无根性。我们知道，西方美学的发展历程依次迈进的步履是“美”、“美感”和“艺术”。“美”、“美感”、“艺术”这种历史进程一方面展示了美学研究所涉及的三个领域：美、美感和艺术，另一方面于无形中揭示了西方美学的一个秘密，即很长一段时期美学的研究主要是围绕着“艺术”而展开的。在苏格拉底之前，“美”的问题几乎和艺术没有一点关系。在亚里士多德之后，“美”的问题相当一部分是指向艺术实践本身的。无论是亚里士多德的《诗学》，还是鲍桑葵的《美学史》、杜夫海纳的《审美经验现象学》，都是针对艺术来谈论美的欣赏与创造问题的。虽然西方也曾出现过对自然美的欣赏，但他们更多的是对人工美的重视。正如环境美学家阿诺德·伯林特所说：“美学本身一向也包括自然美和对自然的崇高美的鉴赏。但是除了康德、谢林以及为数不多的其他一些哲学家外，大部分人的注意力都指向艺术，而不是自然界。”[②] 阿多诺认为：“从将自己关于美学的主要著作命名为《艺术哲学》的谢林开始，美学几乎严格限制于关注艺术作品，不再继

① ［波］符·塔达基维奇：《西方美学概念史》，学苑出版社 1990 年版，第 200 页。

② 阿诺德·伯林特：《环境：向美学的挑战》，载《江西社会科学》2004 年第 5 期。

续对‘自然美’进行系统研究，在康德的《判断力批判》中，‘自然美’曾经引发了一些最敏锐的分析。自然美为什么从美学的应办事项中漏掉了呢？原因并不像黑格尔使我们相信的那样，它在一个更高的领域中被扬弃了。而仅仅是自然美的概念被抑制了。自然美的继续出现，将触动一个痛点，所有作为纯粹的人工制品的艺术作品，都是对自然美的犯罪。整个人造的艺术作品，在根本上与非人造的自然对立。”①

一般认为，美学真正诞生在近代。近代美学归属于理性主义，艺术作为蕴涵着理性内容的感性形象成为最好的审美表达形式。渐渐的，美学演化为艺术哲学，美成为艺术的最高理想。艺术美的解剖成为把握现实美的一把钥匙。美学史上很多美学家都是联系艺术来谈美学基本问题的，都把艺术作为美学研究的主要对象，艺术作品成了拓展和强化审美感知的工具。权威的观点“只限于考虑艺术美。……中世纪和文艺复兴时期也未能大胆到超出亚里士多德所规定的范围，他们甚至在很大程度上忽视了《论崇高》中附带描述的对自然的出色欣赏。艾迪生、博克和康德同那个朗吉弩斯一样热衷于崇高，他们把自然也纳入了自己的思考视野，所以再一次遭到黑格尔和克罗齐的或明或暗的反对”。② 黑格尔更是明确地表示：美学的“对象就是广大的美的领域，说得精确一点，它的范围就是艺术，或者毋宁说，就是美的艺术”。③ 虽然黑格尔在《美学》中曾讨论过自然美，但那是在对比与否定的意义上展开的。可以说，自黑格尔之后，主流美学都是把艺术作为主要的对象，美学成了艺术学或艺术哲学。正

① T. W. Adorno, *Aesthetic theory*, Translated by C. Lenhardt, Routledge & Kegan Paul, 1984, p. 91.

② ［美］托马斯·芒罗：《东方美学》，中国人民大学出版社 1990 年版，第 38 页。

③ ［德］黑格尔：《美学》第 1 卷，第 3 页。

如有学者所说："创造具体的美是天才的事情，而美学则思考天才们的作品。"[①] 确实，艺术是人类从精神上掌握现实的基本形式之一，艺术在质、量和社会作用方面都塑造了不同于实际生活中的美。这样，艺术哲学式的美学无形中就肯定了艺术美是最为典型、最为高级的美的形态。事实正是如此，艺术哲学式的美学的研究视阈被艺术的视阈所规定：艺术占据着美学的中心地带，艺术的审美经验成为人类审美经验的全面表达。但这种美学把研究的视阈仅仅框定在艺术上，无疑又是画地为牢，把广泛存在的其他形态的美拒之门外，这势必会影响到美学研究的广度和深度，甚至会使美学下降为一般的艺术理论。美学的研究从涉及艺术到完全走向艺术，无疑使艺术美的研究得到了提升，但是美学自身的研究视阈却无形中被狭隘化，自然作为"不纯粹的"杂多被轻视，自然所具有的重要的审美价值几乎被完全忽略了，美学走向了精英主义或贵族主义。美学变成了一种艺术本质论式的狭隘美学。

以艺术为中心的美学在提升与纯化人类审美经验的同时，加剧着人与世界关系的残缺不全。从人工与自然的角度来看，世界可分为技艺的世界与自然的世界。技艺的世界因为人的才情而显示出丰富性，自然的世界因为本能的力量显示出多样性。如果说艺术是技艺世界的"花蕾"的话，那么，荒野就是自然世界的"精灵"。不管是技艺的世界，还是自然的世界，不管是"花蕾"还是"精灵"，在人类的审美之"慧眼"、审美之"心胸"面前，均可成为审美对象。这二者之间只有特质的不同，没有贵贱的区别。以艺术为中心的美学，人为地抬高艺术作为审美对象的价值、贬低自然作为审美对象的价值，将审美的视阈限定于技艺

① ［德］弗里德里希·包尔生：《伦理学体系》，中国社会科学出版社 1988 年版，第 22 页。

世界，造成了荒野世界在美学中的缺席。受西方艺术论美学主流的影响，《美学和未来美学：批评与展望》一书的作者对自然美就多多少少表现出一种不信任甚至蔑视："对自然美的欣赏决不是艺术文明的原因，也不是艺术文明的结果。对自然美的欣赏是属于生活情趣的问题，是趣味问题。""自然美的欣赏不是一种事业，而任何一种文明必定是一种事业，不论科学还是艺术都是事业。自然美的欣赏是人们对被给予的东西的满意，也就是人们对自然作为我们生活的世界的满意。正因为这一点，自然美和艺术成为完全不同的东西。"①

纵观西方美学史，我们可以遗憾地发现：自然世界在美学中的退却是与美学作为一门学科的"成熟发展"几乎同步的。在西方，人的心意功能被分成三个部分：知、情、意。知关涉的是真，意关涉的是善，情关涉的是美。而真的领域是自然，善的领域是自由，美的领域是艺术。可以说，在西方，人的心意功能的划分无形中就蕴涵着将自然从美的领域中加以剔除的可能。其实，真善美的领域不能互相隔绝，"真首先是存在问题，然后才是认识问题；善既不只是一个内在的道德问题，也不只是一个外在的伦理问题，而是一个人类的存在问题，即人如何生存在这个世界上的问题；美不再是存在的幻象或假象，也不再只是一个情感的对象或一个艺术问题，而是存在自身生成的完满显现"。②

现实的情况竟然是这样一种格局：当美学家的目光掠过粗糙的荒野停留于精致的艺术、当美学从美的哲学变成艺术哲学，美学与世界的关系就被美学与艺术的关系所替代。艺术哲学关注的

---

① 赵汀阳：《美学和未来美学：批评与展望》，中国社会科学出版社 1990 年版，第 169 页。

② 彭富春：《哲学与美学问题——一种无原则的批判》，武汉大学出版社 2005 年版，第 9 页。

是纯粹的审美经验——艺术的审美经验，现实的感性世界在这里被遗忘，作为自然世界代表的荒野更是被弃之一旁。艺术哲学在强调人们对艺术的审美经验的同时，却忽略了对自然的审美体验。艺术哲学在将艺术的审美经验与自然的审美经验相区别时，却忽视了艺术与自然的连续性。艺术哲学潜入到了艺术的审美经验深处，但却忽略了对自然的直接兴趣。美学即便零星有一些关于自然的欣赏也是以艺术的方式进行着。面对自然，人们不再像毕达哥拉斯那样去聆听、沉思，而是以自己艺术化了的审美趣味来规整它。面对自然，人们更多的是从主体的规范、规则出发，而不是从自然与主体的相关性、一致性出发来欣赏。如在传统美学那里，艺术本质论式的美学强调视觉中心，强调审美活动时的静观与距离。这种美学重的是视觉之美、形式之美。自然世界不同于艺术世界，把艺术世界的审美原则统统移植于自然世界，是对自然的轻视。如以艺术为中心的传统美学最为重视的感知器官是视觉与听觉。面对自然，我们不应轻易地断定视觉与听觉也是自然欣赏最为重要的感知器官。面对自然荒野，感知的“牌”要重新洗一遍。人为地对感觉器官进行分层，会影响“审美公正”。

可见，以艺术为中心的美学虽然使人们对艺术的审美趣味更为精致，但却容易培养人们对自然的傲慢态度并导致人们对文明艺术的盲目推崇。在《美学与哲学》一书中，杜夫海纳明确反对下述观点：“当我们把自然审美化时，我们通过艺术就会看到自然；因为那时我们期待于自然的就是艺术曾使我们成为习惯地期待于它的东西。”① 杜夫海纳认为，自然的审美经验不像艺术的审美经验那么纯粹和严格，它更加漫不经心、充满着不相干的

① ［法］米盖尔·杜夫海纳：《美学与哲学》，中国社会科学出版社 1985 年版，第 36 页。

因素。自然欣赏中，欣赏“对象没有被严格地规定界限，就像画被镜框、交响乐被演奏前的寂静、诗歌被我读的书页和读的时间所严格规定那样”。[①] 艺术是人所创造的感性的精神世界。通过艺术作品这一审美对象，人们发现自己，人们向自己打招呼。通过自然这一审美对象，人们被自然所纳入，世界在向人打招呼。

二　美学的重构

文明化的征途中，走出荒野的人类由于漠视自然的存在而失去了家园感，人类在“夜郎自大”中招致全球性的环境危机；在所谓的“纯粹化”的过程中，美学失去了与世界的深层联系，美学在自说自话中使自然走向沉寂，并最终也使美学走向迷惘。为了走出迷雾，必须重构美学。美学要走出迷雾，一方面要避免传统美学抽象地谈论美，而从美的具体世界出发；另一方面要避免陷入主观经验，把人的审美活动放到自然环境和文化世界中，引入整体观念，即敞开自我，拥抱无限丰富的世界。也就是说，如果人类与美学要走出危机、要建立起与世界的全面联系，那么人类与美学就不能忽略自然荒野的存在。自然世界不仅为人类提供物质基础，而且还是人类精神的源起之地。荒野的代言人诗人加里·斯奈德认为，人的心一旦远离了生命根源的自然环境，他的心便将硬化。只有那些时常沉思生命的意义及万物的价值的人才能对环境持一种情感态度。也只有这样的人，才有可能对荒野持欣赏观点。事实正是这样，将生命与大地相连，生命便有了阔大的背景与支撑，美学也是这样。当美学恢复与世界的全面联系时，它就会如同巨人安泰一样获得无穷的力量。

荒野意识的觉醒是与现代化进程中严重的生态破坏联系在一

① ［法］米盖尔·杜夫海纳：《美学与哲学》，第34页。

起的。19 世纪末，在美国开拓大陆边疆的任务基本完成的基础上，人们开始强烈地意识到荒野的价值。1890 年至 1920 年，美国就已经兴起荒野保护运动。荒野保护的哲学基础是浪漫主义，其思想基础可以追溯到梭罗，约翰·缪尔是继梭罗之后最著名的荒野保护主义者。他以笔为武器，呼吁人们关注荒野的美学价值和精神价值，敦促政府建立了一系列自然保护区，并领导创立了美国第一个自然保护组织——塞拉俱乐部。第二次世界大战后，日益凸显的生态环境问题给人类的生存再次敲响了警钟，人们的荒野意识进一步被唤醒。1948 年，福格特（William Voget）出版了《生态之路》，同年奥斯本（Fairfield Osborn）出版了《遭洗劫的地球》，1949 年利奥波德出版了《沙乡年鉴》……从 1949 年起，美国塞拉俱乐部（The Sierra Club）举行了一系列的荒野会议，这些会议激起了荒野哲学大讨论。在争论与探讨中，荒野从环境保护走进哲学。哲学走向荒野，美学也随之开始了荒野转向。20 世纪五六十年代始，哲学家们对自然世界被忽略、被贬斥的状况感到不满，美学家们也开始对以艺术为中心的美学进行反思。美学家罗伯特·赫伯恩是较早对自然美的忽略以及自然欣赏的艺术化倾向进行抨击的人，在《对自然的审美欣赏》(1963)、《当代美学及对自然美的忽视》（1966）等论文中，他对艺术的审美欣赏与自然的审美欣赏进行区别。迄今为止，环境美学国际会议已经召开六届，论题从森林、水、湿地，到民居、农业，几乎涵盖了世界的方方面面。20 世纪末期，中国环境美学的开拓者陈望衡教授提出“要培植一种环境美学”。他认为环境美学的基础理论是很重要的哲学问题，“但环境美学本身并不是基础理论，而应属于应用科学。作为应用科学，环境美学的基本原则只有一个，那就是‘宜人性’”。环境美作为自然与人共同创造的产物，具有生态性和文明性。环境作为现实的客观存在，它的美与艺术美有重要区别，它具有真实性、生活性、宜人性，环境美的根本性质是家园感，珍惜环境就是珍惜我们的家园。[①] 此后，国内外越来越多的美学家开始关注艺术与自然作为审美对象的不同，开始构建美学与荒野世界之间的联系。

罗尔斯顿认为："衡量一种哲学是否深刻的尺度之一，就是看它是否把自然看作与文化是互补的，而给予她以应有的尊重。"[②] 因为，人的完整是源自人与自然的交流。确实，荒野与文明不是相互隔绝的，只有在人类与自然和睦相处的地方才会出现美好的生活，对荒野自然的需要是一种真实的需要。未来的美学也应是一门以荒野自然和艺术为审美对象的学科。

"美学走向荒野"反对把自然视为二维的风景画，主张人与自然的交融。传统美学注重对艺术的欣赏，强调距离与静观之于艺术欣赏的重要性。"美学走向荒野"强调审美欣赏中的荒野转向，主张人们把创生万物的生态系统、生命的源头与根——荒野视为欣赏对象。人生活于生态系统中，面对生态系统、面对荒野，人们不可能像对待艺术那样在保持一定距离的情况下进行欣赏。如面对滔天的巨浪、高大的红木、雄伟的瀑布、历史悠久的森林，我们不得不意识到，传统的审美、传统用来解释艺术作品的理论已无法适应新的问题。在艺术的欣赏中，人往往站在艺术之外，而在荒野的欣赏中，人就在环境之中。人无法身处自然之外，人容身于自然之中。人与自然同呼共吸，心心相印。"环境不仅作为我们的围绕物而存在，作为原点的我们是环境的一部分并与环境相连续，环境是从我生成的。但确证原点作为环境的来源并非拔高人的地位或者接受某种主体性。我们的意识也是我们有机的、身体性的在场的一部分，同时也是社会性的。所有这一

① 陈望衡：《培植一种环境美学》，载《湖南社会科学》2000 年第 5 期。

② ［美］霍尔姆斯·罗尔斯顿：《一个走向荒野的哲学家》，代中文版序，见《哲学走向荒野》。

切都与我们行动的物理环境及其特征有种动态的联系。环境产生自一种双向的交换，一方是作为感知的来源和产生者的我自身，另一方是我们感觉和行动的物理和社会的条件。当两者相互融合，我们才能够谈论环境。"① 花开有声、花落有痕。自然需要聆听、需要欣赏者与其生命节奏共鸣，自然拒绝人为地静观与纯粹地形式化的把握。因此美学需要变革，以包容并解释更多的欣赏对象。荒野走进美学，意味着对人与荒野关系的重新理解，意味着对以艺术为中心的美学的重新审视，意味着美学的视阈从艺术走向世界。美学走向荒野是对艺术本质论美学的一次超越，又是美学向自身的一种回归。在这种意义上，甚至可以说罗尔斯顿的"荒野走进美学"，是技艺世界与自然世界、人与自然、美学和荒野从背离走向和解的一种表达形式。

美学走向荒野为美学欣赏突破形式化的弊端提供了一个契机。美学走向荒野是对纯形式审美论的反抗。因为，以艺术的眼光面对自然，强调的是自然的视觉效果；以生态的眼光面对自然，强调的是自然的深度与广度。"美学走向荒野"由于其生态科学的理论基础，使自然欣赏超越"如画性"走向深度审美。走向荒野的美学不仅是对纯形式审美论的反抗，而且也将美学自身提升为大美学。因为，荒野在无用论者眼中是荒原，在功用者眼中是资源，只有在大用者眼中是家园，而只有作为家园的荒野才是美的。走向荒野的美学必然带来美学视野的大更新。

传统美学的艺术走向由于将人、美学置于自我封闭的状态，而在一定程度上造成了美学与荒野世界的隔离。其实，荒野是未受人为干扰和较少人工改造的自然"本底"，"荒野"一词有野生物种不受人类管制和约束的含义；荒野是一种充满多样性、原

① ［美］阿诺德·伯林特：《环境美学》，湖南科学技术出版社2006年版，第119页。

生性、开放性、和谐性、偶然性、异质性、自愈性、趣味性的野趣横生的自然系统。罗尔斯顿指出：荒野是我们在现象世界中能体验到的生命最原初的基础，也是生命最原初的动力。荒野的价值，既在于它使人类生发出各种奇特的体验，也在于它在各种荒野地上不断地生发出多种多样的地形特征与独特的故事。虽然我们常常求助于科学，以获得对有价值的荒野事件的洞见，但说到底，荒野中还有一种科学所不能把握的价值，这种异质景观更能通向一种审美态度的多样性，从而使人们的审美欣赏从固定的场所中解放出来指向整个世界。“美学走向荒野”不是使美学走向无人区，而是使美学呈现出一种开放性，走向荒野的美学将重建美学与世界的丰富联系，强化人的荒野保护意识。寻归荒野的诗人加里·斯奈德就认为：“具有山的气息与荒野气息本身就是一种保护。它也意味着与山同在的人更能与大自然和谐相处。只有在荒野中才能保护这个世界。”①

第二节　美学走向荒野的缘由

要了解美学为什么要走向荒野，我们得从美学的定义的讨论开始。什么是美学？柏拉图没有下定义，他关心的是文学作品与美的理式。亚里士多德几乎只考察文学艺术作品本身。在鲍姆嘉通那里，“美学作为自由艺术的理论、低级认识论、美的思维的艺术和与理性类似的艺术是感性认识的科学”。② 他在对美学的定义中首先指出美学是自由艺术的理论。在黑格尔那里，艺术美得到强调和凸显。此后，“弗里德里希·费舍尔及其受黑格尔影响的嗣子罗伯特的美学，的确创造了一种美和艺术的形而上学。

① Gary Snyder, *Myths and Texts*, New York: Totem Press, 1960, p. 28.

② 鲍姆嘉通：《美学》，文化艺术出版社1987年版，第13页。

但从那里，美学主要转向了艺术作品的认识和理解的问题上。”[①] 沃尔夫林的《艺术史原理》和沃林格的《抽象与移情》试图通过具体艺术作品的研讨，发现在视觉艺术的特殊艺术活动中作品的一般特征。就连第一部现象学的美学著作——瓦德玛·康拉德的《美学对象》，集中讨论的也只不过是文学、音乐、绘画等艺术作品。在他们看来，艺术作品是理想的审美客体，也是美学研究的理想对象。下面的表述可以说代表了西方人关于美学的概念的一般理解：“美学是哲学的一个分支，其目标在于建立艺术和美的一般原则。”意大利《哲学百科全书》认为美学是“将美与艺术作为对象的哲学学科”。法国的《美学辞典》将美学分别定义为“美的玄思”和“艺术的哲学和科学”。德国《哲学学史辞典》解释为：“‘美学’一词已成为哲学分支的代名词，研究的是艺术与美。”[②]

简言之，美学意味着艺术哲学，解释艺术的概念、艺术的本质，或者说艺术美的本质与规律成为其至上的目标。如果说艺术与美成为传统美学研究的两个重点，不如说艺术与美在此是合二为一，艺术中的美、美的艺术成为传统美学研究的唯一旨归。说到美学，就会谈到艺术，美的欣赏与创造离不开艺术活动。特别是德国古典美学之后，西方美学可以说是变成了艺术哲学，杜夫海纳的《审美经验现象学》关注的就是艺术的欣赏。中国现代美学深受西方美学的影响，美学家在营造美的大厦时，往往会寻找三个支点：美、美感和艺术，并且有关艺术的部分占据着最大的篇幅。如王朝闻主编的《美学概论》，美与美感仅占了 49 页，

① ［波兰］罗曼·茵伽登：《现象学美学：界定美学范围的一种尝试》，载王鲁湘等编译《西方学者眼中的西方现代美学》，北京大学出版社 1987 年版，第 72 页。

② 转引自［德］沃尔夫冈·韦尔施《重构美学》，上海译文出版社 2002 年版，第 103 页。

而艺术部分却占了216页。研究视阈的唯美化、艺术化使美学忽略了艺术之外的荒野，忽略了艺术之外的世界，忽略了艺术美之外的丰富生活。美学狭隘化为艺术本质论。

艺术本质论式的美学由于将审美视阈定位于艺术而忽略了周边的世界，这种美学容易变得故步自封。为此，沃尔夫冈·韦尔施在《重构美学》一书中提出要建立一种超越美学的美学，即建立一种超越传统以艺术为中心的美学。"超越美学的美学"，即超越艺术论，超越限于艺术的美学理解。他认为，我们不能再做艺术本质论的囚徒，而应突破美学与艺术论的传统等式。"我将倡导美学向艺术之外的问题开放，来大力发展这门学科的一种跨学科结构。这一结构当然依然包括艺术问题，但它同时也包括艺术之外的问题，这一点对于艺术自身的分析十分重要，就像我必须首先予以阐明的那样。在一个并不单单局限于艺术分析的美学视野中，艺术能够被更充分地把握。"① 韦尔施明确主张，将美学所关涉的学科领域扩大至超越艺术的问题上来。韦尔施甚至认为全球审美化的缺陷刺激了人们对非美领域——荒漠的渴求。20世纪六七十年代产生的环境美学在一定程度上是对艺术本质论美学的超越。虽然在欣赏模式上仍有人带有艺术本质论的气息，但环境美学的视阈为美学的新发展提供了新的舞台。在此之际，罗尔斯顿的"美学走向荒野"的观念作为一面旗帜为美学视阈的改变提供了一种动力。

另一方面艺术本身的生活化以及生活的艺术化也日益要求美学改变以往的清高与精纯，要求美学关注身边的丰富生活。服装的发明本为保暖、御寒之用，现代人在生活中却把它变成了一种高雅的艺术。在令人目眩的各种时装表演中，五彩缤纷的霓裳传承着一种文化、一种品位。手表的发明本是为掌握时间之用，但

① ［德］沃尔夫冈·韦尔施：《重构美学》，第108页。

现代人在机械腕表内部这样一个小而又小的微观天地中，凭借齿轮、游丝、夹板等部件一毫不差的准确配合，将工业与艺术相结合，将精密与浪漫相结合。饮食是人最普通的日常生活，但现代人却在其中创造了烹饪艺术和餐饮文化。房屋本是居住之所，但现代居室中装潢艺术却无处不在。在现代生活方式的构建中，艺术家与工程师并肩作战。面对周期泛滥的河流，帕特丽夏·约翰逊设计了“洪水池和瀑布”。通过把水储存在泛滥的池子里，然后让水流过高低不同的阶梯产生瀑布，使这个工程既可储水，又可作为建筑景观、公共喷泉之用；面对垃圾堆，她设计了“海龟墩”，将遗弃物排列成一系列海龟壳形状的梯形结构公园；面对腐蚀降级的咸水湖，她通过在堤岸植树、种草、设植物“根须”通道，将其建成一个充满生机与诗意的公园……现代生活的审美化作为一种现实力量，要求美学走向生活、拥抱包括荒野在内的整个世界。

罗尔斯顿认为，进入荒野实际上是回归我们的故乡——我们是在一种最本原意义上来体会与大地的重聚。如果说艺术是寄托着人类理想的精神家园的话，那么，荒野则是生命的本色，是精神的栖息地，是人类的伊甸园，是“家园的家园”。因为，荒野是世界的源头，是生命的源头，是心智的源头。走向荒野的美学强调将荒野的欣赏与人性的完善相统一。美学走向荒野，不是走向原始时代，而是走向更完善的人性。美学走向荒野与人性走向深处相伴。在魏晋时期，人之所以寄情山水，是因为内在自然的压抑。今天，人之所以寄情山水，也是因为内在自然的压抑。不过，在魏晋时期，人寄情于山水是因为内在自然受制于礼教；今天，人寄情于山水是因为内在自然受制于框架式生存。荒野之于人类的意义是无法替代的。寄情山水、走向荒野是人追求自由、突破束缚的一种自然表达而已。当一个时代留于肤浅与表面时，我们就需要树立敬畏的态度，就需要走向荒野深处。走向荒野是反抗人性停留于意义的表层，走向荒野、树立对荒野的敬畏将使我们走向人性的灿烂，因为荒野暗示出我们将怎样生成。在罗尔斯顿看来，“一个生于混凝土上又死于混凝土上、双脚从未踏过大地的纯粹的城市人，是一个单向度的人。只有那些同时投入郊区和荒野怀抱中的人才是三向度的人。只有当一个人学会了尊重荒野自然的完整性时，他才能真正全面地了解成为一个有道德的人究竟意味着什么”①。走向荒野就是寻回我们自身的本来面目。也就是说，美学必须覆盖审美的所有领域，这当然包括荒野。荒野在过去和现在都是我们的“根”之所在。荒野是生命孵化的基质，是产生人类的地方。美学既然要关注世界，必然要关注荒野，因为荒野就是我们的生命之源。我们不得不在审美领域为之留下一席之地，否则我们的审美世界仍将残缺不全。因为，“一方面，人非常需要社会；但另一方面，人又非常需要荒野。一个人如果从来没有完全地投身于荒野，把自己暴露给荒野，那他就从来没有了解森林，也从来没有了解自己”。② 荒野是文明世界的一种不可缺少的补充。“在荒野中，自然仿佛驾驭了文化。高山、森林、湖泊、沼泽、沙漠和国家公园似乎都在抵制现代文明作为世界的主宰。脱离了大都市的残骸，这些地方似乎成了宁静的绿洲。理所当然的，它们赢得了广泛赞誉，被称为当代社会最经典的避风港湾。”③

正如有人所说，“自然问题”是21世纪的“世纪问题”，21世纪人将以“还自然之魅”为己任。随着环境美学、环境伦理学的兴起，自然从被人遗忘的角落走向前台，走进伦理学、走进

---

① ［美］霍尔姆斯·罗尔斯顿：《环境伦理学》，第55页。

② ［美］霍尔姆斯·罗尔斯顿：《哲学走向荒野》，第422页。

③ 参见卡尔·陶尔博特《荒野故事与资本主义文化逻辑》，载《环境哲学前沿》第一辑，第346页。

美学。自然正成为当今美学、伦理学研究的热门话题。对自然美的审视获得了新的视角，不是艺术美而是自然美将成为美学研究领域中的焦点。在此之际，自然的“精灵”——荒野的审美价值也日益凸显出来。有人认为，自然荒野走进美学，意味着世界的另一半进入美学，意味着美学面对的将是一个完整的世界，意味着人与世界关系的全面恢复。在此背景下，我们发现：在“哲学走向荒野”、“价值走向荒野”之后，罗尔斯顿提出“美学走向荒野”绝不是一时的兴致，它是自然荒野进入人们视阈后的一种自然表达。

第三节　美学走向荒野

一　审美视阈：超越艺术本质论

美学走向荒野首先意味着审美关注的视阈由艺术走向艺术之外的领域，其次，美学走向荒野意味着荒野自然进入人们的审美视野，荒野自然获得了与艺术同等的权利。从艺术走向荒野，其实是让美学从艺术走出，走向包括艺术、荒野在内的整个环境及世界。美学既要关照艺术，又要超越艺术。多元化的时代要求审美也多元化，走出传统美学以艺术为研究对象的局限。美学必须超越艺术问题，涵盖日常生活与周围的世界。因为，“美学不是艺术理论”，“美和艺术的结合”毋宁说是“美学领域的第一谬误”。[①] 一提起审美，人们就会想到艺术。但是，“审美这一与艺术相关的意义——我也称它‘艺术’的意义，并不是唯一的意义，更不用说是它本原的意义了。”[②]

我们知道，传统美学以艺术为中心，将研究视阈紧紧围绕于

① 转引自［德］沃尔夫冈·韦尔施《重构美学》，第15页。

② 同上书，第49页。

艺术、艺术美。在那里，自然、自然美是不受重视的。黑格尔的话颇有代表性："在日常生活中我们固然常说美的颜色，美的天空，美的河流，以及美的花卉，美的动物，尤其常说的是美的人。我们在这里姑且不去争辩在什么程度上可以把美的性质加到这些对象上去，以及自然美是否可以和艺术美相提并论，不过我们可以肯定地说，艺术美高于自然美。因为艺术美是由心灵产生和再生的美，心灵和它的产品比自然和它的现象高多少，艺术美也就比自然美高多少。从形式看，任何一个无聊的幻想，它既然是经过了人的头脑，也就比任何一个自然的产品要高些，因为这种幻想见出心灵活动和自由。就内容来说，例如太阳确实像是一种绝对必然的东西，而一个古怪的幻想却是偶然的，一纵即逝的；但是像太阳这种自然物，对它本身是无足轻重的，它本身不是自由的，没有自意识的；我们只就它和其他事物的必然关系来看待它，并不把它作为独立自为的东西来看待，这就是，不把它作为美的东西来看待。"① 正如罗伯特·赫伯恩在《对自然的审美欣赏》一文中所言："当代美学著述绝大部分关注的是艺术，极少有关心自然美的。"②

纵观西方美学史，我们发现自然一直处于被忽略的位置，即使康德曾给予自然相当的尊重，但经过黑格尔绝对精神的演变发展后，艺术（如绘画、雕塑、音乐、文学等）牢牢地占据着美学的地盘，在很大程度上，哲学美学只是向自然寻求例证时才提到自然美。很少有人认识到对自然的体验不管在重要性还是深刻性方面都比得上艺术的体验。直至 20 世纪 60 年代末、70 年代初，伴随着环境运动的兴起，自然才开始引起大众与美学家的关

① 北京大学哲学系美学教研室编：《西方美学家论美和美感》，第 206 页。

② 转引自［美］M. 李普曼编《当代美学》，光明日报出版社 1986 年版，第 365 页。

注，有人认为当代西方哲学——美学有一种回归自然的强烈愿望。

20世纪60年代后，自然美成为西方美学最为关注的话题之一。表现为：其一，人们开始对美学的“艺术化”倾向进行反思，认为美学不仅应关注艺术，而且也应关注自然。其二，美学家们将自然的审美经验与艺术的审美经验相区别，防止艺术的审美经验对自然的审美经验进行同化和复制。罗伯特·赫伯恩的《对自然的审美欣赏》一文是西方环境美学发展史上里程碑式的作品。文章首先指出当代美学关注艺术忽略自然审美的偏颇，然后就自然的审美欣赏问题进行阐释。与艺术欣赏不同，人们欣赏自然景物时，自己常常融身于自然的审美环境之中。“他一方面是自然景色的组成部分，另一方面又玩味着身为这种组成部分的感觉，可以这样说，他主动地与自然游戏，也让自然与他和他的自我意识一起游戏。”[①] 在《审美经验现象学》中，“世界”在杜夫海纳这里主要是指向艺术世界。到了《诗学》和《先验的观念》中，世界被扩展为包含自然界在内的现实世界。特别是自然，成了杜夫海纳后来思考的一个主要对象。如果说P. 瓦莱里的《人与贝壳》一文对自然的审美经验进行了经验性的描述的话，那么杜夫海纳的《美学与哲学》一书中的“自然的审美经验”则是对自然的审美经验的理论分析。杜夫海纳认为，自然的审美经验不同于艺术的审美经验，人对艺术作品的欣赏是人在向他自己打招呼，而对自然的欣赏是世界在向人打招呼。杜夫海纳认为，自然的审美经验不能被当作艺术审美经验的一个穷亲戚，自然的审美经验也不隶属于艺术经验。“我们不能同意下述观点：当我们把自然审美化时，我们通过艺术就会看到自然。”“艺术作品的经常出现造就趣味，这就是说，它教人们不仅要很

① ［美］M. 李普曼编：《当代美学》，第367页。

好地去判断作品，而且首先要采取审美态度。因此，它可以作为自然美的经验的预备教育；然而它并不讲授自然中的美的东西：它使感性更加敏锐，但不引导它。除非涉及某些这样的审美对象，人们将会看到它们是介于艺术与自然之间的东西，如城市的一片风景和环绕一座城堡的公园。"[①]

确实，自然不同于艺术，自然美与艺术美也应有不同的品评尺度。在荒野中，观者与观看的对象处于同一世界中，而艺术品的世界则不同。观者的身体能进入荒野，却不能走进艺术的世界；艺术的存在不能独立于人，但荒野的存在却可以独立于人这一主体；艺术品是人的作品，而荒野是大自然的作品；艺术的世界是有限的、和谐有序的，而荒野是无限的，充满混沌的；艺术品通过典型化得到浓缩，而荒野则是以本色示人；艺术品的存在是静态的，而荒野的存在是不断生成的，是一个瞬息万变的过程；艺术品有其最终的完成形式，而荒野却是开放性的，不存在最终的样式。"雕刻家、画家、音乐家和艺术家们的创作总是暗示着文明，参观者从中体验到的是劳动的成果和文化的闲暇。但是，森林中的各种元素都是原生态的，人们在森林里不与艺术或艺术品打交道，甚至也不与艺术家打交道，但人们却已经进入了原型的深处。"[②]

自然的荒野不同于人为的艺术，即使是原生态的艺术。当人们以艺术式的方式来品评自然时，其实是人类中心论在荒野欣赏上的又一次表演。如画式风景使我们感到满足，是因为它类似于艺术作品，能够唤起我们对艺术的感觉。其实，这是带有极大的偏见的。自然自美，观者不过是一位开启者与传达者。当我们看

---

① ［法］米盖尔·杜夫海纳：《美学与哲学》，第36—37页。

② H. Rolston, Aesthetic Experience in Forests, Journal of Aesthetics and Art Criticism 56 (no. 2, spring 1998).

到因自然之力而形成的鬼斧神工的奇石时，我们往往喜欢那些极具有画意的石材，因为它可以被修整为各种形状的艺术品。在秉承自然灵气的石头与成为艺术品的石头之间，人们往往钟情于后者。因为它更具有艺术性。其实，自然有大美而不言，对于大美的欣赏也应不同于人为的艺术品。我们不能将人类的品评标准强加于自然之上。也许，自然反感或拒绝人类的这种品评行为呢！要不然，人类视之为美女的女子，动物为什么并不认同呢？“譬如我们平常欣赏美女，古代的美女很多，到处受人注目，但是对动物来说则是可怕的灾难。庄子说了，鱼看到美女就潜入水里，鸟看到美女就高飞上天，梅花鹿看到美女则拼命逃走。你说为什么人类看起来是美女，别的动物却把她们看成怪物一样呢？因为其他动物完全不会在乎人类的审美标准。庄子在这一点上超越了儒家以人为本的思考模式。”①

把荒野视为审美对象是对我们审美能力的一次丰富，是对我们精神世界的一次提升。罗尔斯顿指出：“把荒野视为有价值，这并不会使我们非人化，也不会让我们返回到兽性的水平。相反，这会进一步提升我们的精神世界。我们成了更高贵的精神存在，将荒野作为人类的一个对立面容纳进来，而且这是在保持荒野自身完整性的前提下，而非以人本主义的方式将它容纳进来。这样，自然就超越了她自己，而产生出最独特的一个新现象。我们把荒野作为产生生命之源加以颂赞，也颂赞我们在万千自然事物中发现的工具价值与内在价值。我们不可能自己产生自己，而必须珍视产生我们的自然系统。但是，作为生命之源的自然系统不能对自己所产生的事物进行反思性的评价，只有我们才能作这种评价。有了人，地球这进化的生态系统便有了自我意识。”②

---

① 傅佩荣：《听傅佩荣讲国学》，上海三联书店2008年版，第138页。

② ［美］霍尔姆斯·罗尔斯顿：《哲学走向荒野》，第251页。

对荒野美的欣赏有助于我们将美的讨论与健康的生活方式的构建相联系。深受浪潮主义思想影响的美国思想家梭罗摒弃了用科学经验主义和理性分析来理解自然的方式，提倡通过直觉与想象，用心感受瓦尔登湖的美丽与宁静，通过诗歌与文学的方式来面对自然。这里，城市与郊野之于人的意义发生了倒转，自然作为突出的审美对象开始出现在人们的视野里。现代西方环境美学家阿诺德·伯林特的《生活在景观中》、《环境美学》，艾伦·卡尔松的《自然与景观》、约·瑟帕玛的《环境之美》等书不仅注重自然美的欣赏，而且注重自然在营造美的生活环境中的意义。

二　审美态度：超越视听至上论

在西方传统的审美世界中，看与听有着举足轻重的地位。视觉与听觉是高等的知觉器官，美是由视觉和听觉产生的快感。而触觉、肤觉、味觉、嗅觉等都属于粗劣的感官，它们离美感最远。

韦尔施指出，视觉的优先地位最初出现在公元前5世纪初叶，进而言之，它主要集中在哲学、科学和艺术领域。毕达哥拉斯是天体和谐理论家，今天对听觉文化的许多辩护，皆源于他。赫拉克里特宣称，眼睛较之耳朵是更为精确的见证人。他甚至称毕达哥拉斯是“骗子魁首”。赫拉克利特的以上看法标志着听觉领先已经在向视觉领先转移。到了柏拉图的时代，已完全盛行视觉模式。

传统的哲学，自柏拉图的《大希庇阿斯篇》起，就将视觉和听觉划归为审美的专属感觉，因为它们能不受干扰地反映理想美。视觉优先的背后，是对理解和认识的重视。有人认为，视觉是一种非情感的把握方式，而听觉则与情感相连。中世纪时普洛丁认为，美主要是通过视觉来接受的。就诗和音乐来说，美可以通过听觉来接受。黑格尔在《美学》一开篇就明确地说明美学的研究对象是美的领域，“说得更精确一点，它的范围就是艺术”。[①] 黑格尔在此基础上论证，“艺术的感性事物只涉及视听两个认识性的感觉，至于嗅觉、味觉和触觉则完全与艺术欣赏无关。因为嗅觉、味觉和触觉只涉及单纯的物质和它的可直接用感官接触的性质，例如嗅觉只涉及空气中飞扬的物质，味觉只涉及溶解的物质，触觉只涉及冷热平滑等等性质。因此，这三种感觉与艺术品无关”。[②]

视自然为情人的自然主义美学家桑塔耶那同样持类似的观点，认为视觉在人的知觉中占据着优越的地位。他认为：“正是眼睛使我们同我们的实际环境发生最广泛的关系，给予我们以当前的印象的最快的警报。”[③] 视觉是“最卓越的”知觉，因为，只有通过视觉器官和依照于视觉，我们才最容易明白事物。美主要来源于视觉带来的快感。视知觉是对于形式的知觉，而形式是美最佳的藏身地。一枝开出墙外的红杏，会让我们的眼睛产生惊异感，进而让人体验到美；山涧的鸟鸣，满足着我们的听觉，并进而使人体验到一种幽静之美。在桑塔耶那看来，嗅觉与味觉，它们有很大的缺点，它们在本质上不是空间性的，所以它们不适合于再现自然。因为自然只有从空间方面才能被正确地想象。而触觉与味觉没有达到像听觉和视觉所具有的组织性与综合性，它们不能给主观感觉提供任何活动的余地。因此，触觉、味觉和嗅觉对于欣赏自然无甚用处，“它们被称为非审美的感觉或低级的感觉”。[④]

传统自然欣赏模式主要是从艺术欣赏模式中得到启示的。艺

---

① ［德］黑格尔：《美学》第1卷，第3页。

② 同上书，第49页。

③ 桑塔耶那：《美感》，第49页。

④ 同上书，第44页。

术欣赏模式主张对艺术品的感知主要是通过一种或两种感官进行的，那就是视觉与听觉。在这种模式中，感知器官被分成不同的等级，并且只有视觉与听觉被视之为当然的审美感官。其实，自然不同于人造的艺术作品，自然是天生的艺术家。自然通过自身的创化形成不同的景观，人们也只有在顺其自然本性的情况下对自然环境进行设计。荒野的欣赏不同于艺术欣赏，荒野需要全身心地投入与感知。因此，对自然的欣赏不能完全照搬照抄艺术的欣赏模式。

首先，在自然环境的欣赏中，感知器官没有高低贵贱之分。我们不能说嗅觉低于视觉，也不能说肤觉低于听觉。霸王花巨大而美丽，然而仅靠视觉是不能对之进行近距离审美的。因为，霸王花的花形虽然被称之为花中之冠，但是霸王花却奇臭无比。在这里，嗅觉使我们远离霸王花而愿亲近小小的玉兰花。玉兰花虽小而平淡，但它却带给人幽幽的香气。玉兰花的清香，通过嗅觉传遍全身，带给人一种清爽无比的审美感受。嗅觉在这里不仅没有误导审美，而且立足于花的生命之气传递着花儿美丽悦人的信息。如果说听觉与视觉是高级的审美器官，而肤觉、触觉、味觉、嗅觉是低级的非审美器官，那么，在电视机前观看有关大自然景观的节目就可以完成对自然的欣赏了。可是，为什么人们不满足于在电视机前通过观看绿色空间、动物世界等电视节目来欣赏自然，而是热衷于到充满危险等不定性因素的荒野中去欣赏自然呢？正是在与自然的接触中，人们通过听觉、视觉、触觉、肤觉、味觉、嗅觉感受到一个美丽而鲜活的世界。在这里，五官感觉不分高低贵贱，他们共同担负起对自然欣赏的职责。

其次，以艺术为中心的欣赏模式重视觉与听觉，而对自然的欣赏需要五官感觉的共同投入。其实，自然环境不是风景画，西方传统的将自然环境视为风景画的欣赏模式是一种重形式的偏见。自然环境不是静态的，也不是二维的。自然环境在四维时空中生成、发展、显现，从听觉、视觉、嗅觉、味觉、触觉等各个方面，直接地与审美主体相互作用。自然环境是一个动态的活生生的整体，对于这个整体的欣赏正确的方式是走近它、触摸它、沉浸于它的形色味中，全身心地融入并成为它的一部分。陈望衡先生认为："山水美欣赏中的感知富有全息性。艺术欣赏，由于艺术本身的局限，不可能做到全息性。比如绘画，它只能是平面的，不能是立体的；它只能传达出事物的色彩、形状，不能传达出事物的声音、气味；它只能是静态的，不能是动态的。雕塑虽然可以是立体的，但同样不能表现事物的声音、气味、动态；电影、电视就这方面而言，优于绘画、雕塑，尤其是立体电影、香味电影。但是，欣赏者的感知不是全息性的。比如，电影中表现的是春风骀荡的早晨，你的皮肤能感受到春风的凉爽吗？那出现在银幕中的小鸟真的能飞出来吗？那青翠的竹林是那样的可爱，你可以用手去摸摸它吗？当然不行。然而对于山水美欣赏来说，它是可以做到全息性的，你可以调动一切感觉，不仅是外部感觉，而且是内部感觉，各方面地、综合地感受它。你不仅可以看得见眼前的青山绿水，而且可以实际地去登山去涉水；你不仅听得见莺语燕歌，而且可以看得见它们在你面前扑棱棱地飞舞；你不仅嗅得到微风吹送的花香，而且能感受到微风抚摸皮肤的凉爽。总之，你的全部感觉都可以派上用场。就这一点而言，任何艺术美欣赏都无法与之相比。"[①] 陈从周先生游扬州瘦西湖赏月时，就是从多渠道来体验审美的："信动观以赏月，赖静观以小休，兰香竹影，鸟语桨声，而一抹夕阳斜照窗棂，香、影、光、声相交织，静中见动，动中寓静。"[②] 在审美欣赏中，人的五官感觉并不是分离的，它统一于活生生的肉身。强调视觉与听觉，

① 陈望衡：《山水美与心理学》，见范阳主编《山水美论》，第920页。

② 陈从周：《说园》，书目文献出版社1984年版，第29页。

而忽视其他感知途径是人为地将整体性的人进行分割。人的整体性存在要求荒野欣赏中的人开放所有的感官知觉，开放所有的感知途径意味着从多种途径容纳外面的世界，意味着人对世界本来面目的尊重和世界对人的真正敞开。

梭罗认为，希望与未来不在草坪和耕地中，也不在城镇中，而在那不受人类影响的、颤动着的沼泽里。梭罗的话不能理解为人类应该生存于沼泽地里，而应理解为人类应该从沼泽地里得到启示：人类的生存不能以毁灭大自然为前提。人类未来的居住环境不可能是荒野，但也不能缺少自然原野。理想的未来城市居住地是人工、自然、园林共在的世界。"人道我居城市里，我疑身在万山中"[①]、"隔断城西市语哗，幽栖绝似野人家。"[②] 人工的世界满足人的物质需要，园林满足人的精神需要，而荒野自然则是人的灵魂的释放之地。武汉的梅园是春天赏梅的绝好去处，千顷湖光万树梅，这里的梅花品种全、数量多。人走进去，就融到梅海里了。嗅着梅香、任散落的花瓣轻轻地从眼前飘过。兼借高大的樟树、修长的竹林，把个个梅花衬托得十分烂漫妩媚。一丛丛地看，一棵棵地品，满眼的梅花都被收罗进相机里去了。忽然眼前闪出一处门廊，那是"一枝春"。在门廊前几米远的地方站定，发现这里的布局是典型的"壶中天地"。细品一番，发现此处竟比那纯粹的梅海多出几分亲切感来。又绕到梅文化展厅外，掩映在几株梅花中的粉墙黛瓦与弯弯的小路一同筑成了幽雅的居住环境。再品、再看，再看、再品，发现真正美的环境不是梅花独放的梅丛，而是梅、人、路相融的环境。同样，真正美的环境并不能等同于荒野自身。走向荒野不是走向荒芜与原始，而是走向前进与希望。走向荒野不是把人工的水泥公路修到荒野中，而

① 维则：《狮子林即景》。
② 汪琬：《再题姜氏艺圃》。

是要丰富我们的感知能力，把我们的感知能力修到荒凉的、尚不美丽的人类思想中去。本我是人的“荒野”，荒野是世界的“本我”。关心人的生存就必须关注荒野的存在，正是在这种意义上，我们赞同罗尔斯顿的观点，“荒野的保护是环境伦理学关注的热点”，① 同时，我们也旗帜鲜明地提出：荒野的欣赏同样是环境美学关注的热点。因为，环境美学是从审美的角度研究人与环境的关系，环境不仅包括人为环境，而且还包括自然环境，环境就是天、地、人、神（精神）共在的一个世界。自然环境指环境中的自然、自然中的环境，它不仅包括每天都可以看到的蓝天白云、日出日落，园林建筑中的花草树木、生活环境中的池塘、绿地等，而且也包括“原初自然”，或作为“自然的自然”，即在人之外存在且非由人创造的自然，诸如远离我们的山川河流、荒野大漠、野生动物。

① 叶平：《关于环境伦理学的一些问题——访霍尔姆斯·罗尔斯顿教授》，载《哲学动态》1999 年第 9 期。

结　语

罗尔斯顿是位学术视野十分开阔的学者，他研究的领域不仅有哲学，而且还有物理学、神学以及生物学。开阔的视阈、特别是生态学方面的知识使得他的环境伦理思想与众不同。如在对自然价值的把握上，他不仅体现出哲学的背景，而且还体现出一种大科学的背景。立足于生态学方面的知识，罗尔斯顿认为，自然的价值是被评价者发现的，而不是被评价者创造的。不是人们将价值赋予自然，自然也给了人们价值。价值不完全是主观的，价值有一部分是客观地存在于自然中的。立足于生态系统的大循环，罗尔斯顿在肯定自然的内在价值的同时，并不反对自然的工具性价值。在他看来，内在价值与工具性价值之间的关系并不是僵化的，它们之间具有一定的连续性。从一个较小的范围来说，一个物种追求的是自身的内在价值，但是从整个生态系统来说，该物种所追求的内在价值恰恰呈现为工具性的。个体的生，是内在价值的体现；个体的死，是对系统价值的承认。不管是工具性价值还是内在价值，都是有投射力的自然的历史的成就。

对对象的“尊重”、“聆听”对象的言说是罗尔斯顿自然价值说的一大特色，也是我们理解罗尔斯顿自然价值说的前提。罗尔斯顿之所以要提出“价值走向荒野”，是因为在他看来，荒野是一个使人学会谦卑并懂得分寸的地方，荒野是一个在价值问题上使人学会敬畏与尊重的地方。也正是基于这种考虑，罗尔斯顿认为企鹅等自然物的价值不能完全归结为人们的体验，价值必须从人们的主观体验延伸到企鹅的客观生命中。

罗尔斯顿的环境思想从各个维度都可以展开。过去，我们注重从伦理学维度展开罗尔斯顿的环境思想固然无可厚非，但如果我们以为那就是罗尔斯顿环境思想的全部，那就大错特错了。其实，罗尔斯顿的环境思想远比这要丰富。至少罗尔斯顿从美学维度展开关于环境思想的讨论同样令我们惊喜与兴奋。罗尔斯顿是环境伦理学家，但他的环境伦理思想具有浓厚的美学情怀。这种美学情怀表现为：他不仅强调环境伦理的对象具有美感属性，环境伦理的主体具有审美能力，而且强调在环境价值的把握上注重情感体验。在自然价值论中，罗尔斯顿展开了“对大自然的审美评价”；在自然的价值中，罗尔斯顿分析了自然所承载的“审美价值”；在自然的美学与环境伦理学中，罗尔斯顿提出了“美学走向荒野”的主张……考虑到他的美学情怀是那样深沉，他的审美体验是那样丰厚，我们完全有理由相信，他也是一位不折不扣的环境美学家。在某种程度上甚至可以说，正是他那特有的美学情怀搭建了他环境伦理的思想平台。立足于他的这一美学平台，我们或许可以更好地去解读他的环境伦理学思想。

罗尔斯顿的环境美学思想主要体现在三个方面：一是对自然审美价值的发现，二是对美的把握，三是对荒野审美模式的探讨。通过观察与体悟，罗尔斯顿认为荒野自然承载着审美价值。自然荒野的审美价值不是主观价值，它是一种转换性价值，它附丽于对象但需要主体的参与才能显现出来。罗尔斯顿把美视为一种诞生于天地间的价值，美在创化与流变。对于荒野美的欣赏，罗尔斯顿既不主张如画式的静观，也不主张纯科学化的认知。他认为，荒野欣赏需要的是沉思与聆听，需要的是身体性的介入与精神性的参与。罗尔斯顿的环境美学思想体现出一种中间路线：审美价值的把握上，既强调对象的客观属性，又强调主体的情感参与；审美模式的选择上，既强调科学的重要性，又不滞于科学认知。中间路线既让罗尔斯顿的环境美学思想避免偏颇，但又使其思想呈现出左右摇摆的倾向来。

罗尔斯顿在其美学思想的表达中，挥之不去的是一种寻根意识，一种荒野意识。无论是美的追问、审美价值的探讨，还是审美模式的清算，他都表现出了一种对生命本原——荒野的青睐。“美学走向荒野”可以说是这种意识最为直观的表达。罗尔斯顿为什么对荒野情有独钟呢？荒野在罗尔斯顿那里到底意味着什么？荒野在罗尔斯顿那里的意蕴十分丰富。通过对荒野概念的反思，我们发现，在罗尔斯顿那里，荒野蕴涵着重要的价值，荒野不仅有荒凉的一面，荒野还有丰盈的一面；荒野不仅有自然性，而且还有自由性；荒野远离人工世界，却又与人的精神世界最为接近。荒野的世界与文化的世界相互支撑。荒野的自然性使人们无法忽视荒野的存在，荒野的自由性使人们尊重自然的神圣与高远。人有自然性的一面，也有自由性的一面。荒野的自然性与自由性就构成了人性完整的维面，荒野是人性的一面镜子。自然性与自由性共在的荒野在终极性意义上给人类提供启示。这种启示不仅要求我们从经济学的角度保护荒野，而且要求我们从伦理学、美学等情感的角度走近荒野。哲学走向荒野、价值走向荒野、美学走向荒野成为时代的必然选择。

荒野转向是一种邀请，邀请我们进入荒野，带着荒野的气息感受世界。走向荒野不是走向荒芜，更不是走向无人。正如卢梭那里的回到自然界不是回到自然科学认识和技术作用的自然界，而是回到恢复自由与生命本身一样。走向荒野是为了更好地回归自身，更好地寻回自己。一方面，人非常需要社会，另一方面，人又非常需要荒野。“受文明的习俗及其奴役的人，受规范和规律所压迫的人有一种周期性地返回到原初生命，返回到宇宙生命的渴望，不但渴望获得和宇宙生命的交往，而且获得和它的结合，渴望参与宇宙生命的秘密，渴望在这里找到快乐和狂喜。浪漫主义者总是要求返回到自然界，摆脱理性的统治，摆脱文明的奴役人的规范。"[①] 荒野是人感性的象征，通过走向荒野，走出框架式生存对人的感性的压制与钳制，恢复感性体验的丰富性。一方面，"哲学走向荒野后，能在那里找到丰富的体验。这体验可以是孤独或宁静，也可以是对自然的敬畏，或对自然的神秘的、广阔与美的体验"。[②] 另一方面，"我们在森林中时，不会还给自己戴上面具；所以我们走向偏僻野外的每一步，都是向自我的回归"。[③] 正是在走进荒野的过程中，罗尔斯顿认为自己的"心智找到了自己。我对自己所遭遇的野性有着一种深沉的需要，这荒野之旅让我的心灵经过漫漫长路，又回归于自己"。[④] 一个人如果从来没有完全投身于荒野自然，在大自然中释放自身，那他就从来没有了解自然，更没有了解自己。

美学走向荒野，并不是使美学走向荒芜，更不是使美学走向无人的境地。美学走向荒野使我们的审美视阈面对荒野。在西方美学史上，对自然的欣赏不占主流，对荒野的欣赏更是少之又少。荒野成为人类拒而远之的对象。随着科学技术的不断进步，人类凭借理性的力量不断侵入荒野，荒野成为人类征服的对象。现在，人类的居住地日渐扩大，荒野的面积日益萎缩，荒野几乎要从地球上消失了。荒野，这个曾孕育了人类的地方将被人类自己亲手毁灭。每一位热爱生命、热爱自由的人是不允许荒野的消失的。人类必须保留一片放飞自由的领地。走向荒野，其实就是走向对生命大系统的尊重，走向对他者自在生存的尊重，走向对他者自由的尊重。只有我们尊重他者的自由，我们才能获得最终

① 别尔嘉耶夫：《美是自由的呼吸》，山东友谊出版社 2005 年版，第 78 页。

② ［美］霍尔姆斯·罗尔斯顿：《哲学走向荒野》，第 403 页。

③ 同上书，第 420 页。

④ 同上书，第 410 页。

的自由。我们只有在对荒野的相互尊重中才能相互保全。当我们将审美的眼光投向荒野时，我们就会发现荒野之美，同时发现人性与荒野之间生命韵律的深深相契。因此，美学走向荒野不仅意味着对处于危机之中的荒野的欣赏，也是对荒野保护责任的承担。美学走向荒野使美学的步履更为深沉，并且这种美学是与环境伦理学相汇通的。

走向荒野的美学有助于培养人对环境的责任意识。荒野的历史感使人敬畏，荒野的家园感使人亲切，这二者都会激发我们的环境保护意识。人的高贵不仅在于人能利用理性来管理自然，而且还在于通过理性来守护荒野。罗尔斯顿认为："动物被它们所如此完美地适应了的小生境所同化；但人却能站在这个世界之外并根据他与世界的关系来思考自己。在这个意义上，人对这个世界来说是古怪的——既生存于其中又超出于其外。在生物学和生态学的意义上，人只是这个世界的一部分；但他也是这个世界中惟一能够用关于这个世界的理论来指导其行为的一部分。""大自然几十亿年辛苦创造的价值，几百万个生机勃勃的物种，现在都要依赖于人这一后来的生物物种的精心看护；在人这一物种身上，思想已经开花，道德已经出现。"① 只有有道德感与审美情怀的人才有可能真正承担起保护荒野的责任。

因此，美学走向荒野更多的是一种转向，一种标志，一种对荒野的尊重与理解，一种对传统美学的突破与提升。罗尔斯顿的荒野美学是开放的，只要我们有对荒野的深深体悟，我们就能走进罗尔斯顿的荒野美学。而我所作的是进入这片荒野，挖下第一锹土，种下第一棵苗，破除人们对荒野的冷漠态度，以吸引更多的后来者。

---

① ［美］霍尔姆斯·罗尔斯顿：《环境伦理学》，第 96、213 页。

附录一

从美到责任：自然的美学与环境伦理学

霍尔姆斯·罗尔斯顿　著　赵红梅　译

美学和伦理学中，有些价值的存在是有异议的。美学与伦理学两种不同的规范模式之间的关系是怎样的？美意味着责任？要是这样的话，艺术与自然中也存在同样的逻辑吗？不美，就意味着不用承担责任吗？但并非所有的责任都依赖于美。其他的前提也许同样或更能生发出责任来。人们通常认为，审美的律令没有道德律令迫切。并非所有的审美体验都依赖于美，道德规范也并非总是依赖于责任。不过，从逻辑上和心理学上看，道德与同情心关系更为紧密。这种分析是发人深省的。

一　正确抑或错误的起点？

对于一种环境道德来说，审美体验是最常见的出发点之一。当人们被问到“为什么要拯救大峡谷（the Grand Canyon）或大提顿（the Grand Tetons）”这类问题时，通常的回答也许是：“因为它们美丽，雄伟！”尤金·哈格罗夫（Eugene Hargrove）认为，在历史上，环境伦理学是从雄伟的风景开始的，“自然保存的最终历史根据是审美”。最近，美国国会在《濒危物种法案》中宣称，此类物种“在国人们看来具有审美价值”，因此，必须“给予这些物种足够的关心和保护”。面临雄伟壮丽的高山或绚丽多姿的物种时，人们几乎不需要什么戒律就很容易从“是”走向“应该”。

更准确地说，从“是”走向“应该”似乎意味着从事实——“存在着的提顿”走向了审美价值——“哇，它们好美哟!”和道德责任——“我们应该拯救提顿”。乍一看，人们不应该毁灭任何价值，包括审美价值。这是一个毋庸置疑的起点，即使一时忽略了也需要通过立法来修正。

审美价值总被认为是高层次的价值，但是在优先性上，审美价值却处于劣势：工作第一，风景第二；一文不名的人是不可能游览提顿的。因此，审美伦理需要与更具有说服力的力量结合，以免宜人性被基本的需要所代替时，人们会忽略了审美伦理。在这点上，人们可以转向寻求资源和生命支撑的论据。森林把二氧化碳转化为氧、为饮用和灌溉提供水源、能控制侵蚀、可以作为科学研究的基库。生物的多样性具有农业的、药用的和工业的用途。结合这些论据：健康的生态系统，公共福利，资源利益，生命的审美性质、重要性的结合以及精神性的争论将为环境保护提供丰富的理论基础。

在日常的实践中，人们需要面包，人们爱美。再进一步，对那些感兴趣哲学论题的人来说，这是一条最快的摆脱后现代主义混乱的捷径。正如学术界所知，我们不需要令人困惑的认识论现实主义。一般的相对论者会把体验到的风景愉悦与日常的资源利用相结合：宜人与日用相结合。环境保护的动机就在身边。驱车到山前。欣赏景色，观看途中的田野，想一想空气、土壤以及水是怎样成为基本的人类需要。强调这些观点——环境安全及生活质量——你就不会受到后现代主义者、反基础主义者、解构主义者、非现实主义者、实用主义者、多元论者或最近流行的不管哪一种批评的辩驳。

从美到责任的转换是容易的，但我们需要一个更贴切的分析。分析的结果也许会表明，我们最初的动机并不是最深刻的。从认识论的意义上来看，美学确实是一个好的起点，不过，从形而上学的角度来看，却并非如此：麻烦在于美仅存在于观赏者心里。形而上学者探寻的是更深一层的问题。就像后现代主义者，反基础主义者、解构主义者以及所有其他类似理论所怀疑的那样，任何立于美学基础上的道德从认识论的角度看来都是不合理的。任何审美价值都是一种建构，建基于人与自然的交互作用之上。更多激进的环境保护论者会坚持认为这种观点过于短视，没有说到真正存在于此的事物。

现在我们得原路返回并重新开始。环境伦理学起于美学是误置，至少规则不始于美学，也许在实践中并不总是如此。美学集中于环境伦理学、集中于规则与实践也是一种误置。然而，人们应该赞美——保护自然中的美。人们欣赏自然时，审美体验确实具有极高的价值，但是，这并不意味着审美体验为自然承载的所有价值提供了最好的模式。问题在于审美模式为人类兴趣的满足提供了关键性价值；确实，审美模式只控制人们的特殊趣味方面的价值。但是还存在许多非审美性的人类兴趣，这些非审美兴趣也许会要求折中、甚至牺牲审美价值。如果环境伦理学把审美作为它的起点，那么它将误导我们，使我们不能保护除审美价值之外的所有其他处于危险中的价值。

我将用类推的方式来论证上面的观点。人们问我“为什么你对妻子讲道德”？我的回答是：“因为她美丽。”无疑，美是她生命的一种维度，但美并不是她价值的主要聚集地。我尊重她的整一、权利、性格、成就、内在价值、她自身的善。有时候，可能我会说她所有的这些特征是“美的”，因此她的“美丽”或多或少与她的“善”（传统哲学词汇中）同义，或与她的“价值”（新近的词汇）同义。但是，如果我只从人们通常所说“美丽”的意义上来评价她，那将使我无法公正地评价她。无疑，她的善并不集中于表现在她拥有使我产生审美愉悦体验的能力上，因为她的这种能力会随着年龄的增长、阅历的增加而逐渐减少。如果不能欣赏她的美丽，也许意味着已经放弃了她，也许给我提供了一次发现她更多优点的机会。在此说明一下，我们与沙丘鹤、美洲杉的关系可能与此相似。

反对此种说法的人认为我的类推建立于一个错误的范畴上。在他们看来，艺术对象不是女人；女人不是艺术对象。他们认为我的类推具有误导性。一个更好的类推就是，欣赏“大提顿”和“大峡谷”时就像欣赏比尔史伯特（Bierstadt）的绘画作品一样。我只是因为它产生的愉悦而欣赏它。人们保护绘画的唯一理由是它的审美价值。人们对国家公园风景区的保护也是基于它的审美价值。

我的回答相反吗？是的。我们被艺术对象式类推误导得更远。面对动物与鸟类，人们很容易看出这类错误。沙丘鹤不是艺术对象；艺术对象不是沙丘鹤。艺术对象是人造品；事实上沙丘鹤不是艺术。沙丘鹤是一种野性的生命，它自在、自由、生气完整，艺术作品却不是这样。扩展到地貌、沙丘鹤生存并迁徙于其中的生态系统，如黄石国家公园和大提顿。我们发现，自然是一个由动物、植物、物种和生态系统所构成的有生命力的系统。任何将野生的自然类比为艺术对象的做法都是从本质上误解自然。静止不动的艺术对象没有新陈代谢，没有生机，无法繁衍，没有食物链金字塔，不具备延续性，也没有进化史。存在于博物馆中的艺术对象没有共同体，而自然却是生命的共同体。以对待艺术的方式来对待自然，将会导致对自然的误置。

然而，美学在环境保护中确实扮演着重要角色。在大地伦理中，利奥波德（Aldo Leopold）非常好地把责任与伦理学结合起来：一种做法，当他趋向于保持生命共同体的完整、稳定和美丽时，它就是对的。反之，则是错的。因此，美学会引发责任。不过不会像艺术品那样以带给人们愉悦体验的方式引发责任。环境价值理论需要一种更为根本的，以生物学为基础的解释。利奥波德把“生命共同体的美”与“生命权利”的共同体成员的可持续存在联系起来，这样，他就把把美与责任联系起来了。不过，美与责任相连也会引发人们的怨言：权利不存于自然中，美也不存在于自然中。

二　尊重不在场的事物

在环境伦理学所致力于保护的多种价值形式中，审美价值尤其难以捉摸。自然中的美，尤其是那种认为应给予保护的可以给人带来审美愉悦的美在利奥波德深奥精妙的大地伦理中占据着一种开创性的地位。然而审美体验，至少是这类审美体验，好像并不出现在非人化的自然中，客观地说，自然是自在的。在动物娱乐和示爱的鸟中，也许存在一些审美体验的种子。但是只有在人类的意识中才存在着对自然的鉴赏，这种鉴赏行为自身就是一种有意义的人类行为。徒步旅行者立于山顶可能会赞美眼前所见的景色；而被徒步旅行者惊扰的土拨鼠却不会欣赏这种景色。

没有我们，森林甚至不是绿的，更不用说美了。落叶的颜色是美的。叶绿素（体验为绿色）的逐渐消退使落叶变得美丽多彩。好美的颜色！鲜红和深红，紫色，黄色，浅浅的棕色等。如此美丽的颜色来源于树叶中残留的化学物质，在树叶颜色发生变化之前，这些化学物质都隐藏于叶绿素之中。落叶美丽的色彩会提升徒步旅行者的审美体验。但此时树叶内部正在自行发生的一切化学变化却不能给人带来丝毫审美体验。叶绿素正在吸收太阳能。残留的化学物质正在保护着树木免于虫害的侵扰或担负着新陈代谢的功能。任何一种被游览者欣赏数小时的颜色，完全只是真实发生于树叶内部的变化所呈现出的一种附带现象而已。

所有的审美体验无不如此。人们欣赏翱翔于天空或立于风中的鹰。不过鹰不是艺术家，自然也没有特意选择它使它成为一个拥有审美属性的人类欣赏对象。在圆形的盆地中间，一个又一个圆圆的小湖彼此相连，四周青山环绕，这是多妙的美景啊！但是，地质学者从未认为美丽的风景是地貌构成的因素之一。事实上，怀疑论会反对支撑利奥波德大地伦理的生态系统三要素——“完整，稳定和美丽”，认为这三要素中没有哪一种客观地存在于自然中。在他们看来，生态系统是不稳定的，总是在不断地发生着变化，总是充满偶然和混乱。生态系统几乎没有整体性，更多的是混乱地聚集而成的结合体。任何一种美不是实存于此而是在观赏者的眼中。

如果自然中的美不是存在于观赏者的眼中的话，那么它是源于人与世界的交互关联中的。在人类出现之前，世上不存在这样一种拥有哲学世界观和伦理观的生物，更不存在着任何形式的高级美感。人类点燃了美之火，正如他们点燃了道德之火一样。对于价值，我们希望提供一种新思路。以自然物 n 为例，如果人类是价值评价者 Hs，当人们说 n 是有价值的，那就意味着 n 是可以被评价的。在一切可以被评价并被认为有价值的森林、盆地湖、山脉、美洲杉或沙丘鹤中，并不存在自为的美。人类的出场点燃了美，美学伴随着主体创造者的出现而产生。

不过，为什么要对那些在我们到来之前并不在场的东西表示担忧呢？我们所担忧的为什么不是那些在我们到来之前就明显存在的特征呢？一旦人类开始以审美模式评价自然时，我们便以一种创造性的辩证法与自然融为一体了。人类希望欣赏和保护的不是自然而是自然与人类的关系。审美天赋的存在依赖这种关系。阿诺德·伯林特曾这样说道：“审美有助于对景观的认知，原因在于人类认识到人类自身参与了经验与知识的构建。环境并不是孤零零的立于地上、或割裂开来被人不带偏见地、客观地研究的对象。景观就像一套衣服，离开了穿者，它就变得空洞和无意义。没有人类的出场，景观只拥有可能性。”

对风景的审美感受确是如此；与人相离的景观不包含审美体验。为了欣赏景观，人们确实需要“穿上景观之衣”。但这并不意味着我们要为包括一切价值概念在内的人类所有评价活动提供一种主导模式。只要没有人类的出场，拥有价值可能性的景观难道真是无意义与无价值的吗？一旦人类出场，美，至少是真实存在的美，就会随之出现。可能性总是与景观同在，但是这些可能性总是，仅仅为我们而存在，而不是为没有审美能力的鹰和土拨鼠而存在的。

现在，又出现了另一个问题：人类与自然的这种关系以及由此而产生的环境保护，是可贺呢，还是令人生疑的呢？也许美学会腾空其他的价值尺度，使我们对客观存在于此的事物熟视无睹。要是自然并不是人类的一套衣服，那我们该怎么办呢？

与生物中心或生态中心价值相比，审美价值尽管可能不是以人类为中心的（集中于人类），但它似乎一定是起源于人的（通过人而发生）。以此种价值关系为基础而建立的伦理观既有优点又有缺点。优点在于，这种伦理观紧密地与积极的人类审美体验相联系，从而为人类行为提供动力。哪儿能使人产生悦人的审美体验，此地便更容易受到保护。无须任何命令，这类道德行为自行发生，这不是一种以义务为基础的伦理规范，因为义务意味着把道德行为强加于那些不愿遵从道德规范的人身上。

缺点在于，此种基于积极愿望的环境伦理学成为一项人类的选择，它依赖于我们日常审美偏好而发生变化，随着这种依赖的加重，它越来越具有个人异质性与文化相对性，甚至视我们不断变化的趣味而变。要是我们的孩子更喜欢在“大提顿”滑雪或上下来回地奔跑，而不喜欢单纯的风景呢？要是他们更喜欢参与式的审美体验，如上山时在森林高处骑马奔驰、下山时坐着雪橇体验那种飘飘欲仙的感觉呢？审美偏好的变换会带来动机和责任的变换。时尚变了，我们会喜欢“一套新衣服”。

我们是否真的不需要以在场的事物为基础来建立伦理规范吗？与审美体验形成对比的是对生命、濒危物种、动物与植物的内在价值的尊重以及对生命共同体的利益、生命支撑系统和生物进化基因的关注，这一切都与“在场”有关，它们独立于人类的参与而存在。审美价值虽然重要并且容易成为伦理规范的基点，但对某些人来说，审美价值最终不如道德义务有强制力。

审美伦理犹如电冰箱里的灯。只有当我们打开冰箱时，灯才会亮；在此之前，一切处于黑暗中。不过，问题可能要这样想，一旦我们开电冰箱的门，我们就能见到在场之物。在我们吃蛋糕之前，冰箱里的蛋糕不是甜的，在我赞美蛋糕之前，它也不美。离开了我们，美与甜只是一种可能性。无论我们是否打开冰箱，蛋糕却带着自身的各种属性一直存在于冰箱之内。由于植物自身的新陈代谢，糖分一开始就储存在蛋糕里面。当我们以正确的方式点亮自然中的美时，我们就像看见冰箱里的蛋糕一样看见了在场之物。我们点亮了树林的绿色之美，但这种绿，这种我们称之为叶绿素的东西，可以离开我们而存在，不管我们是否出现在树的周围，它总在给树提供能量，它能通过葡萄糖而得到显现，对于树来说，它总是有价值的。也许，审美伦理仅仅只看到了可能性而忽略了更深一层的实在。

三　审美能力与审美属性

可能前面的分析使得审美反应太随意了。尽管“大提顿”森林的绿色依赖于我的出场才得以显现，我对这种绿的体验却不是任意的。我对于山的雄伟的体验是更加随意的，但并不完全如此。这种体验要求我与山之间有一种恰当的关系。在奔跑的黑斑羚身上，我体验到了美与优雅。我不能任意地说黑斑羚又笨又丑，如果我坚持要这样说，那只显示了我的无知与感觉迟钝，并没有显示出我多变、合法的个人偏好。

审美包括两种要素：审美能力与审美属性。前者指仅存在于观赏者身上的体验能力，而后者客观地存在于自然物之上。美的体验确实存在于观赏者身上，但所体验的是什么呢？是形式、结构、整一、秩序、能力、肌肉力量、耐力、动态运动、对称、多样性、统一、自发性、相互依存、生命防御、存在于基因组的遗传代码、繁殖能力、物种的形式等。这些现象在人类产生之前就已经存在了，它们是生命进化和生态自然的作品；当我们从审美角度对它们进行评价时，我们把自己的体验附加在这些自然属性之上。

在人类出现以前，事物的自然特性客观地存在着，但是价值具有主观性。自然客体对人类主体产生影响，不断输入主体的审美素材使主体变得兴奋，于是，主体把它转化为审美价值。此后，树这一对象，看起来好像拥有价值，就好像拥有绿色一样。人们对自然的审美体验只是一种附带现象，它附着于自然的各种功能之上，人们对落叶颜色的欣赏就属于这种情形。不过，这种体验可以更进一层。我们应该对有生命力的自然创造生命的过程与结果给予价值判断，我们把自己的价值投射到自然之上，而我们有时却发现自然所拥有的价值远比我们所投射给它的多得多。自然中客观地存在着众多的基本审美属性，随着观赏者的到来，众多审美属性中的一部分在观赏者的主观体验中得以激活。

我们确实喜欢欣赏黑斑羚的跳跃姿势；它们的运动姿势很优美。当我与黑斑羚相遇时，审美体验就产生了，但是驱使它移动的肌肉力量是进化的结果，它客观地内在于动物身上。审美属性范导着我的审美能力。例如，当人们立于深渊边上俯视峡谷或仰视天空，当人们面对大海上的狂风巨浪时，它们都能激起人们的审美快感。审美体验存在于观赏者心里，不过，深渊和狂风（审美属性）并不存在于观赏者心里；它们存在于大自然中。“狂风”也许是一种人类中心论式的隐喻，但驱动风和雨的疾风却不是。自然的律动引导着人类的情感。

说得更极端一点：存在于事物中的美就像存在于自然中的数一样。不管是审美体验（在反思意义上）还是数字体验，它们都不会先于人类的出现而存在。数学和美学是人类的建构之物，它们来自于人类的大脑并被用于观测世界。这些发明之所以能帮助人类在世界上成功地找到自己的位置，因为它们标识出了人们所发现的客观地存在于自然中的形式、对称、和谐、结构模型、动态过程、因果联系、秩序、多样化等。

世界客观上具有数的特征，同时数学是人类心灵的一种主观创造，这两种说法都是对的。尽管对数的体验要等到人类产生后才能出现，但数的属性确实存在于自然之中，我们可以用类似的方式来解释审美属性和审美能力的关系。因此，毫不奇怪，数学家往往是那些能在世界的对称、曲线和形式中体验到审美愉悦的人。一块水晶不是一位数学家，它不过是由原子堆积而成的晶体而已，如果能为晶体提供电子聚合力，它就能以其 32 种晶体类对称而生成一种符合数学规律的模式，这种模式能使数学家感到愉悦。

如果数学式推论令人感到枯燥的话，那么我们可以用工程学来说明这一道理。动物和植物不是工程师，但是自然选择、功能与效率的需要把工程学中的限制强加于生物机体之内，自然的这种设计令人类工程师感到满意。对石炭纪蜻蜓的研究表明，蜻蜓的翅膀是“微型发动机的范例”，为蜻蜓在高空轻快、高效地捕食飞行提供便利。蜻蜓适合于“高空飞行表演”。“为了完成高空特技，蜻蜓装备了一对高度工程化的、能随气流的变化而自动改变飞行方向的翅膀，蜻蜓翅膀的精妙设计使今天的飞机设计者都为之汗颜。”科学家们说，蜻蜓的飞行“优雅至极”。任何一位曾观察过飞于香柠檬之上的蜂鸟的人，都会对此类工程学的杰作表示赞叹。此事在哲学上的意义在于表明了这种生物生存工程学，这种纯自然的属性如何使拥有审美能力的人产生了审美体验。当然，不管人们是否以欣赏的目光目睹了生物的飞行特技，它们总是客观地存在于自然之中。

动物和植物不是艺术家，但它们受限于形式、对称、整一、曲线，这些限制的结果使这些动物或植物，如飞翔的蜻蜓与蜂鸟、奔跑的黑斑羚，都能给人带来审美愉悦。自然选择追求完善的工程学，但好像并不追求美，对此观点也许你会提出反对意见，不过，那些坚持美的艺术标准的人往往会得出这种观点。如果我们以生物共同体的标准对美的评判标准作一点变革的话，那么人类心中的认知完形就会再次形成。现在，我们进一步宣称，人们对世界的生物学式的欣赏使人们发现了美，世界的审美属性是客观存在的，人们对美的发现进一步强化了审美属性的重要性。我们所见到的与观察者眼中所看到的同样真实。

四　美与野兽

受惊的黑斑羚突然出现了！看看它们的跳跃，真是不可思议！多么敏捷！多么迅速！它们的形态与动作多么优美！几乎是飞过草原。再看看，它们因为野狗的出现而恐慌。我们应该把这一幕看成一场芭蕾、还是一种生存斗争呢？它们的捷足是令人称奇的，更令人不可思议的是，在这种冲突及其解决的环境中，催生了黑斑羚的捷足。

在极具魅力的动物世界中，观赏者欣赏着有机体自主而自由的运动，这种运动没有人类观察者设计的痕迹。动物对于走近、静坐、停留或取悦于人并不在意，它唯一关注的是它自己的生存问题。无论在黎明、黄昏或夜晚，它们的表演都同样精彩。这种野性的自主性使人产生审美上的激动之情。野花在风中摇曳，但是它本身并没动，它们是被风吹动的。动物要吃或免于被吃。与植物不同的是，动物所需的资源，虽然存在于栖息地，但是离自己有一段距离并需要自己去搜寻。在环境中获取食物，是一个永不停息地猎杀与躲避猎杀的过程。如果食肉动物的猎物跑得和它一样快，那么，这种场面会更激动人心。动物的运动与生存游戏紧密相连。在那些拥有发达神经系统的更高级的动物身上，人类的情感被动物身体的移动所吸引并投射到动物身上，使人同情皮毛、羽毛下的动物身体。

从审美的角度来看，这类运动暗示着优美。对动物运动工程学的解释（数学式）通常会产生富有节奏美的动态对称之美：奔跑的黑斑羚、飞翔的鹰、流线型的鱼、敏捷的花栗鼠。甚至在美感有所减少的场景中，如笨拙的驼鹿崽、从巢中跌落的雏鸟，观察者仍然被生命的喧闹所吸引。在运动与感觉背后是生存斗争。动物的自由带来了成功与失败的可能性。风景不会在生存斗争中遭遇失败，因为风景不是生物生存斗争的对象，不过生物自身在生存斗争中会使其物种变得更加优良或拙劣。一只成年秃鹰比一只未成年的秃鹰更让人激动，因为前者更能作为秃鹰物种的象征而存在。

这里，我们把美学与遗传学和进化生态学联系起来（现在已超越了工程学和数学）。美学家发现野生生命的进化都趋向于物种本身的完美，但这种完美极少在自然中实现。观赏者调整镜头以便自己更清楚地看清成年羊，艺术家尽其所能地渲染描绘春天的鸣鸟。用遗传学者的话来说，艺术家描绘和欣赏者欣赏的不过是物种正常基因在相似的环境中的显现而已。我们在一个不同的层面上回到亚里士多德，对诗来说，理想是真实的，诗虽然不是历史的真实，然而诗意引导历史。这种理想仍然是自然进化的目标。

野生动植物欣赏者所欣赏的是具有特殊性的个体生命表现出的冲突及冲突的解决。为生存而奔跑的黑斑羚多么优雅！当人们得知麋鹿的耐冬能力后，饱经风霜的麋鹿不再难看。长角公羊并不令人不快，因为它的潜能令人称奇。春天的鸣鸟确实色彩艳丽，但是秋天的鸣鸟为了适应环境不再拥有美丽的羽毛，不过理想、真实、美丽并未因此而减少，但这需要观赏者更加细心地欣赏才能发现，鸣鸟此时能量的消耗并非为了长出美丽的羽毛以繁殖后代，而是为了制造一种保护色来度过寒冬。理想与现实的斗争增加了人们的审美体验。这是一种具有审美性的生命力，是一种对生命的尊重，相对我们先前的谈论而言，它更接近于对美的欣赏。达尔文所说的充满“鲜血淋淋的爪牙”的自然是一个在生态和谐与物种相互依赖中适者生存的世界，这是一个充满生物多样性的有生命力的世界。在永恒的生存威胁中，生命与美并存，生存斗争是美的一部分。

五　美学走向荒野

我们正在逐渐承认，只有那些“客观存在”的事物才真正有意义，它们在我们来到时被发现并进入我们的审美体验。从审美角度来看，客观自然所暗示出来的肯定价值与人们投射到自然上面的一样多。这种情形不同于秋天落叶颜色所形成的氛围。自然是现象，当我们与它接触时，它能使我们变得兴奋。现象不附带任何东西。风景的美也许要求我们的取舍与照亮。但是使我们产生审美愉悦的荒蛮之地，并不存在于人的心灵中。“荒野”一词意味着远离人的手（或心灵）。美感也许会存在于心灵，但激发了美的体验的荒野并不存在于人的心灵中。

但是，批评家现在会责备我们，认为我们正在混淆“荒野”

与“美”。“客观存在的”并不总是美的，它经常表现出单调、贫乏与无趣。罗曼蒂克式的欣赏者在欣赏野生生命时所忽略的与他们所见到一样多。野牛毛发杂乱、身体肮脏。鹰飞翔时会落毛。每一种野生生命都会被狂怒的时间之鞭所抽伤。但是《国家动物杂志》的封面上从来没有出现过遭受失败的、或不洁的动物照片。野生动物艺术家们选优录取。美学家们在欣赏自然之前对之进行修改。景观艺术家和建筑师们就像插花艺术者，自然所提供的只是夹杂着美的粗糙原材料。为了扎一束花或建一座花园，人们搜寻、采摘、选择。人们要求拯救提顿；不过人们认为找不到理由来保护堪萨斯州平原——至少无须从审美的角度来保护它。人们欣赏粗壮麋鹿的表演；不过沤烂了的麋鹿尸体是丑的。这使得塞缪尔·亚历山大（Samuel Alexander）宣称，是我们而不是自然是艺术家：

“我们从中发现了美的自然不是远离我们而存在的光秃秃的自然，而是被艺术的眼睛所欣赏的自然……我们发现自然是美的，不是因为自然自身是美的，而是因为我们对自然采取了选取和组合，就像艺术家用颜料来进行工作一样……自然为她自身而活，不需要我们共享她的生命。但是没有我们的渗入与再渗透，自然就没有美。让人觉得惊奇的是我们竟然不知道我们是无意识的艺术家。自然美的欣赏是非反思型的，甚至当我们反思时，我们并不会轻易承认，落日或一种纯粹的颜色之美只是我们基于自身的一种构建与解释。”

是的，落日与落叶之美确实是这样的。不过奔跑的黑斑羚和在永恒的考验中坚忍不拔的生命也属于这种情形吗？我们反思得越多，我们就越不容易看出，这些审美价值的深层维度只是我们自己的一种反思而已。亚历山大正在寻找已有的艺术品或鲜花来完成插花艺术。我们通过分享自然自为的生命来发现自然美。

我们是希望除去自然中的瑕疵把它描绘成一幅美丽的画卷还

是希望把包括疣猪在内的真实自然描绘出来？在我们以自己的喜好重塑自然之前，难道诗性仅仅只是一种永远无法实现的理想？换句话说，由于自然自在的过程充满了冲突及其冲突的解决，难道是生存斗争所显示出的诗性使这个理想得以实现？大部分生命之美来源于生存斗争，正如插花艺术家需要对野花进行挑选才能创造美，鹦鹉螺在对生存环境的不断选择中变得美丽。野狗的犬牙已经撕裂了黑斑羚的肌肉；黑斑羚的飞蹄造就了野狗的敏捷。我想起了那只使我产生审美刺激的疣猪，它当时正从狮子口中逃生。我欣赏这种斗争元素，甚至存在于粗糙的正在枯萎的林线杉树上的这种斗争元素也能激起我的欣赏之情。达尔文理论的出现通常被认为破坏了自然的和谐体系，置自然于丑陋之地。不过达尔文所说的这种广泛存在的斗争并不总是没有美感的。没有这种辩证性的力量较量，任何一种生命的英雄品质便不复存在。

利奥波德从沼泽地上看沙丘鹤："我们对自然属性的感知能力和我们对艺术的感知能力一样，都起始于对美的欣赏。这种能力虽然没有通过语言表达出来，但它是通过美到价值的连续阶段而扩展开来。我认为，沙丘鹤的属性存在于这种高级阶段中。"当我们把美转化为这些连续性的可感知的不同阶段时，也许，我们并没有离开美学。或者，也许我们对美学进行了提升，把那些被日常审美语言所忽略的东西转化成了价值。"沼泽中的一只沙丘鹤，正在吞咽一只倒霉的青蛙，拖着笨拙的身体跃向天空，迎着早上的太阳挥动着有力的翅膀……它象征着没有被我们驯服的过去，它是难以置信地掠过千年的象征，这千年的时光为人类与鸟类的日常活动奠定了基础和条件。"

如果我们用"美"作为评价标准，吞咽撕裂了的青蛙的沙丘鹤是笨拙的，但是这种笨拙的身影已在沼泽地上存在了四千万年。我们"与同类的动物有一种血缘上的关系；一种活与让其活的愿望；面对巨大并持续悠久的生物，我们有种惊异感"。这是审美吗？抑或是抑或不是。与古老的沙丘鹤有一种生命共同体的感觉？肯定有些东西与艺术不同，惊绝于大提顿的感觉不是美。美被超越而转向对生命的尊重。这好像说我们已离开审美领域并跨入内在价值和生态系统价值领域。没人满足于停留在野生沙丘鹤和今天喜欢它们的人们之间所建立的愉悦关系上。保护的动机需要考虑现实中的沙丘鹤和它们生活的整一性，正是在那里，今天的人们能体验到乐趣。

从认识论意义上，我们有必要把沙丘鹤作为客观生命的代表，否则，审美体验无从产生。审美解释高度受制于现实事物。自然肯定有其自身固有的重要性，而不仅仅是为了充当能给我们带来愉悦的工具。沙丘鹤的这些历史属性在其物种线上再次展现，成为审美中的关键因素。

我们在前面的论述中提到，景观是一件空衣服，离开了人这一穿衣者，它毫无意义。利奥波德的美学似乎并不这样认为。沙丘鹤的确激起了利奥波德的审美反应，但正在吞咽青蛙的沙丘鹤却无法激起他的审美反应。利奥波德并未从任何日常的工具性角度来利用沙丘鹤；他没有收捡沙丘鹤的蛋来食用或用它的羽毛来装饰他妻子的帽子。当且仅当他开始对在沼泽生态系统中占据一席之地的沙丘鹤的内在价值开始评价时，这就意味着他开始从内在体验的角度来评价沙丘鹤。准确地说，也许这不是生物的权利，但他发现沙丘鹤因为它自己的权利而成为受尊重的对象。他欣赏沙丘鹤在其领地上的权利。这是一曲沼泽地上的挽歌。

拥有生态系统方法的伦理学会发现美是创造性自然的一种神秘产物，一种具有客观审美属性的氛围，需要一个具有审美能力的体验者发现并欣赏它，但更需要自然力来产生这样的体验者。人们正欣赏的神奇之地并不存在于欣赏者的眼中，即使惊异存在于欣赏者眼中。

也许我们正在朝着我们在开始时所担心的相反方面犯错误：

我们过分强调客体、低估了主体。人类几乎正在开始变成自然神奇表演的观察者。因此，我们必须回到美学的参与维度。这儿至少要注意，为了伦理学的未来，这不是一个无足轻重的理由。美学的呼声是：深刻！

六 参与美学

美学总是被视之为与无兴趣相区别的无利害；不过无利害未必被认为是同情保护的推动力。关心需要一些兴趣。进一步说，强调野生生命、强调自然而非文明，也许会导致关心的匮乏。在环境伦理学中一条惯常的律令是“让自然按自然的方式运行”。不要打扰沼泽地上的鹤！让大提顿和大峡谷保持野生状态！这是一种“放手”伦理，尽管值得尊重，但这是一种非参与性伦理。数百万年来，鹤与美洲杉自己照看自己；大提顿与大峡谷自在地存在着。野地与野生物呼吁我们去欣赏，不过管闲事是不负责任的。荒野的幸福不是我的责任。

因此，我们需要上一堂修正课。在自然的审美体验中，参与和分离的程度是一样的。无利害确实排除了功利的考虑、当下的私利或工具性使用；不过，无利害并不是被动的观察。我们需要沉浸与斗争，被我们所观察的动植物也在进行着同样的沉浸与斗争。开始时，我们可能把森林视之为被我们观看的风景。但是，森林是供我们进入的场所，不是被观看的风景。一个人能通过看看路边的防风林或电视画面来体验森林的说法是不可信的。森林吸引了我们所有的感官：视觉、听觉、嗅觉、触觉甚至味觉。视觉体验是关键性的体验，不过，如果没有闻到松树或野玫瑰的香味，一个人对森林的体验是不充分的。

身体运动知觉的出现使肌肉与血液在时空中运动。人们寻找阴凉之地就餐，当运动之后的热量逐渐消退后，人们会发现此地阴凉太多，然后会走到阳光充足之处，享受暖意。太阳是美的，但我们为夜晚做准备吗？人们被环境所包围，瞬间感官的全部参与对于审美体验和生命本身来说是至关重要的。出现在森林中的身影、各种机遇与威胁所催生的值得欣赏的生存能力、与原始世界融合或对立的栖息地之争——这一切使审美体验变得丰富多彩。也许，只有“精神”才能欣赏审美体验，不过人类是并且应该是精神性的存在。

美学走向远离文明、远离人类轨道的荒野。尽管美必须依赖我们的出现才能被点亮，但这是我们一直坚持的观点。现在，我们注意到，我们所点亮的与我们被点亮的一样多。我们不仅要关注我们的存在，还要关注其他的存在者。我们意识到自己与它们的区别；我们作为纯粹的观赏者来为它们提供避难之所与精心照料。不过同时，我们感到自我的身份已从区域性扩展到全球性的生命共同体。

美国人以国家公园作为大教堂而自豪；我们希望为后代留下这片荒野，这个愿望如同我们想为他们提供参观卢浮宫与隐丘的机会一样强烈。人们不能靠大提顿或大峡谷来谋生。但是，当人们沿大提顿小道攀缘而上或徒步走近大峡谷时，当人们欣赏沼泽地上的鹤时，人们能从中体会到一种深层的参与感和身临其境的快感。这种体验虽不能成为谋生的手段，但却可以使人创造生活。现在悖论加深了：一旦这种从自我分离出来的存在进入自为的自然，它便独立于我们而存在，要求我们对之表示尊重并承担责任，我们发现自我在更深的层面上得以重塑。

我们居住在这个世界上。我们参观荒野，不过我们必须回到位于乡村或都市景观中的居住地。当自然近在咫尺并可以被我们改造成居住景观时，也许，我们首先会说，自然美是一种宜人性——仅仅是宜人性——要求关心自然自身的律令在此显得并不重要。但是这种格式塔随着感知的变化而变化，随着脚下的土地和头顶上天空的变化而变化、随着地球家园的变化而变化。无利害不是以自我为中心，而是将自我融入景观之中。确切地说，这是一个具体化的自我、一个被置入的自我。这就是生态美学。生态学研究各种生物之间的关系，为每一种生物在这个世界上找到属于自己的位置。我与居所的景观以及脚下的大地合而为一。正是“兴趣”引导着我关心它的整一、稳定与美丽。

我们必须把地理学附加于生态学之上，必须把传记附加于地理学之上。在我们知道生命从哪里开始之前，我们不知道自己是谁，也不知道将来会怎样。古希腊伦理学的背后是社会思潮，一种习惯性的生活模式。这驱使人们越过资源利用回到栖息地。当我们谈到我们居住的共同体的生物和文化的善时，审美的维度至关重要。没有审美维度，生命会被麻痹。世上幸亏有大提顿和大峡谷；更不用说这个巨大的星球了。地球并不仅仅是一片沼泽地，而是一种奇境，而我们人类——我们现代人空前地把这种壮丽之美置于危险之中。无论从逻辑上还是从心理上来说，生活于这个世界上的每一个人都不能对这种行为漠不关心。

七　从美到责任

美学与伦理学怎样才能结合呢？我们在论文开始的时候认为，可以很容易地把二者结合起来。从逻辑上看，我们不应该毁坏美；从心理学上看，人们不希望损毁美。这类行为是自愿的，不受那些令人生厌的责任的约束；确切地说，由于正面的积极激励，这是一种令人欣喜的关注，一种令人愉悦、可靠又能产生良效的责任。这种伦理观是自然而然地产生的。总而言之，伦理学与美学的联系变得更加精妙。责任意味着对共同体的他人“有所亏欠”，简单地说，这是一个受正统伦理思想支配的社会共同体；现在，环境伦理学涵盖了生物共同体而成为一种大地伦理，它探讨人们对动物、植物、物种、生态系统、山脉以及河流的“亏欠”，这是对地球的一种适当尊重。当我们开始重视自然的属性、过程、成就、生命防卫以及不断进化的生态系统并对它们致以恰当的崇敬之情时，这种行为是否应该被定义为“关注”或“责任”就显得不再重要了。你既可以说这是一涵盖了责任的扩展了的美学，如果考虑到你语言的偏好的话，也可以说这种扩展了的美学正变得富有同情心。

美学能否成为环境伦理学坚实的基础？这取决于你的美学思想的深刻程度。大多数的美学家一开始相当肤浅地（尽管他们拥有复杂的美学思想）认为，美学不能成为环境伦理学的基础。不过，随着人类对自然的适当渗入，当人们发现美学自身与自然史之间存在着一种发现与被发现的关系时，他们就会逐渐地认为美学是能够成为环境伦理学的基础的。环境伦理学需要这种美学来成为它坚实的基础吗？是的，确实需要。

附录二

环境审美教育的产生、定位及其实现途径

环境审美教育的产生不是一种偶然，它既有其内在原因，也有其时代原因。本文认为，环境审美教育是价值教育、尊重教育及情感教育，并且这种教育通向责任。环境审美教育不同于传统的以艺术为中心的静观式教育，它强调的是感知体验和介入参与的结合、欣赏和沉思的结合。

一　环境审美教育的产生

无论是中国还是西方，哲学家、美学家和伦理学家们都非常注重审美教育。孔子认为，人的成就过程离不开诗；柏拉图认为，理想国的建设离不开优秀的管理者，而理想管理者的培养离不开健康的艺术作品对他们的陶冶。在西方，有人把剧院视为道德的法庭。在中国，有人主张通过小说的熏、浸、刺、提之功效来达到新一国之民的目的。虽然中西文化具有不同的精神特质，但是在审美教育上却有一种共同的倾向，那就是以艺术为中心，对艺术作品的欣赏品评几乎被视为审美教育的全部内容。而今，以艺术为中心的审美教育正悄悄地发生着变化，环境审美教育逐渐进入审美教育的领地。

环境审美教育的出现不是一种偶然，原因有二：

其一，艺术的发展演变作为一种内在因素使环境进入审美的视阈。现代以前，艺术是生活的陌生化，人们强调的是艺术与生活的距离；现代以后，艺术要求回归生活，人们强调的是艺术与生活的关系。今天，艺术品与非艺术品的区别正在逐渐缩小，艺术与生活的界限越来越模糊，出现了大量以生活环境为对象的艺术，如大地艺术、环境艺术、工程设计艺术、工程景观等。面对周期泛滥的河流，帕特丽夏·约翰逊设计了“洪水池和瀑布”。通过把水储存在泛滥的池子里，然后让水涌流过高低不同的阶梯产生瀑布，使这个工程既可储水，又可作为建筑景观、公共喷泉之用；面对垃圾堆，她设计了“海龟墩”，将遗弃物排列成一系列海龟壳形状的梯形结构公园；面对腐蚀降级的咸水湖，她通过在堤岸植树、种草、设植物“根须”通道，将其建成一个充满生机与诗意的公园……生活艺术化的过程凸显了环境的意义，人们在对这类艺术进行审美时，环境的审美意义也逐渐被发现。

其二，环境的恶化作为一股现实的力量催逼着人们把目光投向环境，反思环境之于人类的价值与意义。第二次世界大战以后，整个世界环境问题日渐凸显。雷切尔·卡逊的《寂静的春天》一书揭示了 DDT 对生态环境的致命影响，比尔·麦克基本的《自然的终结》一书描述了人类是如何因为自己的愚蠢行为导致了不可挽回的错误……可以说，20 世纪 60 年代后，“环境危机”成为一个出现频率极高的词。1972 年，联合国人类环境会议在斯德哥尔摩举行，会议发表了《人类环境宣言》。《宣言》声称：人类既是他的环境的创造物，又是他的环境的塑造者，环境给予人以维持生存的东西，并给他提供了在智力、道德、社会和精神等方面获得发展的机会。生存在地球上的人类，在漫长和曲折的进化过程中，已经达到这样一个阶段，即由于科学技术发展速度的迅速加快，人类获得了以无数方法和在空前的规模上改造其环境的能力。人类环境的两个方面，即天然和人为的两个方面，对于人类的幸福和对于享受基本人权，甚至生存权利本身，都是必不可少的。环境之于人类的重要性在《宣言》中得到了明确的说明。

如今，环境不再被简单地视为物质的结合体，环境不仅具有物的意义，而且具有精神性的意义。环境的价值不再仅仅表现为经济价值，环境的审美价值、道德价值也日渐受到人们的重视。迪特尔·比恩巴赫坚决主张自然保护，认为即使要做出牺牲，也不应该只考虑短期利益，因为自然风光这些美学资源对人的生活感情的培养具有重要意义。约翰·缪尔把巨大的美洲杉比作教堂，认为美洲杉有精神上和信仰上的价值，并且这些价值远超出它的经济价值。罗尔斯顿认为，荒野环境虽然是远离人类文明的一个地方，但荒野却能给我们带来一种美感。荒野虽然不适合于“居住”，但却是人类“沉思”与“游”的地方。罗尔斯顿认为，孕育着野性与自由的荒野环境并不是无价的，而是代表一种与我们相异的自由，代表着一种天然的自主性与自然维持的能力。荒野是人类实现自己完整性的地方……环境审美价值的发现为环境审美教育的产生奠定了现实基础。

二　什么是环境审美教育

环境审美教育是价值教育，通过这种教育，使人意识到环境之于人的意义及价值。人类中心论者认为，自然没有价值，只有人才是价值的拥有者。如果说自然具有价值的话，那么自然所具有的只是工具性价值。有学者认为，正是这种工具论的态度导致了今天的环境危机与生态灾难：“可以毫不夸张地说，从来没有一个文明，能够创造出这种手段不仅可以摧毁一个城市，而且可以毁灭整个地球。从来没有整个海洋面临中毒的问题。由于人类贪婪或疏忽，整个空间可以突然一夜之间从地球上消失。从未有开采矿山如此凶猛，挖得大地满目疮痍。从未有过让头发喷雾剂使臭氧层消耗殆尽，还有热污染造成对全球气候的威胁。”① 环境审美教育者不主张强式人类中心论，在他们眼里，自然、荒野等环境的存在是有价值的。它们不仅具有工具性价值，而且还具有内在价值。环境是人无机的身体，是人成长过程不可缺少的伙伴。环境是“人之镜”，是人认识自我、反思自我、显现自我过程中不可缺少的一面镜子。人的丰富性离不开多样性的环境。“心灵不可能产生于令人窒息的同质性……复杂的心灵之所以产生，正是为了要应付这个多样化的同时又有统一性贯穿于其中的世界……从历史和科学的角度来看，正是通过与大自然的多样性和统一性的接触，我们才变得聪慧起来。”② 因此，任何一个物种的消失对人类来说都是一个巨大的损失。

环境审美教育是尊重教育，通过这种教育，培养人的敬畏之心及谦逊之德。传统的审美教育之所以重视艺术而轻视自然，是因为在美学家、艺术家及教育家们看来，艺术美才是最高层次的美，自然美是低层次的、不纯粹的美。重艺术轻自然的审美教育在无形中滋长了人对自然的傲慢态度。针对这种轻视自然的心理，英国现代哲学家伯特兰·罗素说道：“我所知道对付人类那种常常流露出来的自高自大、自以为是心理的唯一方式就是提醒我们自己：地球这颗小小的行星在宇宙中仅是沧海之一粟；而在这颗小行星的生命过程中，人类只不过是一个转瞬即逝的过客。还要提醒我们自己：在宇宙的其他角落也许还存在着比我们优越得多的某种生物，他们优越于我们可能像我

① ［美］A. 托夫勒：《第三次浪潮》，三联书店 1983 年版，第 175—176 页。
② 罗尔斯顿：《环境伦理学》，中国社会科学出版社 2000 年版，第 383 页。

们优越于水母一样。”[①] 与传统的审美教育不同，环境审美教育者不仅重视艺术的审美，而且给予环境审美应有的位置。环境审美者强调，人是自然的一部分，一切生命都是神圣的，人类应尊重自然界所有的生命有机体，应对一切生命都持敬畏的态度。在审美中，他们更注重生命的普遍联系及其整体性，更注重艺术与自然、艺术与环境、文化与荒野之间的连续性，以此来消解人类的自大心理并培养人对自然的敬畏之心。渴望春天但眼睛又朝上的人，是从来看不见春草的美的。只有蹲下来，仔细地察看土地的人才能发现春草的美。当你知道每一千颗橡树果实中，只有一颗能够成长到和兔子较量的程度，其他的则在刚一出生时就消失在浩瀚的大平原了的时候，你的心里是否会对高大的橡树多了一份敬意呢？

环境审美教育是情感教育，通过这种教育，重建人与环境的审美关系。法兰克福学派的创始人阿多尔诺指出：人与自然的关系存在着三个不同的层面：第一，自然作为认知的对象，自然成了自然科学；第二，自然作为实用的对象，自然成了生产资料；第三，自然作为审美的对象，自然成为“风景”。前两者关系中，人与自然之间处于对立的状态。当小学生奥列霞每天清晨走进花园，大气不敢出悄悄地站在色彩鲜艳、轻轻振动着翅膀的蝴蝶后面时，她是在用审美的眼光来看蝴蝶；当生物老师拿来蝴蝶挂图，讲解蝴蝶是怎样演化时，老师是在用科学的眼光看蝴蝶；当生物老师得出结论说蝴蝶是害虫，必须消灭它时，老师是用实用的眼光来看蝴蝶。从功利的角度来看，蝴蝶是应该被消灭的，从审美的角度看，蝴蝶是应该被欣赏的。功用的态度不利于生物多样性的保持，它受限于人的利己行为；审美的态度有利于保护

① Bertrand Russell：*How to Avoid Foolish Opinions* , in Unpopular Essays，London，p. 184.

蝴蝶作为生物生存的权利，有利于生物多样性的保护。环境审美教育倡导人与环境之间关系的情感化，通过人与环境之间的情感互动，从而突破人与环境关系的对立性，把人带入主客不分的诗化境地。建立于情感之上的审美关系将有助于生态危机的克服。因为，当人以审美的态度来对待环境时，人既不像功用关系中紧紧地依赖环境，也不像认知关系中抛弃自己的情感，而是在人与环境关系中持一个适中的距离。

环境审美教育是通向责任的教育，通过对环境美的欣赏，激发人们的保护环境的责任感。美国神学家 L. K. 奥斯丁在《环境美是伦理学的基础》一文中指出：美是环境伦理学的基础，人类对自然美的知晓促成环境伦理学的建立。美的体验能创造并维持事物间的各种联系。美使体验与伦理结合起来……世界之美对于世界的存在是必要的。对大地的爱才是环境保护最深远的动力。对自然美的惊赞与对道德律的敬畏有着内在的联系。

三　如何进行环境审美教育

环境审美教育不是以艺术为中心的传统审美教育，它强调的是对整个环境的欣赏，并力图通过这种审美欣赏达到陶冶情操的目的。环境欣赏不同于传统的艺术欣赏，因为我们可以面对艺术，但我们只能生活于环境中。如在绘画艺术欣赏中，人们可以通过幻想与对象融为一体。但在环境欣赏中，人们的身体以及思想无不浸润于环境中。有鉴于此，环境审美教育必须注重以下两个方面：

其一，感知体验与介入参与相结合。

传统的艺术欣赏特别强调想象在欣赏中的作用，认为正是想象使审美活动中的主客界限消融。环境审美特别强调对环境的感知体验，通过多角度的感知体验，使人的身心全面地与环境融为一体。通过对环境的感知体验，消解人类对自然的漠然态度；通过对环境的感知体验，使环境与人类进行感性接触从而为人与环境的对话奠定基础。体验强调心灵的敏感与激情。如果没有体验的快乐，世界之于我们是灰暗的、人类之于我们是无情的。正如一首诗中说道："我们要有冬天的心/去观看冰霜/和厚盖白雪的松枝。我们要冷冻好久/才能观看壮松带冰/针枞在一月阳光遥射中的粗糙。而不去想/风声和叶声中的任何悲伤。这也是大地之声/吹着相同的风/在裸露的老地方吹着。为雪中聆听的人而吹，那人，虚静无虑，观看/无中之有和无中之无。"沉浸与体验是环境审美教育的前提，正是通过体验与参与，我们体味到环境与人、大地与人之间的相关性。设计大师雕塑大师安东尼·葛姆雷发动广州市花都区花东镇象山村 300 多位本土村民（包括孩子），用传统手工劳作的方式，五天时间制作了 220000 个小泥人。小小的泥人震撼着人心，参与创造的人们面对自己的作品，深深感受到土地的存在力量。

在环境审美中，环境美学家伯林特别注重感知体验与介入参与的作用。在他看来，环境与人并不是完全割裂的，我们与环境保持着一种连续性，是整个环境过程的一部分。环境欣赏中主客没有严格的界限。相反，欣赏者与环境之间是相互作用的，是一种身体（主）与世界（客）的结合。不过，艺术欣赏与环境欣赏存在着差异。环境的欣赏是从内部进行的，它不是被从外面观看，而是从内部进入。我们是环境的参与者而不是观赏者。我们不是无功利地沉思，而是全面的介入，浸入到自然世界并获得一种整体的体验。在伯林特看来，与传统美学主张静观的欣赏方式不同，环境欣赏要求在欣赏自然环境时全身心地浸入其中，以此消泯传统欣赏模式中的主客二分现象，尽可能地缩小我们与自然的距离。

其二，欣赏与沉思相结合。

环境审美不是静观的形式化欣赏，而是将欣赏与沉思相结合的深度审美。在环境审美教育中，我们不能把某个事物当作孤立的东西来欣赏，而应把它放置于其环境中来加以理解。环境审美欣赏注重的是由画面构成的或构成画面的背后的精彩的生命故事。因此，“像山那样思考”、“像大地那样思考”是环境审美教育的重要途径。

面对被雷电击中的橡树，利奥波德欣赏的是它 80 年的旺盛生命而不仅是它高大的身躯，当锯子切割这棵橡树时，利奥波德看到的是锯子正沿着橡树走过的路在行进。锯树的过程，在利奥波德眼里不再是简单的物理过程，而是时间流逝的过程，是橡树在时间长河里生长过程的再次显现。

通过感知与体验、介入与参与来消解人对环境的隔膜心理，通过欣赏与沉思来对环境进行尝试审美，从而激发人们对环境的爱。因为，爱才是环境保护最持久的动力。

附录三

艺术与环境区别辨析

艺术与环境是当代西方环境美学家极为关注的一个问题。艾伦·卡尔松、约·瑟帕玛等环境美学家从不同角度对艺术与环境进行区分，并把这种区分视为环境美学建构中必不可少的环节，是环境美学突破以艺术为中心的传统美学、确立自己的地位的关键所在。

一　当代环境美学家论环境与艺术的区别

无论是艾伦·卡尔松还是约·瑟帕玛，他们对艺术与环境的区别大多是从欣赏与显现的角度来分析的。

从显现的角度看，他们认为，环境与艺术的区别在于：艺术品常常是虚构的和想象的，是对现实的省略、微缩、抽象或者模型，而环境则是真实的，就是其自身；艺术品是有限的、固定的整体，常常有一定的边界，而环境不具有确定的形式，环境是不断生成的、变动不居的，环境时时刻刻都在发生变化，不是僵死不动的。环境是一个活的事物，在自然规律和人类社会的规律共同影响下发生变化；艺术品注重原创性，环境在变化中重复其自身；环境的背后蕴涵着千百年来生态演进的历史和文化发展变化的历史，它是人与自然共同的作品。环境不像艺术品那样有确切的作者，环境的形成很少是单个人的作品，而更多的是集体和自然共同创造的结晶。也就是说，从显现的角度看，环境与艺术之间存在着变与静、创化与设计、丰富与单一、虚拟与真实、有限与无限的区别。

从欣赏的角度看，他们认为，环境与艺术的区别在于：艺术的感知是一种或者两种感官，而环境需要多种感官共同参与；艺术的欣赏可以有否定性判断，而自然环境的欣赏是肯定判断；艺术的欣赏需要一定的审美距离和无利害的审美态度，而环境的观者就是环境的一部分，人们在欣赏中直接与环境相接触；艺术的欣赏大多以静观的方式进行，主张主体与对象的分离，而环境欣赏更需要以动观的方式进行，主张人与环境的紧密结合。也就是说，从欣赏的角度看，环境与艺术之间存在着疏离与介入、静观与动观、感官的多样化与单一化的区别。

二　环境与艺术区别之我见

环境与艺术属于两个不同的概念，它们之间存在区别也是情理之中的事。但是，我们不能将这种区别进行简单化地处理。下面，我们从真实与虚构、变化与固定、介入与距离、动观与静观几个方面，就当代环境美学家对环境与艺术的区别进行区别。

（一）真实与虚构

西方环境美学家认为，真实与虚构是环境与艺术的区别之一。其实，要从真实的角度进行区分，首先要了解何谓真实？物理层面的实存是一种真实，精神层面的真理也是一种真实，这两种真实的指向是不同的。“自然主义”追求绝对的真实、追求一种摄影般的真实，“现实主义”追求一种典型化的真实。但人们并不因“现实主义”对现实进行了抽象与虚构就指责它缺乏真实性，恰恰相反，人们认为现实主义是对自然主义的一种超越，现实主义比自然主义更真实。历史是一种真实，诗也是一种真实，但在亚里士多德看来，诗比历史更真实。摄影虽然比绘画更逼真地反映了现实生活，但又有谁说摄影可以取代绘画呢？

可见，把真实与虚构视为环境与艺术的区别缺乏充足的理由。艺术与环境都具有真实性，不过一种是自然的真实，一种是艺术的真实；一种是物质的真实，一种是精神的真实。

（二）变化与固定

艾伦·卡尔松认为环境是不断生成的，时刻都处于变化之中，一旦我们移动，我们就是与欣赏的对象一起移动。主体位置的移动改变了我与对象的关系并且也使欣赏对象得到改变。环境的这种特性加大了欣赏的难度。不仅如此，环境不仅会随着我们位置的移动而变动，而且环境还有它自身的运动规则。环境在时空中不断地活动。打个比方来说，即使我们不移动位置，风儿仍然拂过我们的脸颊，云儿仍然从我们眼前掠过。并且无论白天黑夜、寒来暑往，这种变化都在发生。无论我们是否在动，环境都在无始无终的空中扩展。与环境的不断变化不同，艺术品是固定的。其实，这种区分标尺给人“削足适履”之感。就像拿着男人的标准来区分男子与女人一样，始终摆脱不了一种局限性。艺术并不是固定不变的，不过艺术的变化以不同于环境的方式进行着。艺术品有两个创造者，一个是创作主体，一个是接受主体。不同的接受主体对于艺术品的解读，丰富了艺术品的内涵，艺术品在不同的接受者那里发生不同的作用，呈现出不同的面貌。面对《红楼梦》，有人读出的是爱情，有人读出的是愤懑，有人读出的是宿命，一千个人就有一千种《红楼梦》。在不同的欣赏者那里，艺术品发生着不同的变化。可见，无论是环境还是艺术，它们都是变化的，只不过环境的变化来自其自身，而艺术的变化来自解释者。

（三）介入与距离

环境美学家认为，艺术品与环境的一个重要区别在于介入与距离。艺术欣赏强调审美距离的保持，强调无利害的审美态度，而环境欣赏则不同，环境的欣赏者就是环境的一部分，欣赏者不仅不与环境保持距离，而且直接介入到环境之中。艾伦·卡尔松反对在自然环境欣赏中采取“静观”，认为自然的观赏者要求成为自然环境的一部分并作用于自然环境。伯林特更是强调介入，主张建立一种以“结合”为特征的美学，实现人与自然、主体与客体、审美与实践的结合。

距离有身体距离（物理意义上的）与心理距离（精神意义上的）之分。“远隔千里”说的是身体距离，“远隔千里却又近在咫尺”说的是心理距离。“看云时，我觉得离你很近/看你时，我觉得离你很远”好像表达了一种矛盾，其实，这是心理距离的真实写照。心理距离在审美中具有重要位置，审美距离更多地指向心理距离而不是身体距离。只要是审美活动，就应该保持一定的距离，不管是在环境中，还是在面对艺术品时。比如在环境欣赏中，虽然我们身处环境并成为环境的一部分，不可能与环境保持一种身体距离，但是作为欣赏者的我们可以保持一种心理距离。特别是身处危险环境时，比如火山爆发、海啸等，人们虽然身处其中，但是却来不及进行审美。只有当我们与环境保持心理距离、必要时保持身体距离时，我们才能从利害与认知中跳出，进入审美状态。

艾伦·卡尔松在考察 the engagement model（介入模式）时已感觉到其中的问题。按照阿诺德·伯林特的介入观，即要求我们在欣赏自然环境时全身心地浸入其中，以此消泯传统欣赏模式中的主客二分现象，尽可能地缩小我们与自然的距离。但是介入模式在卡尔松看来面临两个难题：一是介入模式强调没有距离的完全投入，但审美又需要保持一定的距离，这二者如何关系如何解决。二是介入模式消除主客二分，沉迷于对象中，如此就难以将表面的、琐碎的自然欣赏与深层次的欣赏区分开来。没有主客二分，自然的欣赏就会陷入到甚至退化为主观幻想的危险中。由于阿诺德·伯林特、艾伦·卡尔松、约·塞帕玛等人在使用距离时，没有对身体距离与心理距离进行区分，造成了建构上的困难。

其实，无论在环境的欣赏中还是在艺术品的欣赏中，我们都需要保持距离而又超越距离。保持距离为了是防止功利心与认知心的侵入，使审美成为审美；超越距离是为了使主体超越主客二分的界限，进入到主客不分的境界。清代山水画家布颜图在《画学心法》曾描绘过这种无距离的审美的状态："形既忘矣，则山川与我交相忘矣。山即我也，我即山也。惝乎恍乎，则入杳之门矣。无物无我，不障不碍，熙熙点点，而宇泰定焉，喜悦生焉，乃极乐处也。"

（四）动观与静观

艾伦·卡尔松等环境美学家认为，环境欣赏是以动观的方式进行的，有别于以静观为中心的艺术欣赏。环境欣赏者在环境中可以走动，如在园林中可以周游四方。其实，环境欣赏是动观与静观的结合。关于动静结合这一点陈从周先生在《说园》中以园林欣赏为例已做出了充分的说明："园有静观、动观之分，……何谓静观，就是园中予游者多驻足的观赏点；动观就是要有较长的游览线……小园应以静观为主，动观为辅。庭院专主静观。大园则以动观为主，静观为辅。前者如苏州网师园，后者则苏州拙政园差可似之。人们进入网师园宜坐宜留之建筑多，绕池一周，有槛前细数游鱼，有亭中待月迎风，而轩外花影移墙，峰峦当窗，宛然如画，静中生趣。至于拙政园径缘池转，廊引人随，与'日午画船桥下过，衣香人影太匆匆'的瘦西湖相仿佛，妙在移步换影，这是动观。"也就是说，环境欣赏有动观也有静观。

其实，艺术欣赏又未尝没有动观呢？面对单幅的艺术作品，人们大多采用静观的方法。一旦步入艺术画廊，采取的依旧是“廊引人随”的动观；面对小尺幅的艺术作品，人们大多采用静观。一旦面临巨幅画卷，采取的未尝又不是动观呢？

可见，动观与静观并不是环境与艺术的区别。环境与艺术的欣赏不论是动观还是静观，它们都是心之所观。

三　环境美学中的艺术与环境

之所以对当代环境美学家所述的艺术与环境的区别进行再区别，就是因为，在我们看来，无论是卡尔松还是伯林特，都有一种将环境自然化的倾向。他们在谈论环境美学的特征、在谈论艺术与环境的区别时，有意无意地将环境等同于自然环境，并以此来夸大艺术与环境的区别、确保环境美学的领域的独特性。

其实，环境不仅包括自然环境，而且包括人为环境。建成的环境作为人为环境的重要组成部分，极大地影响与规定着人们的生活方式与行为举止。环境美学不仅注重对自然环境的审美欣赏，而且也应关注对建成环境的审美评价。如对公园存在意义的挖掘、墙上涂画所表现出来的城市品位的判断、城市景观的塑造、作为活动风景的城市人群的欣赏等。我们甚至可以说，在环境美学中，建成环境比自然环境占据着更重要的位置。正是基于这种考虑，我们对当代环境美学家倚重自然环境来区别环境与艺术的做法进行驳斥。

其次，艺术与环境虽然存在着区别，但是它们之间又存在着相通的一面：艺术离不开人，环境同样也离不开人。正如伯克利所说，不存在人的精神不贯穿于其中而能被感觉到的环境；艺术追求美，环境同样也追求美。如最原始的居住环境追求的是安全，最高层次的居住环境追求的则是美观。因此，环境美学的任务不在于区别艺术与环境，而恰恰在于将艺术与环境结合起来，走环境艺术化或艺术环境化道路。

环境美学的目的不在于营造可居住环境，而是营造理想的居住环境。可居住环境强调功能性，而理想居住环境则强调功能性与审美性的结合；可居住环境不强调个性，而理想居住环境强调创造性。马尔文娜·雷诺兹的抒情诗里所描写的“那山坡上的小盒子/简简单单地做成的小盒子/小盒子，小盒子，小盒子/小盒子全都一个样”是可居住环境，而林语堂所说的“我们居住其中，却感觉不到自然在哪里终了，艺术在哪里开始”是理想居住环境。环境美学的目的就在于通过美化塑造出一种理想的居住环境。

理想居住环境离不开环境的艺术化，也离不开艺术的环境化。城市环境美离不开城市景观，农村环境美离不开农业景观，景观的铸造就是美的一种追求与表达。有人说，广场、喷泉是城市环境不可缺少的几个方面。其实，只有当广场、喷泉的功能与审美价值很好地结合起来的时候，城市环境才能获得宜人的效果。另外，在生态文化盛行的今天，艺术只有与环境相结合才具有强大的生命力。在古代西方或西方古典主义建筑中，建筑是与雕塑和绘画相提并论的。那时的建筑除了满足人栖身所需的基本功能外，几乎就是一件完美的雕塑绘画作品。今天，人们不仅强调建筑作为一门综合艺术的特性，而且强调建筑与它所处的环境的协和。一所住宅应是那个环境的一个优美部分，它给环境增加光彩，而不是损害它。赖特的流水别墅之所以有名，不仅在于建筑的设计与营造，更在于别墅与四周环境的协调。罗伯特·文丘里曾这样评介过流水别墅：“流水别墅，没有它四周的环境，就不会那么完美——这是构成更大总体的自然环境的一个片断。没有这一环境，这座建筑就毫无意义。”① 环境的艺术化或艺术的

① ［美］罗伯特·文丘里：《建筑的复杂性与矛盾性》，中国建筑工业出版社1991年版，第94页。

环境化有助于人们审美地把握环境。如 20 世纪 60 年代末以来，一些艺术家们已不满足于把环境当作艺术空间，而要把环境直接作为艺术品来雕塑。1970 年由史密森设计和组织施工的大型“螺旋形防波堤”，创造出了自然界罕见的地景奇观。

环境美学中的环境与艺术有一个共同的目的，那就是营造美的居住环境，用我们建造的、既是我们周围环境的一部分又是自然的一部分的某种东西来创造另一部分自然，来完善已由山川草石组成的世界。为此，环境与艺术应在环境美学的建构中携手并进，而不是在区分中造成两伤。

附录四

闲话居住

著名美国建筑师伊利尔·沙里宁说："让我看看你的城市，我就能说出这个城市居民在文化上追求的是什么。"其实，我们也可以同样地说：让我看看你的居所，我就能说出你是追求什么品位的人。

有的人把居所仅仅作为物质需要的满足地，这类人实现的是欲望性居住；有的人把居所仅仅作为高科技产品的展示台，这类人实现的是技术性居住；有的人把居所作为表达个性、沟通情感、展示才情的平台，这类人实现的是诗意性居住。

居住是人类在大地上的存在方式。欲望性居住是人类初级的存在方式。在这种居住方式中，人忙于满足自己的物性需求，人受制于自己的自然欲望——吃、喝、拉、撒、睡等，居住之于他们而言更多地成为一种满足生理需求的活动。人性的神灯尚未擦亮，精神与艺术之于人来说是外在的，人的灵性尚未舞动起来，人被黑暗的物质世界所吞没。

技术性居住是人类中级的存在方式。在这种居住方式中，人的理性得到极大的发展，人类显示出无与伦比的创造力，火车、汽车、电子、网络……技术"恐龙"与"怪兽"不断地从人类手中脱胎而出，无论身处家中还是身在家外，人类都被自己的科技产品所包围着，人的自由空间越来越小，技术产品的威力越来越大，人陷于一种冷冰冰的技术世界。技术性居住最为明显的感性表达式就是电视机的存在与摆放。在中国，居所的核心是中堂，中堂是摆放“瓶”“镜”、安置神位香炉以求神佑全家五谷丰登六畜兴旺的地方。虽说对神的这种敬畏与尊崇带有一种功利性的目的——通过对神的尊重换来物质的利益，但是，这种居住毕竟还存有对神的那么一点敬畏之心。而今，神位不见了，人们对神的敬畏之心荡然无存，电视机堂而皇之地占据着最为显要的位置。人们定点定时地守在电视机旁，在广告的追逐中掏空自己，在千篇一律的肥皂剧中成为一排排的“沙发土豆”，电视机一变而为生活的“设计师”，人沦为技术的奴隶。

无论是欲望性居住还是技术性居住，都不是真正的居住。因为居住的本意并不是住下来。海德格尔认为，某些建筑提供了房间，人停留于此，但并非在那里居住。居住象征着珍爱和保护、关怀和照顾，正像耕种土地和栽培葡萄。居住是营造一个空间，在此处让物成为物、让人成为人。欲望性居住和技术性居住中，人处于遮蔽状态，人隐而不显。参观一个家庭，就等于参观了所有家庭；到了一个城市，就等于到了世界上所有的城市。与此相反的是诗意性居住。

诗意性居住是人类理想的存在方式。理想居住是生活的世界，而不是一个科学的世界或物质主义的世界。在这个世界里，人与世界保持着统一性，人的灵魂安住于此，人诗意地居住在此世界上。与欲望性居住和技术性居住不同的是，诗意性居住中，人纳物性、理性于自身。无论是人的物性，还是人的理性，都不是片面地发展，相反，物性与理性在游戏中诞生了诗性，人性的神灯闪闪发亮，照亮了一个天、地、人、神共在的世界。人们一方面享受着“绿树村边合，青山郭外斜”、“人行明镜中，鸟度屏风里”、“两水夹明镜，双桥落彩虹”的如画美景，另一方面自由地舒展着自己的个性。在诗意地栖居中，“居之者忘老，寓之者忘归，游之者忘倦”。李天纲认为，巴黎就是这样一座充满诗意的城市，巴黎圣母院悠扬的钟声和时速140公里汽车轮胎滚动发出的沙沙声混合，现代速度和古老文化的和谐统一，让人有说不尽的愉悦。

诗意性居住就是美的居住，美的居住就是游戏，一方面是人与自然的游戏，另一方面是艺术与环境的游戏。

在游戏中，自然之于人不再是恶魔，人之于自然不再是上帝，人与自然之间是邻居与朋友；自然不再向人施暴，人不再命令自然，自然与人之间是不断地诉说与聆听。“清江一曲抱村流”、“一水护田把村绕”、“秋丛绕舍似陶家，遍绕篱边日渐斜”，自然与居民之间是“抱”与“绕”的关系；在园林中，建筑“随径窈窕”，水“因山行水”，“池之水，既有伏行，复有溪行”，而不是“几何行”；修建公路时，公路不是强行的插入与切断地脉，公路世界与自然世界融为一体，并且成为揭开所经过地域历史的“航道”。法国的贝尔纳·拉絮斯把公路世界变成一种景观，就是想打破人与自然、公路与地方居民之间的隔膜，把公路由“入侵者”演变为“开启者”；建造居舍时，不是居高临下地抢占制高点来控制与强迫自然，而是通过与自然的对话邀请自然万物与之共舞。现代建筑大师莱特的“流水别墅”所表达出来的建筑理念就是如此。“流水别墅”是世界上最漂亮居所之一，那儿有山有水有飞瀑。居所不是与瀑布相对而立，相反，居所与瀑布相临，人在居室却可以拂水、临水、观水、听水，瀑布成为居所不可分割的一部分。在这里，居所既不是豪华的“棺材”也不是“住人的机器”，山鸟树木居舍流水共享一片蓝天白云、共同操持着七弦琴，演奏着一曲美妙的乐章。

在游戏中，环境不是物质的对象，艺术不是天国的幻想。不存在人的精神不贯穿于其中而能被感觉到的环境，不存在不通过一定的物质载体而展现出来的艺术。艺术追求美，环境同样也追求美。可居住环境强调功能性，而诗意性的居住环境则强调功能性与审美性的结合。马尔文娜·雷诺兹的抒情诗里所描写的“那山坡上的小盒子/简简单单地做成的小盒子/小盒子，小盒子，小盒子/小盒子全都一个样”是可居住环境，而林语堂先生所说的“我们居住其中，却感觉不到自然在哪里终了，艺术在哪里开始”是美的居住环境。

美的居住是艺术与环境的游戏。袁枚营造“随园”如吟诗作画一般，李渔将居住戏曲化，陈从周先生将园林美与昆曲美相提并论，认为不但曲名与园林有关，而且曲境与园林更互相依存，有时几乎曲境就是园境，而园境又同曲境。美的居住离不开环境的艺术化，也离不开艺术的环境化。城市环境美离不开城市景观，农村环境美离不开农业景观，景观就是艺术与环境游戏的结晶。河北承德避暑山庄之所以令人向往，不仅因为这里山环水抱景色秀丽，不仅因为这里有晨钟暮鼓七十二景，而是因为寂静山林与梵音钟声相合，“万壑松风烟雨楼，神妙幻境斗姥阁”。20世纪60年代末以来，一些艺术家们已不满足于把环境当作艺术背景，而是把环境直接作为艺术品来雕塑。1970年由史密森设计和组织施工的大型“螺旋形防波堤”，创造出了自然界罕见的地景奇观。

美的居住就是美的你。有人说，只有居住，才能思想，其实，居住就是思想，居住是表达思想的一种方式。居所是你的“替身”，你在家时，你就是家，不在家时，家就是你。威尔士郡史前巨石园中的人不见了，我们却可以通过巨石园解读他们的过去；古埃及人不见了，我们却可以通过金字塔接近他们；先秦两汉的人不见了，我们却可以通过兵马俑、经史子籍把握他们。虽然前不见古人，但是通过他们的居住方式，我们仍然可以与之对话。也许后不见来者，但是我们也不必怆然而涕下，因为居住是一本书，我们每个人既是读者又是作者。我们也可以通过对美的居住方式的追求为后人留下一条理解我们的通道。

附录五

“和”与理想居住环境

中国文化的最高理想是“和”，中国美学的最高审美理想也是“和”，有学者说，“和”的观念是中国对世界文化的独特贡献。“和”思维不仅贯穿于中国的哲学、美学、伦理学及政治生活中，而且“和”思维还规定着我们的居住方式。传统的“东边水、西边树、北靠山、南临路”的择宅模式就是“和”思维在居住方式上的一个典型表达式。它表达了位于北半球的中国人，在择居时对四时季节气候、四方地理环境的和谐关系的倚重。在城市化程度越来越高的今天，在科学技术威力日益膨胀的今天，在大片大片的绿草、绿树被钢筋水泥蚕食的今天，我们发现“和”仍然是保证理想居住的关键。但是，这并不意味着让现代人回到“和”的原始状态、回到“离形去智”的无知无欲的“和”的状态，而是达到“和”的高度发展状态。要做到这一点，我们首先必须了解和分析传统居住环境中的“和”，为构筑理想居住方式做好准备。

一　传统居住环境中“和”的表现

（一）合于“自然”

立足于人与自然二分的对象性思维方式，西方人的居住方式大多表现出一种对自然的征服与对抗，而立足于“天人合一”

的非对象性思维方式，中国人传统的居住方式表现出对自然的接纳与顺从，表现出“合”于自然的特质来。“合”于自然的第一个表现是“合”与天；第二个表现是“合于”周边环境。

“合”于天的居住方式，首先表现在对建筑材料的选用上。土和木是中国传统建筑的主要材料。传统中国人选择土与木作为构筑居住世界的主要材料，一方面表明了中国文化的发祥地有着取之不尽的木材与广袤的黄土，另一方面表明了中国人在建筑上的“依从自然”的取向。自然有什么，我们就用什么。当古希腊人开始用漂亮的马赛克来装饰他们的居所时，中国人使用的是木制屏风。当希腊人用精雕细刻的石柱来构建雄伟、庄严的雅典娜神庙时，中国石林地区的居民却用天然的石板造屋。依于自然就地取材，是“合”于天的中国传统居住方式在选材上的一大表现。“合”于天的居住方式，其次表现在中国建筑的外观特征上。中国的建筑，不论是寓所还是庙宇，几乎没有与天地自然争胜的“样子”，而是在对自然威力的遵从中寻找自己的位置。北边有西伯利亚寒流，居所就来个面南朝北；南面时时风起，居所就来个照壁挡着；南方雨水多，南方屋顶坡度就增大……

强调合于自然环境，是中国传统民居的重要特征。“合”于自然首先表现在传统民居选址上强调依山傍水、临河沿路。中国现存的古镇和村落中，最为典型地体现了依山循水、随势赋形的环境意向。如岳阳的张谷英大屋——江南第一村的营构模型采取的就是负阴抱阳，背山面水的格局。在枕山、面水中，四万多平方米的建筑依形顺势而立。有人说，张谷英大屋的建筑完全符合明清“形法派”的风水理论的思想，是一种典型的“天人合一”的文化观念的体现。登高望远的楼台更是遵循着“依山傍水”的思路而建。鹳雀楼下俯黄河，滕王高阁临江渚便是如此。“在欧洲建筑文化中，从拜占庭风格、哥特式，再到古典主义、巴洛克和洛可可风格，无不表现出对建筑自身的夸耀和装饰的偏好。

而在中国文化中，建筑物本身似乎并不重要，重要的是其所在的自然景观……太和门前的曲水和天安门前的金水河，也具有同样的意义，即体现对自然的眷恋与依赖……而在圆明园中，这种对山水的依恋，则体现得更加淋漓尽致。”① 为了与自然环境相应和，人工的居住环境一旦产生，人们就喜欢在宅前屋后，种树栽花，掘池开塘，垒山造桥，创造一种“虽由人作，宛自天开”的人居环境。借景在构筑传统的人居环境中是一大法宝。计成在《园冶》中提出了“巧于因借，精在体宜”的造园技巧。其实，“借景”就是要求人们在构造人居环境时，注重居所与周围环境的关系，将居所置于环境之中，通过对自然环境的借景，使人居环境与山水环境契合无间。邓晓芒认为，中国的建筑讲究与自然天道保持一种和谐关系，体察自然，顺应自然，以免冒犯和触怒自然。中国的“建筑通常都比较注意采光和通气，过道、回廊、门窗上的格子和室内的屏风，尽管重‘叠’，却没有西方石头建筑内部那种阴暗潮湿的死角。这倒并不是由于中国人特别喜欢强烈的光线，实际上他们常常在窗前和院内种上一些遮挡光线的树木和竹林；他们追求的只是与大自然息息相通的亲切感。中国园林中的许多乡间官道边的凉亭则干脆取消了墙的作用，一切都向大自然敞开，一切都融于大自然”。②

（二）合于“秩序”

传统居住环境通过建筑平面布局和空间组织结构上的安排，表现出一种追求秩序的和谐性。无论是民宅还是宫殿，都特别强调中轴与对称，正堂的正与厢房的侧。对于秩序的讲究，对于布

---

① 俞孔坚：《理想景观探源——风水的文化意义》，商务印书馆2000年版，第100页。

② 邓晓芒：《新批判主义》，湖北教育出版社2001年版，第188页。

局的规划，中国人特别的敏感，这一点突出地表现在四合院上。如果说，四合院是展示中国人居住方式的一个“细胞”，那么，历史上的一座座的城池就是这个“细胞”的放大。清华大学教授吴良镛在《北京市旧城区控制性详细规划辩》中写道：“从城市设计价值看，中国古代城市规划学的一个显著特点是将城市规划、城市设计、建筑设计，园林设计高度结合。这在古代城市规划和建筑学中是很独特的。……而北京城更是其中最杰出的代表，因此北京旧城被称为是古代城市规划的‘无比杰作’或‘瑰宝’是毫不过分的。”

的确，故宫是典型的对称性布局，对称地向纵深发展，各组建筑串联在同一轴线上并形成统一而有主次的整体。井然的秩序，给人一种和谐之感。北京古城的建构，严格地遵循着中国古代城市营造经典《周礼·考工记》里提出的原则：“匠人营国，方九里，旁三门；国中九经九纬，径涂九轨，左祖右社，面朝后市。”面对乾隆十五年的清皇城图，我们发现，北京古城内，一条中轴线纵贯南北。在这条中轴线上，各种建筑有序地排列着，组成了建筑的序曲、高潮与尾声。在紫禁城内，从午门到太和门、太和殿、中和殿、保和殿、乾清门、乾清宫、交泰殿、坤宁宫、钦安殿、神武门，既是一条城内的中轴线，又是一条等级序列图。梁思成在《北京——都市计划的无比杰作》一文中描述了北京的城市格局给予人们的视觉冲击。“我们可以从外城最南的永定门说起，从这南端正门北行，在中轴线左右是天坛和先农坛两个约略对称的建筑群；经过长长一条市楼对列的大街，到达珠市口的十字街口之后，才面向着内城第一个重点——雄伟的正阳门楼。在门前百余公尺的地方，拦路一座大牌楼，一座大石桥，为这第一个重点做了前卫。但这还只是一个序幕。过了此点，从正阳门楼到中华门，由中华门到天安门，一起一伏，一伏而又起，这中间千步廊御路的长度，和天安门面前的宽度，是最大胆的空间的处理，衬托着建筑重点的安排……由天安门起，是一系列轻重不一的宫门和广庭，金色照耀的琉璃瓦顶，一层又一层的起伏峋峙，一直引导到太和殿顶，便到达中线前半的极点，然后向北，重点逐渐退消，以神武门为尾声。再往北，又‘奇峰突起’的立着景山做了宫城背后的衬托。景山中峰上的亭子正在南北的中心点上。由此向北是一波又一波的远距离重点的呼应。”

正是因为北京古城如此的讲究“秩序”，以至丹麦学者罗斯缪森（S. E. Rasmussen）认为，北京城乃是世界的奇观之一，它的布局匀称而明朗。美国建筑学家贝肯（E. N. Bacon）认为：在地球表面上，人类最伟大的个体工程，可能就是北京了，北京整个城市深深沉浸在仪礼、规范和宗教意识之中。美国规划学家亨瑞·S. 丘吉尔认为，北京的城市设计像古代铜器一样，俨然有序和巧为构图，整个北京城的平面设计匀称而明朗是世界奇观之一。

二　反思传统居住方式中的“和”

中国传统居住文化追求天人之间的和谐、追求人与自然环境的和谐，表现出对自然环境的尊重，这一点是值得今天居住环境的建设者借鉴的。正是在这一点上，著名城市规划家、新加坡国家艺术理事会主席刘太格特别推崇中国的四合院，他认为，四合院是基于北京的气候而产生出来的建筑造型，是最适合于北京的。他说：“我曾去过几个四合院，我知道尤其在春天、秋天的时候，院子里阳光明媚，那个居住环境太美了。”① 但是在北风呼啸的严冬走出院子才能到胡同的公共厕所的现代市民，却希望走出四合院，搬进功能俱全的现代公寓。一些具有反叛精神的作

① 转引自王军《城记》，三联书店 2003 年版，第 26 页。

家，也对四合院这种建筑形式对居民的文化心态的影响进行披露，认为正是四合院的封闭性妨碍了人的创造性。可见，现代人理想居住环境的构建，并不能照搬照抄传统居住模式。

反思传统居住环境，是建构理想居住环境的前提。反观传统居住环境，我们发现在注重人与自然的谐和时，传统居住方式更多地是以人对自然的服从为前提的，人在自然面前表现了一种被动性。其次，居住环境的秩序性和谐更多地表达为一种对伦理等级秩序的渴求。

（一）重伦理等级

宗白华认为，中国古代艺术的“第一个方向是礼教的、伦理的方向。三代钟鼎和玉器都联系于礼教，而它的图案画发展为具有教育及道德意义的汉代壁画（如武梁祠壁画等），东晋顾恺之的女史箴，也还是属于这范畴”。[1] 中国的居住文化也不例外。西方居住文化虽然也讲秩序、讲和谐，但那是“数的和谐”，法国的凡尔赛宫就是追求“数的和谐”的典范，而中国居住文化中的和谐更多地与伦理道德有关。同是讲中轴线，在西方人那里是几何图形，而在中国人眼里却是中心与正道。表面是中轴对称布局，背后张扬的是儒家所推崇的“礼”。

“江南第一村”张谷英大屋的布局突出地体现了对等级秩序的尊重。张谷英大屋由纵中轴线与横中轴线组成“丰”字形建筑结构。纵中轴线上是主堂，两侧依地势呈对称地伸出横堂。主轴正堂由族长及其长子一族居住；两侧的横堂由分支家族居住；厢房则由家族里的每一个小家庭居住。按辈分各居其所，古老的张谷英村的居住方式是宗法家族社会的等级秩序的体现。家族宗派式建筑定制是中国人居住方式的一大体现。梁思成认为：“从

① 宗白华：《美学与意境》，人民出版社出版，第241页。

古代文献、绘画一直到全国各地存在的实例看来，除了极贫苦的农民住宅外，中国每一所住宅、宫殿、衙署、庙宇等都是由若干座个体建筑和一些回廊、围墙之类环绕成一个个庭院而组成的。一个庭院不能满足需要时，可以多数庭院组成。一般的多将庭院前后连串起来，通过前院到达后院。这是封建社会‘长幼有序，内外有别’的思想意识的产物。越是主要人物或需要和外界隔绝的人物（如贵族家庭的青年妇女）就住在离外门越远的庭院里。这就形成一院又一院层层深入的空间组织。”① 北京故宫中，午门和太和、中和、保和三殿序列就是为了在朝贺时表现统治者在“万人之上”的尊严而设计的。

没有节奏与秩序，即使不是建筑的死亡也是建筑的疾病。但传统居住方式讲究的秩序与节奏，却蕴涵着道德礼教的内容，并往往成了一种表达“礼”的具象形式。所以，理想居住方式在汲取传统居住方式中的秩序与节奏时，必须剔除其封建等级的糟粕。

（二）人合于天

中国传统居住方式，更多地表现出一种“人合于天”的取向。这种取向来自于中国人的环境意识。环境意识的核心观念是人与自然的关系，这种关系在中国古代被称之为“天人关系”。中国古代关于“天人关系”的学说主要有三种类型：一是以庄子为代表的任自然的思想；二是以荀子为代表的改造自然的思想；三是以《易传》为代表的“天人合一”的思想。庄子主张“不以心捐道，不以人取天”和“无以人灭天，无以故灭命”，以达到“畸于人而侔于天”的境界。荀子主张“制天命而用之”。荀子的“制天”思想在中国并没有成为主流，成为主流的

① 梁思成：《梁思成文集》四，中国建筑工业出版社1986年版，第241页。

是《易传》中所宣扬的“天人合一”思想。《易传》综合庄子的“顺天”思想和荀子的“制天”思想，提出了“天人合一”的思想，即“与天地合其德，与日月合其明，与四时合其序，与鬼神合其吉凶，先天而天弗违，后天而奉天时”。相比于“顺天”与“制天”的思想，“天人合一”更注重人与自然的和谐，这无疑是一种进步。但是《易传》所宣扬的这种和谐只能算是一种原始的和谐。由于主体并没有成长起来，没有经历发展自身就直接地回复到自身，故这种和谐的实质与庄子所说的“顺天”是没有什么区别的，即人合于天。

在这种“人合于天”的“天人合一”观的影响下，中国人的建筑文化意识里，一向是把建筑看作自然环境系统的有机构成，追求的是建筑与有关人文环境的和谐统一。“当建筑必须面对自然的时候，它并不把建筑看作向自然进击、从而征服自然的一种手段与方式，而是努力融渗在自然之中。”①

虽然“天合于人”的居住方式容易导致环境的破坏及人与自然的对立，但“人合于天”的居住方式，则容易养成人的奴性。“人合于天”的“和”是一种被动的和谐，或者说是一种让人消融于自然的“和”。这种“和”是一种原始的和谐，一种抽象的和谐、潜在的和谐或形式的和谐。在这种“和”中，作为主体的人没有强烈的自我意识、人与自然的“和”最终落入了和谐的反面。在这种居住方式中，由于主体精神并没有得到张扬，人在环境中更多地带有被动色彩，人们的居住方式虽然简洁，但居民生活清苦。初级阶段的和“合”住宅，居民只能得到某种程度的满足。在城市化成为必然趋势的今天，“人合于天”的传统居住方式虽然能在宜人性方面给我们提供一些借鉴之处，但是却不能满足城市居住紧密、多样、高效的需求。

① 王振复、杨敏芝：《人居文化》，复旦大学出版社2001年版，第194页。

三 理想居住环境中的“和”

（一）天人相合

理想居住方式既不是“人合于天”，也不是“天合于人”，而是“天人相合”。“天人相合”的前提不是让天失去天性、不是让人失去人性，而是让天成为天，让人成为人。由于天是自在的、遮蔽的，只有当它与具有自我意识的人相遇时，天的妙处才可能呈现或被揭示出来。也就是说，只有当人作为存在者存在时，只有当人与天各是其是时，“天人相合”才成为可能。在“天人相合”的居住方式中，人积极地利用而不是被动地顺从天的天性以达到人的目的。正如伦敦郊区的那帮快乐的农夫。在英国伦敦东大约100公里的伯格霍尔特的老厅别墅，居住着60多名公社社员。这几十位现代农夫，如今过着如痴如醉的花园式的田园生活。他们虽居住在旧别墅里，但是他们并不像往日的农夫那样劈柴烧煤用来取暖与做饭，住进这个生态定居点的人们不再使用产生二氧化碳的矿物资料，他们所需的能量来源主要来自风力涡轮机、太阳电池板、阳光以及居住点的居民——每人每天可以用体温发电300瓦。这才是一种理想的居住方式。

其实，北京的四合院也可以在构筑理想居住方式中提供可资借鉴之处。“马来西亚的世界著名生态建筑设计大师杨经文，在北京召开的一个建筑论坛上，结合四合院建筑，阐述了他的理论框架：建筑可分成几类，一类是无须电能与机械作用即可保证室内舒适度的，一类是部分需要电能与机械作用以保证室内舒适度的，一类则是完全依赖电能与机械作用的。他认为，最好的建筑应是第一种，比如北京的四合院，最差的则是最后一种。‘你看，四合院无须电能与机械，只是把建筑设计与院落内的生态环境结合起来，就冬暖夏凉，保证了舒适度。我的设计正希望达到这种效果。’”[①] 当然，设计大师杨经文的意思并不是照搬照抄四合院的设计，而是融四合院的生态设计于现代建筑之中，构建出一种适合于现代人居住的“四合院”。

（二）整体性“合”

居所是不能“独善其身”的，它必须与环境配合协调。德语中表示环境的词 Umwelt 意思是周围（Um）的（Welt）世界。Um 表示空间，有周围、环绕之意。Welt 表世界、宇宙、地球、世间等意思。Umwelt 环境的主体是人，我们所说的环境也是对人而言的环境。人的环境可以分为自然环境、社会环境、文化环境。但是，这些环境并不是彼此独立的，而是以相互融合的形式构成一个整体的生活环境。为此，建筑师在设计居所时，不仅要考虑周围的自然环境，更要考虑当地的风俗与历史文脉。只有这样，才能构建一个具有整体性和谐的居住环境。现代建筑大师赖特的“流水别墅”、“纽约古根汉姆美术馆”等“有机建筑”在这方面为我们提供了丰富的实例。赖特认为“有机建筑”的“‘有机’二字不是指自然的有机物，而是指事物所固有的本质，‘有机建筑’是按照事物内部的自然本质从内到外地创造出来的建筑。‘有机建筑’是从内而外的，因而是完整的；在‘有机建筑’中，其局部对整体即如整体对局部一样，例如材料的本性，设计意图的本质，以及整个实施过程的内在联系，都像不可缺少的东西似的一目了然”。[②] 赖特设计的住宅、别墅与自然、地貌、风俗形成一个整体，好像是从整个环境中生长出来的一样。

只有做到整体性“合”，才能保证居住方式上的多样性与地

---

① 王军：《城记》，三联书店 2003 年版，第 27 页。

② 李砚祖：《环境艺术设计的新视界》，中国人民大学出版社 2002 年版，第 192—193 页。

区特色。1987 年，亚洲建筑师协会曾专门开会讨论城市的“特色危机（identity crisis）”问题，认为要创造某一地区的居住特色，必须在注意城市结构、城市形态、城市绿化、城市景观的同时，考虑本地居民的集体记忆等文脉方面的问题。现在已经有个别的房地产开发商意识到这个问题，这一点我们甚至可以从他们的销售理念的转变——“卖房子”到“卖居住文化”中感觉到。

（三）主体性“和”

住宅是每个人对生存方式的一种构思，居住方式是每个人表达自我的一种形态。理想的居住方式必须与主体的需求相应和，而这一点是传统居住方式所不能提供的。

人是自由的。理想的居住方式必须满足人自由的需要。传统居住方式虽然注重到了节奏与秩序，但是这种节奏与秩序又被沉重的封建礼教的东西所浸染。在传统居住环境中，人的个性得不到张扬，人变得循规蹈矩。同样，现代建筑中的功能主义者在集中解决数量的问题时，忽略了人的个性与尊严。与此不同的是有机建筑学派，以赖特为代表的有机建筑学派更多地考虑了人的自由问题。有机建筑力图创造一种不但本身美观而且能让居民展示自由活动场所。巴黎蓬皮杜艺术文化中心内部有极为宽阔的展览大厅，这让很多人不解。该建筑的设计人之一的罗杰斯认为：我们把建筑看成是人在其中应该按自己的方式干自己事情的自由的地方。建筑应当设计得能让人在室内和室外都能自由自在地活动，自由和变动的情况就是房屋的艺术表现。蓬皮杜艺术文化中心内部巨大的展厅，就是方便使用者根据所需自由围合不同的空间而设计的。

人是有创造性的。理想的居住方式必须为人的创造性提供展示的场所。比如说，当你为孩子围合一片美丽的空间时，当你为孩子搬回七彩的家具时，你一定不要忘了留给孩子一片“涂鸦墙”。乱涂乱画是孩子的天性，也是孩子创造性的一种表现形式。只有在居所中对孩子的这种创造性进行呵护，才能保证孩子长大成人后成为有创造性的主体。

人是有个性的。理想的居住环境表露着主体的个性，要求居住环境合于主体的心意。特别是室内的装饰一定是与自己的爱好与性格相一致，而不是随大溜盲目地从众。崇尚简洁的人不会在繁琐的居住氛围中感到惬意；崇尚稳重的人不会在亮丽的色系中感到舒心。其实，德语中“居所”（Wohnung）本来就有让人舒心之意。现代的年轻人在装饰自己的新家时，特别反感将墙刷成统一的白色，更忌讳统一的黄色木地板。他们喜欢把墙刷成自己喜欢的颜色，让居所成为展示个性的舞台。

人是有沟通欲望的。传统居住方式一方面是比较分散，另一方面是比较封闭，它不利于人之间的相互交往，容易造成鸡犬之声相闻、老死不相往来的封闭性居住环境。而现代的一些居宅虽然密集，但也没有对于人的沟通与交流的需要给予足够的重视。在对北京某高层住宅的百户居民进行调查后，人们吃惊地发现：“不知邻里姓名的占72%，不知工作单位的占68%，从不串门的占95%，了解邻里社交爱好的占1%，根本没有交往的占93%”。[①] 造成这种封闭性居住环境的原因之一，是因为营造住宅的人“见物不见人”。比如说楼梯，在现代居住中仅仅是一个过道，一个匆匆而过的通道。而在理想居住方式中，楼梯不再是一个简单的过道，而是人与人交流的一个平台。楼梯不再是千篇一律地藏于楼内，它可以移出庭院甚至向外挑出。

理想居住环境是生活的世界，而不是一个科学的世界或物质主义的世界。在这个世界里，人与世界保持着统一性，人的灵魂安住于此，人诗意地居住在此大在上。人们一方面享受着诗人孟

① 张仙桥：《试析城市住宅的社会因素》，载《社会学研究》1988年第4期。

浩然的“绿树村边合，青山郭外斜”所描写的怡人美景，另一方面自由地舒展着我们的个性。在这种居住环境中，“居之者忘老，寓之者忘归，游之者忘倦”。

附录六

建设崭新的乡村生活方式

一 问题提出的背景

在西方，“生活方式”的提出是与技术理性对人的异化相关联的；在中国，“生活方式”的提出是与以“阶级斗争为中心”到“以经济建设为中心”的社会重心的转变相关的。技术文明一方面创造了丰厚的物质财富，改善了人们的生活水平与生产条件，改变着人们生活的整个世界，另一方面也造成了人类生存状态的异化。异化的人的生活成了哲学家、美学家关注的一个焦点。无论是福柯，还是克尔凯郭尔，都把“生活”、“生活方式”作为自己思想的生发地，他们一方面批驳工业文明下人的异化、人的生活方式的异化，另一方面把人的拯救、人的生活方式的拯救放在审美上。中国在改革开放以前，人们关注的是阶级斗争，而不是生活方式。即使有人提及生活方式，也是在贬义上使用的，如“小资产阶级生活方式”。改革开放以后，随着工作重心的转移与思想的解放，生活方式成了人们极为关注的字眼。人们大胆地谈论生活、享受生活、美化生活、追问如何生活得更好更美，甚至出现了“生活方式研究热”。

“乡村生活方式”的提出，一方面承续着技术文明下生活方式异化的问题，另一方面缘于城市化过程中所导致的人的生存的困境。随着科学技术的不断发展，征服自然的能力逐渐提高，人类开始了对自然的掠夺性开发，导致了全球性的环境危机和生态失衡，如自然生态系统的被打乱，土壤和水的污染，物种的灭绝，大气污染造成的森林的枯死，臭氧层的破坏等；随着城市化过程的不断推进，城市人口的剧增，城市居民的生活如住房、卫生、治安、交往等方面出现了大量问题。面对城市化带来的一系列环境问题与社会问题，社会学家费迪南德·滕尼斯从城市生活方式方面对城市化进行批判，路易斯·沃思从城市性方面对城市生活方式进行解剖。无论是费迪南德·滕尼斯，还是路易斯·沃思，他们都表示了一个共同的特征：那就是对城市生活方式持悲观态度。正是在这种现实背景下，一部分环境美学家从重建人与自然的和谐，建立宜人的生活方式的角度出发，提出了“乡村生活方式”的概念。在他们看来，“乡村生活方式”有助于缓解城市化过程中人与自然的对立导致的人的异化，“乡村生活方式”有助于克服“城市生活方式”的不足。

无论是中国还是西方，“生活方式”成了人们关注的问题，成为这个时代需要讨论的问题。不过，在中国，对于生活方式的探讨表明的取向是：对乡村生活方式的不满和对城市生活方式的向往。而在西方，对于生活方式的关注表明的取向是：对城市生活方式的不满和对乡村生活方式的向往。经历着高度的现代化与城市化的西方，出于对技术理性的霸权话语的反驳而转向青睐乡村生活方式。在中国，由于城市化程度还不高，人们正行进在对城市生活方式的拥抱中。但是，我们应该在走自己的现代化之路中，高度重视西方人对于城市生活方式的反思。我们完全不必等到城市化、技术化的问题完全暴露了之后再来反思城市生活方式，我们也不必把城市生活方式的苦头全部尝遍后再来批判城市生活方式。我们完全可以提前开始我们的反思历程，提前审视我们的生活方式。特别是在全球化的今天，世界性的问题不可能不对我们产生影响。我们应该在我们的城市生活方式还没有变得像西方的城市生活方式那样令人不堪忍受之前，寻找出一种符合人性的、适合于人类生存与发展的生活方式。

这种生活方式应该既不同于传统的乡村生活方式，也不同于城市生活方式，它是一种对城乡生活方式进行整合后的生活方式。这种崭新的生活方式既超越了传统的乡村生活方式，又超越了城市生活方式，它是在更高层次上的向乡村生活方式的回归，是一种崭新的乡村生活方式。

二　生活方式的城乡之比

如果说，城市是城市生活方式的载体的话，那么，农村则是乡村生活方式的载体。城市有城市的特点，农村有农村的特色。在城市，人们在室内工作，在农村，人们在大自然中耕作。在城市，人们的生活紧张而刺激，在农村，人们的生活舒缓而平和。为了理解现代文明下西方人对乡村生活方式的怀恋之情，我们可以通过城乡对比，来把握乡村生活方式不同于城市生活方式的独特之处。

（一）从人与自然的关系来看，乡村生活方式具有一种和谐性

在“乡村生活方式”中，人与自然是相互依存的，人对于土地有着浓浓的依恋之情。面朝黄土背朝天，放眼望去是农田，人无时不在自然田野中，自然中的人与自然中的农田成为一个整体。在这个天、地、人共在的世界，人与自然合二为一，人感受着自然的韵律，并通过农耕活动把自然的节奏展现出来。

首先，农耕的对象不是无生命的矿物质，而是有生命的动植物。动植物都有生有死、有荣有枯，在培育动植物的过程中，人不仅感知春夏秋冬、感受自然的四季，而且体会到人生的四季，

并在人与自然的亲近中体悟生命的节奏。

其次，农业生产是在与自然的相互协调中进行的。人听命于大地的召唤，顺应农时，春播、夏耘、秋收、冬藏。而在“城市生活方式”中，人与自然之间的直接性与亲密感消失了。为了满足越来越多的城市人口所需的物质生活必需品，人们强求自然、掠夺自然。人与自然之间不再是共生相扶的关系，而是掠夺与被掠夺的关系。人限定与强求自然，而不是照料与守护大地。土地变成煤矿、田野变成工厂，人与自然的和谐不见了。正如马尔库塞在《当代工业社会的攻击性》一文中所指出的：由于商业扩张和商业人员的暴行污毁了大自然，攻击性进入了生活本能的领域，使大自然越来越屈从于商业组织。

（二）从人与人之间的关系来看，乡村生活方式具有非功利性

在“乡村生活方式”中，人们的交往是非常有限的，并且主要是以血缘和地缘为主。但是，人们之间的交往往往具有浓厚的感情色彩，以人为本而不是以事为本，人们在交往时往往是“全面介入”而不是“有限介入”。在乡村生活中，交往的方式主要是聊天，通过谈话达到一种理解、沟通与认同，这是一种交感式的非强迫性的交往方式。“乡村生活方式”的非功利性在沈从文的小说《边城》中得到了淋漓尽致的表现。但是，在“城市生活方式”中，由于城市人是作为彼此高度分化的角色相遇，所以，他们在人际交往中是以专业化的角色出现的，采取的是事本主义。虽然城市人比乡村人接触的人多得多，但是这种接触往往是肤浅的、短暂的、支离破碎的和非情感投入的。城市人在与他人交往时，更主要的原因是因为自己需要的满足不得不依赖于他人。因此，城市人在交往时，不是想到他是谁，而是想他是干什么的，而人们之所以要交往，是因为有事要办。对于不能满足自己需要的人，哪怕他是近邻，也是“老死不相往来”。与乡村生活方式相比，城市生活方式中人与人之间缺少信赖与关怀，人与人的关系变得功利化、经济化、商品化、冷漠化。汤因比曾说过：“生活在巨大公寓群中的人们，彼此只是物理意义上的邻居，个人之间几乎没有什么接触。”[①] 在对北京某高层住宅的百户居民进行调查后，人们吃惊地发现：“不知邻里姓名的占72%，不知工作单位的占68%，从不串门的占95%，了解邻里社交爱好的占1%，根本没有交往的占93%。”[②]

（三）从人与社会之间的关系来看，乡村生活方式具有人文性

现代社会是一种典型的技术社会，这一点突出地体现在城市生活中。城市化离不开科学技术，科学技术渗透到城市生活的方方面面。为了适合城市生活的快节奏，技术在城市生活中扮演着越来越重要的角色，以致演化为一种主导力量。在工业生产中，工人通过对技术的控制达到高效，但是工人在对技术的控制过程中往往反被技术控制，受制于技术所规定的程序与规范。人成为机器的一部分，成为它的附属物，而不是它的主人。结果，“科学——技术理性和操纵结成社会控制新形式”。[③] 人的全部生活包括人与社会的关系变成了科学技术的综合体，人的尊严、人的地位、人的个性、人的创造性被遮蔽了。

本来，“消费活动应该是一个具体的人的活动，我们的感觉，身体的需要，我们的美学欣赏力应该参与这一活动。也就是说在这一活动中我们应该是具体的、有感觉的、有感情的、有判

---

① 汤因比：《展望二十一世纪》，国际文化出版公司1985年版，第43页。

② 张仙桥：《试析城市住宅的社会因素》，载《社会学研究》1988年第4期。

③ 马尔库塞：《单面人》，湖南人民出版社1988年版，第124页。

断力的人；消费的过程应该是一种有意义的、有人性的、有创造性的体验”。[①] 但是在技术主宰着的“城市生活方式”中，消费活动却变成了一种可被操作、被控制的活动。人们所购买的物品大多不是出自于主体的需要与选择，而是受控于广告与消费宣传活动。就连人们的休闲方式也是由外界控制的，比如受制于专业演艺人员、受制于大众传媒与娱乐专家，主体的选择在这里受到限制。失去个性的休闲方式，钝化了人们的精神触觉，人们在物质快餐与精神快餐的享受中，变成了电视机前的一排排“沙发土豆”，甚至变成了“模仿秀”中的沉醉者。

可见，城市生活更多地受制于科学理性，个性化的人生存于理性的“框架”中。对效率的注重所带来的整齐划一在城市生活中处处可见，单个的、活生生的个体的生活方式及其思维方式无不在标准化、规范化中运作。逻辑化、工具化的科学理性使人的活动方式化繁为简、化多为一，造成生活形式的千篇一律。这种千篇一律削弱了日常生活形式的丰富多彩，也冲淡了生活的诗情画意，造成了乔治·里茨尔所说的社会的“麦当劳化”。

与受制于科学理性的“麦当劳化”的城市生活方式不同，乡村生活方式具有更多的人文性。在乡村生活方式中，技术没有成为上帝，人体现出更多的自主性来。比如在农耕活动中，农耕的对象是丰富的，人们可以选择不同的农作物，也可以选择不同的耕种方式，使用各家创制的不同器具，经营各自不同的农田。作为个性化存在的人在这里创造性地生存。正是在这种意义上，有人认为农耕是一种空间艺术的创造。克尔凯郭尔甚至把农耕中的“轮作方法”（即在耕作时不断变换作物和耕作方法）称之为审美方式。在“乡村生活方式”中，人们的休闲方式虽然有限，

---

① 弗洛姆：《孤独的人：现代社会中的异化》，转引自《哲学译丛》1984 年第 4 期。

但却是自发展、自组织的活动，并由此而产生丰富性。居住方式是每个人对生活方式的构想的最为形象的表达。乡村民宅姿态各异、风格多样，这种多样性就是丰富多彩的乡村生活方式的直观表达。但是在城市中，住宅丧失了它们的个性，走向千人一面。特别是在功能主义的影响下，建筑变成了技术理性的代言人，城市居民成了"灰色鸟笼中的鸽子"。

通过上面的比较，我们发现"乡村生活方式"蕴涵着极大的审美性。但是乡村生活方式有新旧之分、有现代与传统之别。我们既不能对"乡村生活方式"持摒弃态度，把城市问题归结为乡村文明对城市文明的侵入，也不能在现代化、城市化成为趋势的今天主张回归传统的、旧有的乡村生活方式。旧有的乡村生活方式必须进行现代转型，才能成为一种崭新的、宜人的生活方式。

三　乡村生活方式的新旧之比

如果说通过城市生活方式与乡村生活方式的对比，使我们反省了城市生活方式的不足，发掘出乡村生活方式的宜人性的话，那么通过新旧乡村生活方式的对比，则可以提醒我们在建设崭新的乡村生活方式时一定要避免旧有的乡村生活方式的不足。乡村生活方式的新旧对比是构建崭新的生活方式的前提。

崭新的乡村生活方式不同于旧有的乡村生活方式，这种不同主要表现在如下几个方面：

（一）崇拜与审美

通过城乡生活方式的比较，我们知道在乡村生活方式中，人与自然是一种和谐的关系。但是这种和谐在新旧乡村生活方式中的表现是绝然不同的，在旧的乡村生活方式中，人与自然的和谐是一种原始的和谐，自然在人面前显示出一种难以理解与把握的神秘性。人匍匐于自然、服从自然，人在与自然的关系中表现出一种被动性。或者说，人在自然的伟力面前隐而不现，人的主体性被自然吞没了。在崭新的乡村生活方式中，人与自然的和谐是一种新的和谐，这种和谐以承认自然的物性、承认人的人性，尊重自然又尊重人为前提。人既不像旧的乡村生活方式中把自然当作崇拜的对象，也不像城市生活方式中把自然当作征服的对象，而是以审美的眼光来看待自然。人与自然之间是一种伙伴关系。

在崭新的乡村生活方式中，农夫通过耕作活动，一次次地亲近大地。在耕作活动中，大地作为大地向人展开，人作为人向大地展开。农夫播下种子，种子的生长离不开阳光与雨露，离不土壤的肥力。于是，作物汇集了天与地。当作物成熟时，农夫就把作物收集以供人们食用。种子从人手中出去，经过大地、天空又回到人的手中。大地、天空在人的耕作活动中，作为"合作伙伴"而出现，而人则充当了养育与照料的角色。用海德格尔的话来说就是，"在播种谷物时，农民的活动是把种子交托给生产力，并看守着它的生长发育"。①

在崭新的乡村生活方式中，城市居民把自然当作审美的对象。农村成为人们亲近自然的场所，农业变成一种景观。景观农业作为生产性与审美性相结合的产业，不仅满足着人们的物质需求，而且满足着人们的精神需要。

（二）科技的匮乏与技术的人文化

在旧有的乡村生活方式中，人利用科学技术的水平是很低的。为了生存，人们不得不年复一年、日复一日地依赖体力进行艰苦的劳作，过着年头忙到年尾却落得个丰年肚饱、饥年肚瘪的

① 宋祖良：《拯救地球和人类未来——海德格尔的后期思想》，中国社会科学出版社 1993 年版，第 54 页。

俭朴生活。在城市生活方式中，人过于依赖于科学技术，在对科学技术的盲目崇拜中成为被俘者。而在新的乡村生活方式中，人们一方面利用技术提高生产效率，减少用于劳作的时间，增大可以自由支配的休闲时间，为人的再创造提供条件。另一方面人们注意克服技术至上带来的局限，限制现代技术的无限度发展，避免技术对人文社会的巨大破坏，走技术的人文化之路。

在新的乡村生活方式中，人们利用科学技术，但是这种利用以尊重对象为前提。人们不仅可以对技术对象按其必须被使用的那样加以使用，同时能够让这些对象立足于自身。用海德格尔的话来说，就是“让技术对象既入于我们日常的世界，同时又出于这世界，即立足于自身的事物”。[①] 也就是说，人可以利用技术，但是要在不违背事物的本性的情况下使用。比如旧的农业、畜牧业是靠天吃饭，虽说是没有违背动物与植物的本性，但是由于科学知识的匮乏往往导致事倍功半，低效的生产不能满足日益增多的人口的需要。在新的乡村生活方式中，人们一方面利用现代科技进行耕种与放牧，另一方面遵循土地的属性与动物的本性。在这方面，荷兰的养牛业为我们提供了一个很好的案例。在世界上，荷兰的养牛业并不是现代化、技术化程度最高的，但荷兰牛奶却是享誉全球的世界品牌。到过荷兰、参观过荷兰养牛业的人都认为，荷兰的奶牛是世界上最幸福的奶牛。在技术人员的安排下，荷兰的奶牛充分地享受阳光、新鲜的空气与丰美的草地，然后高兴地奉献出自己的牛奶。

（三）等级与平等

乡村生活方式注重人与人交往中的“全面介入”与情感投入。但是在中国旧的乡村生活方式中，情感的投入是与血缘密切

① 参见海德格尔《冷静》，第23页。

相关的。而建立在血缘基础上的宗法制从政治上确保了人际交往的等级性。温情脉脉的背后是严格的等级制度，情感的投入受制于等级的栅栏。人的交往活动无时不遵循着立足于宗法血缘亲情而建立起来的三纲五常、三从四德的礼制秩序，“发乎情，止乎礼”。以血缘为基础的等级交往具有极大的地方性与排他性并且往往是唯情不唯理、唯情不唯法。殷海光曾谈及这种重血缘、唯情感的观念之于现代化的副作用。他认为：“在传统中国，亲戚六眷一来，现代化的公司行号就开不好，现代化的政治组织也形成不了，甚至一本现代化的刊物也办不出。血缘关系是原始的，是利害与共的，也是唯感情主义的。所以，血缘关系在发生它的功能时，常使人只问恩怨，不问是非；常使人只讲情分，不管对错。结果，这类人满脑袋盘算的都是人情方面的亲疏厚薄，满身缠绕的都是人事牵连，一天到晚小心留意的是人际的得失利弊。”[①] 而新的乡村生活方式中，以血缘为基础的宗法制已经不存在了，人与人之间的交往是平等的，并且这种平等不同于城市生活方式中的“均质”性平等，它以尊重每个人的个性为前提。在这种生活方式中，每个人是一个独特的个体。人们不再凭着他们的身份、地位、血缘在交往中取胜，而是凭着他们的独特性来与他人交往。每个人都打开自己，把自己的一切展示出来。结果，他们在交往中接受了别人，又被别人所接受。这种交往方式超越了以血缘为基础的、以等级为特征的旧的交往方式中的狭隘性。

四 建立崭新“乡村生活方式”的意义

在城市化日益成为人类发展的趋势并出现了“农夫的终结”的今天、在人与自然的关系日益对立、环境破坏日益严重的现

① 殷海光：《中国文化的展望》上，第154页。

在，我们提出“乡村生活方式”不是为了发思古之幽情，也不是为了回归古老的乡村生活方式，而是为了探索未来生活方式的走向问题。

很早以前，就有哲学家、思想家对乡村情有独钟。在工业化大踏步前进、人们快活地享用产业革命的成果时就倾心于大自然的卢梭就对乡村怀有一份特别的情感。卢梭作为乡村中的“自然之子”，不仅对于乡村生活乐此不疲，甚至还把城市与乡村进行对比，他说：人类越是密集就越是腐败，而使人复活的是乡下。像农夫一样劳作，像哲学家一样思考，是教育的理想境界。理想的人爱弥儿就诞生于这种理想之境。屡屡在官场失意的陶渊明，最后也是在乡下找到了自己精神的归根地，创作出了大量的田园山水诗。如果说“语言是存在的家”的话，那么，陶渊明正是在乡村找到了使自己存在的“农家语”。《乌托邦》的作者托马斯·莫尔，《太阳城》的作者康帕内拉，无不将“理想之城”设立在一个农业社会之上。显然，这种“不约而同”是不能用“巧合”二字来解释的。

今天，在城市化程度很高的日本和城市化快速发展的中国，出现了不少农业哲学的专著，这不是偶然的现象。农业是有关“生”的，农业又被称之为“生业”、“农活”等。在日本农学家祖田修看来，“农活”是人性的综合。农活的循环性是一种生命的循环，在这种生命的循环中，人们渐渐体会到生命的韵律，并进而对自然怀有一种感恩与敬畏。祖田修还对农业和农村所具有的诸种功能进行列表分析，认为农业和农村不仅具有经济功能、生态环境功能，而且还有社会文化功能。社会文化功能包括一般性功能、社会交流功能、福利功能、教育功能与人性复原功能。一般性功能可以保持社会多样性、克服专业化和单纯化。教育功能可以培养人的创造性、让人理解与走进自然。人性复原功能可以缓解城市生活的紧张、可以为人提供自然的休养场所、可以提供一种非物欲的丰盈与生活的多样化。德国的佛立丘甚至认为，大城市是使人变成白痴的“文化猪圈”，而唯有农村才是全体国民的活力和健康的源泉。2002 年 8 月 20—22 日，亚洲农业经济学家协会第 4 届年会在马来西亚的 Alor Setar 市召开，谈到农业的重要性，农业经济学家们认为农业是乡村生活方式的精华，乡村田园风光是工业化社会中一个必不可少的休闲环境。农业构成了全球多样化景观的大部分和独特的乡村生活方式。无论是工业化国家还是发展中国家，农业对于社会稳定、经济的持续发展和国家安全都至关重要。

因此，以农村农业为基础的崭新的“乡村生活方式”的提出，在我们这个“农业大国”意义深远。在推进现代化建设的过程中，中国的经济发展迅速，工业化、城市化的速度逐步加快，“天人合一”的关系被破坏，沙漠化日益严重、环境污染日益加重。人的生存环境出现了不少的问题，人渐渐陷入了污水、污山的包围之中，适合人生存的空间越来越小。在这种情况下，提出崭新的“乡村生活方式”，一方面凸显了农业在中国的重要性，无农不稳，另一方面有助于克服城市化过程带来的一系列问题。

首先，通过崭新的“乡村生活方式”的提倡，拉近城市人与乡村人的距离，杜绝将城市人与乡村人决然二分的思维方式，让城市人从乡村生活方式中体味出乡村人的独特性，为城市与乡村的真正融合奠定基础。费迪南德·滕尼斯之所以被后人批驳，就是因为他对生活方式的研究存在着一个致命的弱点：城乡绝对化，没有为城市生活方式的不足指出一条解决途径。

其次，通过崭新的“乡村生活方式”的提倡，拉近人与自然的距离。在城市生活中，空间是有限的，田野是远离的，人与自然之间是相隔膜的，人更多的是以一种功用的态度来对待自然。而在崭新的“乡村生活方式”中，人与自然是相互依存的，人更多的是融身于自然，与自然万物打交道。人与自然的关系带有一种主客不分的审美性。正是在这种人与自然相亲相依的意义上，祖田修认为，农业劳动是对人性的综合，有助于使人成为完整的人。

最后，通过崭新的“乡村生活方式”的提倡，拉近人与人的距离。在城市中，人与人之间是角色交往，这种交往是肤浅的，容易导致人与人之间冷冰冰的关系。而在崭新的“乡村生活方式”中，人与人之间的交往是深入的，人与人的交往往往是终身的、情感化的。

五　建立崭新生活方式的途径

“乡村生活方式”的提倡，并不意味着我们要回到从前的农业文明时代，像英国各地的40万名乡下人为维护自己的传统生活方式到大都市伦敦举行游行示威，抗议政府阻止捕杀狐狸，也不是要我们完全否定现代工业文明。而是说，通过对“乡村生活方式”的回忆，汲取乡村生活方式中宜人的一面，为建立一种现代的、宜人的、崭新的乡村生活方式提供理论支持。

生活方式是人的生活活动的方式，是人的生存方式，是人对生活的赋形与创造。通过活动、通过生活，人得以完善与完美。也就是说，生活方式是人的存在的展开方式，是人显现自我的方式，是人经验存在的方式。一个人怎样表现自己的生活，他就怎样存在。生活方式不是一种静止的状态，更不是单一的、千人一面的无个性化状态。作为人的存在的生活方式，它拒绝重复与普泛化。生活方式也绝不仅是物质层面的，更不可以仅用物质的东西来衡量。正是建基于这种理解，我们批驳技术理性主宰下的“城市生活方式”，回忆“乡村生活方式”。

“崭新的乡村生活方式”建立于对“城市生活方式”的扬弃与对“乡村生活方式”在更高层次上的回归的基础之上。如果说

"城市生活方式"体现出更多的理性色彩，"乡村生活方式"体现出更多的感性色彩，那么"崭新的乡村生活方式"就体现出更多的审美色彩。或者说"崭新的乡村生活方式"就是审美的生活方式。"崭新的乡村生活方式"是对生活方式的本质还原，它把生活与美学紧密相连。美学就是生活，生活就是审美。把美学与生活相连是众多的都市文明的批驳者所喜欢的一个视角，马尔库塞就是从审美之维来猛烈抨击技术文明带来的生活方式的异化时，并把异化的消解寄托在审美上，希望通过把审美变成人的生活方式来达到改造社会、改造"单面人"的目的。尼采更是把审美人生视作对抗颓废的宗教、道德与哲学的有力运动。

构建"崭新的乡村生活方式"，不能低估"乡村生活方式"的宜人性，不能通过城市生活方式对乡村生活方式的消灭来完成。不能像有些人那样，把乡村生活方式视为低层次的，是远远落后于城市生活方式的。他们简单地把随地吐痰、乱穿马路，甚至把随地大小便归结为乡村生活方式，认为乡村生活方式是陋习的代表，是应该被铲除的对象。恰恰相反，我们应该从"农耕"中汲取必要的生活体验，来营构我们的生活方式。

构建"崭新的乡村生活方式"，也不是说要用乡村生活方式来取代城市生活方式。人类的历史就是城市化的历史，现在与未来的人类不可能游离于城市化。城市是现代生活方式的发源地，崭新的乡村生活方式的建构也可以从城市生活方式中汲取必要的成分。

构建"崭新的乡村生活方式"，就是要融合乡村生活方式与城市生活方式，就是将乡村生活方式中宜人的一面汲取过来并体现在城市化过程中。通过农业与工业的联姻，农村与城市的联姻，将城市和农村的短处消除而取其长处，营造一种适合人性的生活空间。霍华德的"田园城市"正是对宜人生活方式的一次构想。在霍华德的"田园城市"中，农业用地是5000英亩，而城市用地是1000英亩。城市的中心不是工厂，而是中央公园。环绕着市区的是广阔的农田，包括森林、牧场、果园、大规模农场、小块出租地等。在"田园城市"中，高度繁忙与充满活力的城市生活的所有优点与农村的所有的优美和宁静的快乐达到完全融合，农村与城市成为一个整体，市民生活在一种理想境界之中。为了使现代人更多地亲近自然，勒普克甚至主张让市民都拥有土地和房屋以及菜园，使市民真正能够享受到符合自然节奏的富于人性的生活方式。"田园城市"的构想表明了人们对宜人的生活方式的期盼，美国的城市规划大师刘易斯·芒福德认为，20世纪初人类出现了两大发明，那就是飞机和田园城市。飞机使人类可以自由地翱翔于天空，而田园城市则能够在人类降落到地上时向其提供前所未有的符合人性的居住空间。

如果说霍华德的"田园城市"理论更多的是对"崭新的乡村生活方式"的一种理论构想的话，那么今天河北的廊坊作为京津地区"生态农业旅游城市"、南京郊区的高墩村和瑶宕村作为"绿色自然村"就不仅是一种理想，而是一种正在付诸实践的现实活动。"绿色自然村"拥有千亩莲藕和山区农牧风光，并且离南京市区只有一个小时左右的路程。城市居民可以在节假日到"绿色自然村"体味乡村生活方式，如领略田园风光，参加村民的栽种、收割、捕鱼、放牧、采摘蔬菜与水果、参加村民的婚礼与祭祀。城市居民通过这种乡村生活，在与自然的亲近中释放因快节奏城市生活带来的疲惫。

马克思说过："个人怎样表现自己的生活，他们自己也就怎样。"① "乡村生活方式"的提出，表明了人们对"城市生活方式"中所包含的一些问题的不满和对宜人的生活方式的追求，"崭新的乡村生活方式"的提出与构建表明了人们以审美的方式

① 《马克思恩格斯全集》第3卷，人民出版社1972年版，第24页。

来对待生活和将生活提升为审美的境界的努力。“崭新的乡村生活方式”的实现离不开农业，农业作为“崭新的乡村生活方式”的载体中不可分割的一部分，必将在构建宜人的生活方式中发挥着越来越重要的作用。而将农业视为一种景观的农业美学必将为宜人的生活方式的建设提供理论支持。

参考文献

一　文本文献

1. ［美］H. 罗尔斯顿：《环境伦理学》，杨通进译，中国社会科学出版社 2000 年版。

2. ［美］H. 罗尔斯顿：《哲学走向荒野》，刘耳、叶平译，吉林人民出版社 2000 年版。

3. ［美］H. 罗尔斯顿：《基因、创世记和上帝——价值及其在自然史和人类史中的起源》，范岱年、陈养惠译，湖南科学技术出版社 2003 年版。

4. ［美］H. 罗尔斯顿：《尊重生命：禅宗能帮助我们建立一门环境伦理学吗?》，《哲学译丛》1994 年第 5 期。

5. ［美］H. 罗尔斯顿：《生命的长河：过去、现在、未来》，《哈尔滨师专学报》1996 年第 4 期。

6. ［美］H. 罗尔斯顿：《遵循大自然》，《哲学译丛》1998 年第 4 期。

7. ［美］H. 罗尔斯顿等：《森林伦理和多价值森林管理》，《哲学译丛》1999 年第 2 期。

8. ［美］H. 罗尔斯顿：《环境伦理学的类型》，《哲学译丛》1999 年第 4 期。

9. ［美］H. 罗尔斯顿：《强制实施环境伦理：论民法和自然之价值》，张岂之等编，《环境哲学前沿》（第一辑），谢扬举译，陕西人民出版社 2004 年版。

10. Rolston , H. and Jeams Coufal , A Forest Ethic and Multi-value Forest Management , *Journal of Forestry*, April 1991.

11. Rolston , H. *Environmental Ethics: Duties to and Values in Natural World*, Temple University Press , 1988.

12. Rolston , H. Does aesthetics appreciation of landscapes need to be science - based? British Journal of Aesthetics, 1995, 35 (4): 374—386.

13. Rolston , H. From beauty to duty: Aesthetics of Nature and Environmental Ethics, *Environment and the Arts*, Ashgate , 2002.

14. Rolston, H, *Philosophy Gone Wild: Essays in Environmental Ethics*, New York: Prometheus Books, 1986.

15. Rolston, H. The Pasqueflower, *Natural History*, 88, no. 4 (April 1979): 6—16.

16. Rolston, H. Nature and Human Emotions, in Fred D. Miller and Thomas W. Attig, eds. , *Understanding Human Emotions*, Bowling Green , OH: Bowling Green University Studies in Applied Philosophy , 1979, pp. 89—96.

17. Rolston, H. Mystery and Majesty in Washington, *Virginis Wildlife* 29, no. 11 (November 1968): 6—7, 22—23.

18. Rolston, H. Beauty and the Beast: Aesthetic Experience of Wildlife. *The Trumpeter* (Canada) 3, no. 3 (Summer 1986): 29—34.

19. Rolston, H. Meditation at the Precambrian Contact, Originally published as , Hewn and Cleft from this Rock, *Main Currents in Modern Thought* 27 (no. 3, 1971): 79—83.

20. Rolston, H. Lake Solitude, Originally in *Main Currents in Modern Though* 31 (no. 4, 1975): 121—126.

21. Rolston, H. Conserving Natural Value , New York: Columbia University Press, 1994. Contains section in Chapter 4 *Wildlife Values on Aesthetic Appreciation of Wildlife*, pp. 118—122.

22. Rolston, H. Aesthetic Experience in Forests, *Journal of Aesthetics and Art Criticism* 56 (no. 2, spring 1998): 157—166.

23. Rolston, H. Does Aesthetic Appreciation of Landscape Need to be Science - Based? *British Journal of Aesthetics* 35 (1995): 374—386.

24. Rolston, H. Landscape from Eighteenth Century to the Present . Volume 3, pages 93—99 in Michael Kelly , ed. , *Encyclopedia of Aesthetics.* New York: Oxford University Press, 1998.

二 英文部分

1. Amstrong, S. J. and Botzler, R. G. *Environmental Ethics: Divergence and Convergence*, New York: McGraw Hill, 1993.

2. Appleton , J. *The Experience of Landscape*, London : Wiley and Sons , 1975.

3. Attfield, R. *Environmental Philosophy: Principles and Prospects* , Athenaeun Press, 1995.

4. Berleant, Arnold, *The Aesthetics of Environment*, Philadelphia: Temple University Press, 1992.

5. Berleant, Arnold, *Living in the Landscape - Toward an Aesthetics of Environment*, Lawrence , KS: University Press of Kansas, 1997.

6. Berleant, Arnold (ed.), *Environment and the Arts - Perspectives on Environmental Aesthetics*, Burlington, 2002.

7. Berleant, Arnold, *Beyond Disinterestedness*, BritishJournalof

esthetics, 1994, 34 (3).

8. Emily Brady. *Aesthetics of the Nntural Environment*, Edinburgh University Press, 2003.

9. Bourassa, S. C. *The Aesthetics of Landscape* , London: Belhaven Press , 1991.

10. Callicott , J. B. and S. Flader (eds.), *The River of the Mother of God and Other Essays by Aldo Leopold*, Madison: University of Wisconsin Press , 1991.

11. Callicott, J. B. Rolston on Intrinsic Value : A Deconstruction , *Environmental Ethics* 14, 1992: 129—143.

12. Callicott, J. B. *In Defense of the Land Ethic*: *Essays in Environmental Philosophy*, N. Y. 1989.

13. Carlson , Allen, *Aesthetics and the Environment*: *The Appreciation of Nature*, *Art and Architecture*, Routledge, 2000.

14. Carlson , Allen, Nature , Aesthetic Appreciation , and Knowledge , *The Journal of Aesthetics and Art Criticism*, 1995, 53: 393—400.

15. Cold , Birgit (ed), *Aesthetics*, *Well—being and Health*: *Essays within architecture and environmental aesthetics*, Ashgate, 2001.

16. Eaton , M. M, *Aesthetics and the Good Life*, London and Toronto: Associated University Press, 1989.

17. Eaton , M. M. *Merit* , *Aesthetic and Ethical*, Oxford University Press, 2001.

18. Eaton, M. M. Aesthetics: The Mother of Ethics? *The Journal of Aesthetics and Art Criticism*, 1997, 55: 355—364.

19. Gobster , P. H. An ecological aesthetic for forest landscape management , *Landscape Journal*, 1999, 18 (1): 54—64.

20. Gobster , P. H. Aldo Leopold' s ecological esthetic: Intergrating esthetic and biodiversith values , *Journal of Forestry*, 1995, 93 (2): 6—10.

21. Hepburn, Ronald, *The Reach of the Aesthetic*, Burlington: Ashgate, 2001.

22. Helga Kuhse and Peter Singer, *Should the Baby Live?: The Problem of Handicapped Infants*, Oxford University Press , 1985.

23. Kaplan, R. Kaplan, S. (eds), *Humanscape: environment for people*, North Scituate: Duxbury Press, 1978.

24. Koh, Jusuck, *An Ecological Aesthetic*, Landscape Journal , 1988, 7: 177—191.

25. Lynn White, *The Historical Roots of Our Ecological Crisis*, 155 Science, 1967.

26. Lorand , Ruth, The Purity of Aesthetic Value, *The Journal of Aesthetics and Art Criticism*, 1922, 50: 601—609.

27. Nash, R. F. *The Right of Nature: A History of Environmental Ethics*, University of Wisconsin Press, 1989.

28. Passmore, J. *Man's Responsibility for Nature*, London: Duckworth, 1974.

三 中文部分

译著:

1. [德] 黑格尔:《美学》第一卷，朱光潜译，商务印书馆 1979 年版。

2. [德] 沃尔夫冈·韦尔施:《重构美学》，陆扬、张岩冰译，上海译文出版社 2002 年版。

3. [法] 莫里斯·梅洛-庞蒂:《知觉现象学》，姜志辉译，商务印书馆 2001 年版。

4. ［美］M. 李普曼编：《当代美学》，邓鹏译，光明日报出版社 1986 年版。

5. ［德］阿多诺：《美学理论》，王柯平译，四川人民出版社 1998 年版。

6. ［德］席勒：《美育书简》，徐恒醇译，中国文联出版公司 1984 年版。

7. ［法］米盖尔·杜夫海纳：《美学与哲学》，孙非译，中国社会科学出版社 1985 年版。

8. ［法］米盖尔·杜夫海纳：《审美经验现象学》上，韩树站译，文化艺术出版社 1996 年版。

9. ［美］赫伯特·马尔库塞：《审美之维》，李小兵译，广西师范大学出版社 2001 年版。

10. ［德］M. 兰德曼：《哲学人类学》，阎嘉译，贵州人民出版社 1990 年版。

11. ［英］威廉·冈特：《美的历险》，肖聿、凌君译，中国文联出版公司 1987 年版。

12. ［美］埃伦·迪萨纳亚克：《审美的人》，卢晓辉译，商务印书馆 2004 年版。

13. ［美］理查德·舒斯特曼：《实用主义美学》，彭锋译，商务印书馆 2002 年版。

14. ［苏］列·斯托洛维奇：《审美价值的本质》，凌继尧译，中国社会科学出版社 1984 年版。

15. ［法］史怀泽：《敬畏生命》，陈泽环译，上海人民出版社 1996 年版。

16. ［德］海德格尔：《荷尔德林诗的阐释》，孙周兴译，商务印书馆 2000 年版。

17. ［美］戴维·埃伦费尔德：《人道主义的僭妄》，李云龙译，国际文化出版公司 1988 年版。

18. ［德］H. 萨克塞：《生态哲学》，文韬、佩云译，东方出版社 1991 年版。

19. ［澳大利亚］彼得·辛格：《动物解放》，孟祥森、钱永详译，光明日报出版社 1999 年版。

20. ［美］卡洛琳·麦茜特：《自然之死——妇女、生态和科学革命》，吴国盛译，吉林人民出版社 1999 年版。

21. ［美］戴斯·贾丁斯：《环境伦理学》，林官明、杨爱民译，北京大学出版社 2002 年版。

22. ［美］约翰·巴勒斯：《醒来的森林》，程虹译，三联书店 2004 年版。

23. ［美］A. 利奥波德：《沙乡年鉴》，侯文惠译，吉林人民出版社 1997 年版。

24. ［法］列维－斯特劳斯：《野性的思维》，李幼蒸译，商务印书馆 1987 年版。

25. ［俄］尼古拉·别尔嘉耶夫：《论人的奴役与自由》，张百春译，中国城市出版社 2002 年版。

26. ［美］阿诺德·伯林特：《环境美学》，张敏、周雨译，湖南科学技术出版社 2006 年版。

27. ［芬］约·瑟帕玛：《环境之美》，武小西、张宜译，湖南科学技术出版社 2006 年版。

28. ［加］艾伦·卡尔松：《自然与景观》，陈李波译，湖南科学技术出版社 2006 年版。

29. ［美］阿诺德·伯林特：《生活在景观中》，陈盼译，湖南科学技术出版社 2006 年版。

30. ［法］米歇尔·柯南：《穿越岩石景观：贝尔纳·拉絮斯的景观言说方式》，赵红梅、李悦盈译，湖南科学技术出版社 2006 年版。

31. ［美］比尔·麦克基本：《自然的终结》，马晓春、马树林译，吉林人民出版社 2000 年版。

32. ［美］巴里·康芒纳：《封闭的循环——自然、人和技术》，侯文惠译，吉林人民出版社 1997 年版。

33. ［美］R. 卡逊：《寂静的春天》，吕瑞兰、李长生译，吉林人民出版社 1997 年版。

34. ［美］R. 纳什：《大自然的权利——环境伦理学史》，杨通进译，青岛人民出版社 1999 年版。

译文：

1. ［意］C. D. 万齐奥："人与自然"，《哲学译丛》1962 年第 2 期。

2. ［苏］M. C. 卡冈："论自然的美和美的本性"，《哲学译丛》1963 年第 3 期。

3. ［德］K. 雅斯贝尔斯："宇宙和生命"，《哲学译丛》1965 年第 12 期。

4. ［波兰］T. 勃鲁让斯基："人与价值"，《哲学译丛》1983 年第 6 期。

5. ［意］A. 佩切伊："变化了的人类处境"，《哲学译丛》1986 年第 4 期。

6. ［美］M. 萨格夫："生态科学中的事实与价值"，《哲学译丛》1986 年第 4 期。

7. ［日］田中二郎："生态人类学"，《哲学译丛》1988 年第 2 期。

8. ［俄］H. B. 曼科夫斯卡娅："国外生态美学"上，《国外社会科学》1992 年第 11 期。

9. ［俄］H. B. 曼科夫斯卡娅："国外生态美学"下，《国外社会科学》1992 年第 12 期。

10. ［美］A. 伯伦特："参与美学，对杜威的超越"，《哲学译丛》1993 年第 2 期。

11. ［美］W. F. 弗兰克纳："伦理学与环境"，《哲学译丛》1994 年第 5 期。

12. ［美］W. F. 弗兰克纳："伦理学与环境（续）"，《哲学译丛》1994 年第 6 期。

13. ［日］丸山竹秋："地球人的地球伦理学"，《伦理学》（人大复印资料）1994 年第 11 期。

14. ［美］J. B. 卡利考特："生态学的形而上学含义"，《自然科学哲学问题》1998 年第 4 期。

15. ［挪］A. 奈斯："浅层生态运动与深层、长远生态运动概要"，《哲学译丛》1998 年第 4 期。

16. ［美］N. 费希尔："从美育到环境美学"，《国外社会科学》2000 年第 4 期。

17. ［美］托马斯·柏励："生态纪元，科学技术哲学"，《人大复印资料》2004 年第 1 期。

18. ［美］阿诺德·伯林特："环境：向美学的挑战"，《江西社会科学》2004 年第 5 期。

19. ［美］J. B. 卡利考特："罗尔斯顿论内在价值：一种解构"，《哲学译丛》1999 年第 2 期。

专著：

1. 陈鼓应：《庄子今注今译》上、中、下，中华书局 1983 年版。

2. 陈望衡：《中国古典美学史》，湖南教育出版社 1998 年版。

3. 陈望衡：《环境美学》，武汉大学出版社 2007 年版。

4. 李泽厚、刘纲纪主编，《中国美学史》第二卷，中国社会科学出版社 1987 年版。

5. 彭富春:《哲学美学导论》,人民出版社 2005 年版。

6. 彭富春:《哲学与美学问题——一种无原则的批判》,武汉大学出版社 2005 年版。

7. 李章印:《自然的沉沦与拯救》,中国社会科学出版社 1996 年版。

8. 邓晓芒等:《走出美学的迷惘》,花山文艺出版社 1989 年版。

9. 张岂之等编,《环境哲学前沿》第一辑,陕西人民出版社 2004 年版。

10. 宋祖良:《拯救地球和人类未来》,中国社会科学出版社 1993 年版。

11. 彭锋:《完美的自然》,北京大学出版社 2005 年版。

12. 徐恒醇:《生态美学》,陕西人民教育出版社 2003 年版。

13. 曾繁仁:《生态存在论美学论稿》,吉林人民出版社 2003 年版。

14. 徐嵩龄:《环境伦理学进展:评论与阐释》,社会科学文献出版社 1999 年版。

15. 刘湘溶:《生态伦理学》,湖南师范大学出版社 1992 年版。

16. 江畅:《理论伦理学》,湖北人民出版社 2000 年版。

17. 傅华:《生态伦理学探究》,华夏出版社 2002 年版。

18. 余谋昌:《生态哲学》,云南人民出版社 1991 年版。

19. 余谋昌:《自然价值论》,陕西人民教育出版社 2003 年版。

20. 叶平:《生态伦理学》,东北林业大学出版社 1995 年版。

21. 雷毅:《生态伦理学》,陕西人民教育出版社 2000 年版。

22. 曾建平:《西方生态伦理思想研究》,中国社会科学出版社 2004 年版。

23. 韩立新:《环境价值论》，云南人民出版社 2005 年版。

24. 严昭柱:《自然美论》，湖南人民出版社 1988 年版。

25. 丁来先:《自然美的审美人类学研究》，广西师范大学出版社 2005 年版。

论文:

1. 陈望衡:“审美与伦理的互补性”，《美学》（人大复印资料）1989 年第 8 期。

2. 陈望衡:“美学是未来的伦理学”，《江海学刊》1997 年第 4 期。

3. 陈望衡:“生态美学及其哲学基础”，《陕西师范大学学报》2001 年第 2 期。

4. 陈望衡:“深层生态学及其美学观照”，《湖南师范大学社会科学学报》2003 年第 2 期。

5. 陈望衡:“美是一种价值的形容词”，《安徽师范大学学报》2000 年第 4 期。

6. 陈望衡:“培植一种环境美学”，《湖南社会科学》2000 年第 5 期。

7. 陈望衡:“生态中心主义视角下的自然审美观”，《郑州大学学报》2004 年第 4 期。

8. 陈望衡:“自然至美”，《河北学刊》2005 年第 3 期。

9. 彭富春:“身体与身体美学”，《美学》（人大复印资料）2004 年第 6 期。

10. 叶平:“关于莱奥波尔德及其‘大地伦理’研究”，《伦理学》（人大复印资料）1993 年第 1 期。

11. 宋祖良:“海德格尔与当代西方的环境保护主义”，《自然辩证法》（人大复印资料）1993 年第 4 期。

12. 张世英:“‘天人合一’与‘主客二分’的结合”，《自然辩证法》（人大复印资料）1993 年第 7 期。

13. 张世英："从科学到审美"，《美学》（人大复印资料）2004 年第 9 期。

14. 佘正荣："关于生态美的哲学思考"，《自然辩证法》（人大复印资料）1994 年第 11 期。

15. 汪信砚："人类中心主义与当代生态环境问题"，《自然辩证法研究》1996 年第 12 期。

16. 张玉能："自然美与自由"，《云梦学刊》1997 年第 1 期。

17. 卢风："世界的附魅与祛魅"，《自然辩证法研究》1997 年第 10 期。

18. 刘湘溶等："论自然权利"，《伦理学》（人大复印资料）1997 年第 10 期。

19. 李德顺："从'人类中心'到'环境价值'"，《哲学研究》1998 年第 2 期。

20. 张华夏："广义价值论"，《中国社会科学》1998 年第 4 期。

21. 杨通进："人类中心论：辩护与诘难"，《铁道师院学报》1999 年第 5 期。

22. 杨通进："深层生态学的精神资源与文化根基"，《伦理学研究》2005 年第 5 期。

23. 杨通进："环境伦理学的三个理论焦点"，《哲学动态》2002 年第 5 期。

24. 杨通进："大地伦理学及其哲学基础"，《伦理学》（人大复印资料）2003 年第 7 期。

25. 徐嵩龄："环境伦理学研究论纲"，《伦理学》（人大复印资料）1999 年第 7 期。

26. 罗国杰："伦理责任与生态环境"，《伦理学》（人大复印资料）2000 年第 5 期。

27. 杜书瀛："关于价值美学"，《美学》（人大复印资料）2003 年第 10 期。

28. 杜书瀛:"价值与审美"，《美学》（人大复印资料）2004 年第 3 期。

29. 余谋昌："自然内在价值的哲学论证"，《伦理学研究》2004 年第 4 期。

30. 余谋昌："自然价值的进化"，《南京林业大学学报》2002 年第 3 期。

31. 张岱年："论价值的层次"，《中国社会科学》1990 年第 3 期。

32. 李培超："我国环境伦理学的进展与反思"，《湖南师范大学社会科学学报》2004 年第 6 期。

33. 叶平："生态哲学视野下的荒野"，《哲学研究》2004 年第 10 期。

34. 叶平："关于环境伦理学的一些问题——访霍尔姆斯·罗尔斯顿教授"，《哲学动态》1999 年第 9 期。

35. 蒙培元："亲近自然——人类生存发展之道"，《科学技术哲学》（人大复印资料）2002 年第 4 期。

36. 彭锋："环境美学的兴起与自然美的难题"，《哲学动态》2005 年第 6 期。

37. 刘湘溶："论生态伦理学的出发点"，《伦理学》（人大复印资料）1990 年第 8 期。

38. 韩东屏："质疑非人类中心主义环境伦理学的内在价值论"，《道德与文明》2003 年第 3 期。

39. 傅华："论自然的价值及其主体"，《自然辩证法通讯》2000 年第 3 期。

40. 佘正荣："自然的自身价值及其对人类价值的承载"，

《自然辩证法研究》1996 年第 3 期。

41. 叶平："人与自然：西方生态伦理学研究概述"，《自然辩证法研究》1991 年第 11 期。

42. 包庆德等："生态哲学价值论"，《自然辩证法》（人大复印资料）1995 年第 4 期。

43. 李建珊等："价值的泛化与自然的提升——对罗尔斯顿自然价值论的辨析"，《自然辩证法通讯》2003 年第 6 期。

44. 刘福森："自然中心主义——生态伦理观的理论困境"，《中国社会科学》1997 年第 3 期。

45. 傅华："论生态伦理的本质"，《自然辩证法研究》1999 年第 8 期。

后 记

本书是在我的博士论文的基础上修改、充实而成的。

读博的几年时间里，有快乐，也有痛苦，快乐与痛苦交杂的时间比较多。记得当初刚入校时，一脸的兴奋、一脸的阳光，心中充满了对未来生活的美好期许。那时候，自己每天从一个课堂奔向另一个课堂，无论是本科生的课、研究生的课，还是博士生论坛，只要是美学，只要是自己感兴趣的课，都去听，时间安排得满满的。日子就这样快乐而充实地过着，时光就这样静静地流逝着。不知何时起，自己开始惶恐起来，时时被一种没了底的感觉纠缠着。也许是要对这几年的读书时间有所交代而一时没能交代完满，也许是自己的论文选题还没有最后敲定？

我陷入了困惑与沮丧中，是我的导师陈望衡老师，将我从苦恼中引导出来。当我们几经反复后几乎同时说出“美学走向荒野”这一选题时，陈老师和我都笑了。

“美学走向荒野”，多美的选题！我高兴了好一阵子，但选题是一回事，真正动起笔来又是一回事。尤其是罗尔斯顿的环境美学思想，国内没有可资借鉴的研究成果，无论是肯定的还是否定的都没有。这时，我意识到“美学走向荒野”这一选题决定了我的面前是一片荒野，而我的工作则是拓荒。

在此，我要特别感谢我的导师陈望衡老师。每当我陷入“荒野”迷失方向时，他总是如航标一般为我指明道路；每当我陷入写作困境满脸焦虑地走进陈老师家时，师母总能给我极大地鼓励与支持。每次离开陈老师家时，我的心都盛满了拓荒的勇气。

感谢彭富春教授、邹元江教授、范明华教授，老师们在百忙之中审阅了我的开题报告，并提出了很好的意见和建议。老师们的建设性意见为我的论文写作提供了很好的帮助，在此谨向各位老师表示我最诚挚的敬意和感谢！感谢环境伦理学家霍尔姆斯·罗尔斯顿，他的慷慨与大方使我获得了不少的文献支持。

感谢师姐丁利荣、黄沁茗、方红梅和师兄万志海，感谢学友张敏、张文涛、陈李波，“一棵树”下的畅谈使我获益匪浅、终生难忘！

感谢湖北大学政法与公共管理学院领导和许多老师的帮助与支持，感谢院系对本书出版的资助！感谢湖北省人文社科重点研究基地、湖北省道德与文明研究中心对本书出版的资助！

感谢我的家人，他们竭尽全力为我创造安静的写作环境；感谢我的爱人，他总能从精神上给我提供支撑；感谢我的儿子，他的纯真让我在紧张的写作之余体味到一种悠闲与放松。